U0225950

国家出版基金项目
NATIONAL PUBLICATION FOUNDATION

"十三五"国家重点出版物出版规划项目

中国土系志

Soil Series of China

（中西部卷）

总主编　张甘霖

青海卷
Qinghai

李德成　赵　霞　张甘霖　著

科 学 出 版 社
龙 门 书 局
北 京

内 容 简 介

《中国土系志·青海卷》在对青海省区域概况和主要土壤类型进行全面调查研究的基础上，进行了土壤系统分类高级分类单元（土纲-亚纲-土类-亚类）的鉴定和基层分类单元（土族-土系）的划分。本书的上篇论述区域概况、成土因素、土壤分类的发展、本次土系调查、成土过程及诊断层与诊断特性的概况；下篇重点介绍建立的青海省典型土系，内容包括每个土系所属的高级分类单元、分布与环境条件、土系特征与变幅、代表性单个土体、对比土系、利用性能综述和发生学亚类参比以及相应的理化性质。

本书可供从事土壤学相关学科包括农业、环境、生态和自然地理等的科学研究和教学工作者，以及从事土壤与环境调查的部门和科研机构人员使用。

审图号：GS（2020）3822 号

图书在版编目（CIP）数据

中国土系志. 中西部卷. 青海卷/张甘霖主编；李德成，赵霞，张甘霖著. —北京：龙门书局, 2020.12

"十三五"国家重点出版物出版规划项目　国家出版基金项目

ISBN 978-7-5088-5702-2

Ⅰ.①中… Ⅱ.①张… ②李… ③赵… Ⅲ.①土壤地理-中国②土壤地理-青海　Ⅳ. ①S159.2

中国版本图书馆 CIP 数据核字（2019）第 291500 号

责任编辑：胡　凯　周　丹　曾佳佳/责任校对：杨聪敏
责任印制：师艳茹/封面设计：许　瑞

科　学　出　版　社　出版
龙　门　书　局
北京东黄城根北街 16 号
邮政编码：100717
http://www.sciencep.com
中国科学院印刷厂　印刷

科学出版社发行　各地新华书店经销

*

2020 年 12 月第　一　版　　开本：787×1092　1/16
2020 年 12 月第一次印刷　　印张：24 1/4
字数：575 000

定价：298.00 元
（如有印装质量问题，我社负责调换）

《中国土系志》编委会顾问

孙鸿烈　　赵其国　　龚子同　　黄鼎成　　王人潮

张玉龙　　黄鸿翔　　李天杰　　田均良　　潘根兴

黄铁青　　杨林章　　张维理　　郧文聚

土系审定小组

组　长　张甘霖

成　员（以姓氏笔画为序）

王天巍　　王秋兵　　龙怀玉　　卢　瑛　　卢升高

刘梦云　　李德成　　杨金玲　　吴克宁　　辛　刚

张凤荣　　张杨珠　　赵玉国　　袁大刚　　黄　标

常庆瑞　　麻万诸　　章明奎　　隋跃宇　　慈　恩

蔡崇法　　漆智平　　翟瑞常　　潘剑君

《中国土系志》编委会

主　编　张甘霖

副主编　王秋兵　李德成　张凤荣　吴克宁　章明奎

编　委（以姓氏笔画为序）

王天巍　王秋兵　王登峰　孔祥斌　龙怀玉

卢　瑛　卢升高　白军平　刘梦云　刘黎明

李　玲　李德成　杨金玲　吴克宁　辛　刚

宋付朋　宋效东　张凤荣　张甘霖　张杨珠

张海涛　陈　杰　陈印军　武红旗　周　清

赵　霞　赵玉国　胡雪峰　袁大刚　黄　标

常庆瑞　麻万诸　章明奎　隋跃宇　董云中

韩春兰　慈　恩　蔡崇法　漆智平　翟瑞常

潘剑君

《中国土系志·青海卷》作者名单

主要作者　李德成　赵　霞　张甘霖

参编人员　（以姓氏笔画为序）

　　　　　　刘　峰　杨金玲　宋效东　赵玉国

丛 书 序 一

土壤分类作为认识和管理土壤资源不可或缺的工具,是土壤学最为经典的学科分支。现代土壤学诞生后,近150年来不断发展,日渐加深人们对土壤的系统认识。土壤分类的发展一方面促进了土壤学整体进步,同时也为相邻学科提供了理解土壤和认知土壤过程的重要载体。土壤分类水平的提高也极大地提高了土壤资源管理的水平,为土地利用和生态环境建设提供了重要的科学支撑。在土壤分类体系中,高级单元主要体现土壤的发生过程和地理分布规律,为宏观布局提供科学依据;基层单元主要反映区域特征、层次组合以及物理、化学性状,是区域规划和农业技术推广的基础。

我国幅员辽阔,自然地理条件迥异,人类活动历史悠久,造就了我国丰富多样的土壤资源。自现代土壤学在中国发端以来,土壤学工作者对我国土壤的形成过程、类型、分布规律开展了卓有成效的研究。就土壤基层分类而言,自20世纪30年代开始,早期的土壤分类引进美国Marbut体系,区分了我国亚热带低山丘陵区的土壤类型及其续分单元,同时定名了一批土系,如孝陵卫系、萝岗系、徐闻系等,对后来的土壤分类研究产生了深远的影响。

与此同时,美国土壤系统分类(soil taxonomy)也在建立过程中,当时Marbut分类体系中的土系(soil series)没有严格的边界,一个土系的属性空间往往跨越不同的土纲。典型的例子是迈阿密(Miami)系,在系统分类建立后按照属性边界被拆分成为不同土纲的多个土系。我国早期建立的土系也同样具有属性空间变异较大的情形。

20世纪50年代,随着全面学习苏联土壤分类理论,以地带性为基础的发生学土壤分类迅速成为我国土壤分类的主体。1978年,中国土壤学会召开土壤分类会议,制定了依据土壤地理发生的《中国土壤分类暂行草案》。该分类方案成为随后开展的全国第二次土壤普查中使用的主要依据。通过这次普查,于20世纪90年代出版了《中国土种志》,其中包含近3000个典型土种。这些土种成为各行业使用的重要土壤数据来源。限于当时的认识和技术水平,《中国土种志》所记录的典型土种依然存在"同名异土"和"同土异名"的问题,代表性的土壤剖面没有具体的经纬度位置,也未提供剖面照片,无法了解土种的直观形态特征。

随着"中国土壤系统分类"的建立和发展,在建立了从土纲到亚类的高级单元之后,建立以土系为核心的土壤基层分类体系是"中国土壤系统分类"发展的必然方向。建立我国的典型土系,不但可以从真正意义上使系统完整,全面体现土壤类型的多样性和丰富性,而且可以为土壤利用和管理提供最直接和完整的数据支持。

在科技部国家科技基础性工作专项项目"我国土系调查与《中国土系志》编制"的支持下，以中国科学院南京土壤研究所张甘霖研究员为首，联合全国二十多所大学和相关科研机构的一批中青年土壤科学工作者，经过数年的努力，首次提出了中国土壤系统分类框架内较为完整的土族和土系划分原则与标准，并应用于土族和土系的建立。通过艰苦的野外工作，先后完成了我国东部地区和中西部地区的主要土系调查和鉴别工作。在比土、评土的基础上，总结和建立了具有区域代表性的土系，并编纂了以各省市为分册的《中国土系志》，这是继"中国土壤系统分类"之后我国土壤分类领域的又一重要成果。

作为一个长期从事土壤地理学研究的科技工作者，我见证了该项工作取得的进展和一批中青年土壤科学工作者的成长，深感完善这项成果对中国土壤系统分类具有重要的意义。同时，这支中青年土壤分类工作者队伍的成长也将为未来该领域的可持续发展奠定基础。

对这一基础性工作的进展和前景我深感欣慰。是为序。

中国科学院院士

2017 年 2 月于北京

丛 书 序 二

土壤分类和分布研究既是土壤学也是自然地理学中的基础工作。认识和区分土壤类型是理解土壤多样性和开展土壤制图的基础，土壤分类的建立也是评估土壤功能，促进土壤技术转移和实现土壤资源可持续管理的工具。对土壤类型及其分布的勾画是土地资源评价、自然资源区划的重要依据，同时也是诸多地表过程研究所不可或缺的数据来源，因此，土壤分类研究具有显著的基础性，是地球表层系统研究的重要组成部分。

我国土壤资源调查和土壤分类工作经历了几个重要的发展阶段。20 世纪 30 年代至 70 年代，老一辈土壤学家在路线调查和区域综合考察的基础上，基本明确了我国土壤的类型特征和宏观分布格局；80 年代开始的全国土壤普查进一步摸清了我国的土壤资源状况，获得了大量的基础数据。当时由于历史条件的限制，我国土壤分类基本沿用了苏联的地理发生分类体系，强调生物气候带的影响，而对母质和时间因素重视不够。此后虽有局部的调查考察，但都没有形成系统的全国性数据集。

以诊断层和诊断特性为依据的定量分类是当今国际土壤分类的主流和趋势。自 20 世纪 80 年代开始的"中国土壤系统分类"研究历经 20 多年的努力构建了具有国际先进水平的分类体系，成果获得了国家自然科学奖二等奖。"中国土壤系统分类"完成了亚类以上的高级单元，但对基层分类级别——土族和土系——仅仅开展了一些样区尺度的探索性研究。因此，无论是从土壤系统分类的完整性，还是土壤类型代表性单个土体的数据积累来看，仅有高级单元与实际的需求还有很大距离，这也说明进行土系调查的必要性和紧迫性。

在科技部国家科技基础性工作专项的支持下，自 2008 年开始，中国科学院南京土壤研究所联合国内 20 多所大学和科研机构，在张甘霖研究员的带领下，先后承担了"我国土系调查与《中国土系志》编制"（项目编号 2008FY110600）和"我国土系调查与《中国土系志（中西部卷）》编制"（项目编号 2014FY110200）两期研究项目。自项目开展以来，近百名项目参加人员，包括数以百计的研究生，以省区为单位，依据统一的布点原则和野外调查规范，开展了全面的典型土系调查和鉴定。经过 10 多年的努力，参加人员足迹遍布全国各地，克服了种种困难，不畏艰辛，调查了近 7000 个典型土壤单个土体，结合历史土壤数据，建立了近 5000 个我国典型土系；并以省区为单位，完成了我国第一部包含 30 分册、基于定量标准和统一分类原则的土系志，朝着系统建立我国基于定量标准的基层分类体系迈进了重要的一步。这些基础性的数据，无疑是我国自第二次土壤普查以来重要的土壤信息来源，相关成果可望为各行业、部门和相关研究者，特别是土壤质量提升、土地资源评价、水文水资源模拟、生态系统服务评估等工作提供最新的、系统的数据支撑。

我欣喜于并祝贺《中国土系志》的出版，相信其对我国土壤分类研究的深入开展、对促进土壤分类在地球表层系统科学研究中的应用有重要的意义。欣然为序。

中国科学院院士

2017 年 3 月于北京

丛 书 前 言

　　土壤分类的实质和理论基础，是区分地球表面三维土壤覆被这一连续体发生重要变化的边界，并试图将这种变化与土壤的功能相联系。区分土壤属性空间或地理空间变化的理论和实践过程在不断进步，这种演变构成土壤分类学的历史沿革。无论是古代朴素分类体系所使用的土壤颜色或土壤质地，还是现代分类采用的多种物理、化学属性乃至光谱（颜色）和数字特征，都携带或者代表了土壤的某种潜在功能信息。土壤分类正是基于这种属性与功能的相互关系，构建特定的分类体系，为使用者提供土壤功能指标，这些功能可以是农林生产能力，也可以是固存土壤有机碳或者无机碳的潜力或者抵御侵蚀的能力，乃至是否适合作为建筑材料。分类体系也构筑了关于土壤的系统知识，在一定程度上厘清了土壤之间在属性和空间上的距离关系，成为传播土壤科学知识的重要工具。

　　毫无疑问，对土壤变化区分的精细程度决定了对土壤功能理解和合理利用的水平，所采用的属性指标也决定了其与功能的关联程度。在大陆或国家尺度上，土纲或亚纲级别的分布已经可以比较准确地表达大尺度的土壤空间变化规律。在农场或景观水平，土壤的变化通常从诊断层（发生层）的差异变为颗粒组成或层次厚度等属性的差异，表达这种差异正是土族或土系确立的前提。因此，建立一套与土壤综合功能密切相关的土壤基层单元分类标准，并据此构建亚类以下的土壤分类体系（土族和土系），是对土壤变异精细认识的体现。

　　基于现代分类体系的土系鉴定工作在我国基本处于空白状态。我国早期（1949 年以前）所建立的土系沿用了美国土壤系统分类建立之前的 Marbut 分类原则，基本上都是区域的典型土壤类型，大致可以相当于现代系统分类中的亚类水平，涵盖范围较大。"中国土壤系统分类"研究在完成高级单元之后尝试开展了土系研究，进行了一些局部的探索，建立了一些典型土系，并以海南等地区为例建立了省级尺度的土系概要，但全国范围内的土系鉴定一直未能实现。缺乏土族和土系的分类体系是不完整的，也在一定程度上制约了分类在生产实际中特别是区域土壤资源评价和利用中的应用，因此，建立"中国土壤系统分类"体系下的土族和土系十分必要和紧迫。

　　所幸，这项工作得到了国家科技基础性工作专项的支持。自 2008 年开始，我们联合国内 20 多所大学和科研机构，先后开展了"我国土系调查与《中国土系志》编制"（项目编号 2008FY110600）和"我国土系调查与《中国土系志（中西部卷）》编制"（项目编号 2014FY110200）两个项目的连续研究，朝着系统建立我国基于定量标准的基层分类体系迈进了重要的一步。经过 10 多年的努力，项目调查了近 7000 个典型土壤单个土体，结合历史土壤数据，建立了近 5000 个我国典型土系，并以省区为单位，完成了我国第一部基于定量标准和统一分类原则的全国土系志。这些基础性的数据，将成为自第二次全国土壤普查以来重要的土壤信息来源，可望为农业、自然资源管理、生态环境建设等部门和相关研究者提供最新的、系统的数据支撑。

项目在执行过程中，得到了两届项目专家小组和项目主管部门、依托单位的长期指导和支持。孙鸿烈院士、赵其国院士、龚子同研究员和其他专家为项目的顺利开展提供了诸多重要的指导。中国科学院前沿科学与教育局、重大科技任务局、科技促进发展局、中国科学院南京土壤研究所以及土壤与农业可持续发展国家重点实验室都持续给予关心和帮助。

值得指出的是，作为研究项目，在有限的资助下只能着眼主要的和典型的土系，难以开展全覆盖式的调查，不可能穷尽亚类单元以下所有的土族和土系，也无法绘制土系分布图。但是，我们有理由相信，随着研究和调查工作的开展，更多的土系会被鉴定，而基于土系的应用将展现巨大的潜力。

由于有关土系的系统工作在国内尚属首次，在国际上可资借鉴的理论和方法也十分有限，因此我们在对于土系划分相关理论的理解和土系划分标准的建立上肯定会存在诸多不足；而且，由于本次土系调查工作在人员和经费方面的局限性以及项目执行期限的限制，书中疏误恐在所难免，希望得到各方的批评与指正！

张甘霖

2017 年 4 月于南京

前　言

2014 年起，在科技部国家科技基础性工作专项"我国土系调查与《中国土系志（中西部卷）》编制"（2014FY110200）支持下，由中国科学院南京土壤研究所牵头，联合全国 19 所高等院校和科研单位，开展了我国中西部地区西藏、新疆、青海、甘肃、内蒙古、宁夏、陕西、山西、云南、贵州、广西、四川、重庆、湖南、江西 15 个省（自治区、直辖市）的中国土壤系统分类基层单元土族-土系的系统性调查研究。《中国土系志·青海卷》是该专项的主要成果之一，也是继 20 世纪 80 年代第二次土壤普查后，有关青海省土壤调查与分类方面的最新成果体现。

本次土系调查研究覆盖了青海全省区域，经过中国科学院南京土壤研究所和青海师范大学有关同仁的共同努力，经历了基础资料收集整理、代表性单个土体布点、野外调查与采样、室内测定分析、高级单元鉴定与基层单元划分、专著编撰等一系列艰辛、烦琐、细致的过程，历时 7 年多。共调查了 305 个典型土壤剖面，观察了 350 多个检查剖面，测定分析了近 1500 个发生层土样，拍摄了 4000 多张景观、剖面和新生体等照片，获取了 30 多万条成土因素、土壤剖面形态、土壤理化性质方面的信息，共划分出 8 个土纲、14 个亚纲、29 个土类、43 个亚类、114 个土族、161 个土系。

本书中单个土体布点依据"空间单元（地形、母质、利用）+历史土壤图+专家经验"的方法，土壤剖面调查依据项目组制定的《野外土壤描述与采样手册》，土样测定分析依据《土壤调查实验室分析方法》，土纲-亚纲-土类-亚类高级分类单元的确定依据《中国土壤系统分类检索（第三版）》，基层分类单元土族-土系的划分和建立根据项目组制定的《中国土壤系统分类土族和土系划分标准》。

本书第一稿于 2017 年 12 月撰写完成，后经多次修订，于 2019 年 12 月正式定稿。作为一本区域性专著，全书共两篇分 11 章。上篇（第 1～3 章）为总论，主要介绍青海省的区域概况、成土因素、成土过程、诊断层与诊断特性、土壤分类的发展以及本次土系调查的概况等；下篇（第 4～11 章）为区域典型土系，详细介绍所建立的典型土系，包括每个土系所属的高级分类单元、分布与环境条件、土系特征与变幅、代表性单个土体、对比土系、利用性能综述和发生学亚类参比以及相应的理化性质等。

青海省土系调查工作的完成与本书的定稿，自始至终均饱含着我国众多老一辈专家、各界同仁和研究生的辛勤劳动，谨此特别感谢龚子同先生在本书编撰过程中给予的悉心指导！感谢项目组专家和同仁多年来的温馨合作和热情指导！感谢青海省农业农村厅及各州农牧局、各市农业农村局、各县（区、市）农业局和土肥站同仁给予的支持和帮助！感谢中国科学院南京土壤研究所的领导和其他同仁给予的支持和帮助！感谢参与野外调查、室内测定分析、土系数据库建设的同仁和研究生！尤其是那些未能列入名单的同仁和研究生！在土系调查和本书写作过程中，参阅了大量资料，特别是青海省第二次土壤普查资料，包括《青海土壤》和《青海土种志》以及相关图件，在此一并表示感谢！

受时间和经费的限制，本次土系调查研究不同于全面的土壤普查，而是重点针对青海省的典型土系，因此，虽然建立的典型土系遍布青海全省，但由于青海省自然条件复杂、农业利用形式多样，肯定尚有一些土系还没有被列入。因此本书对青海省土系研究而言，仅是一个开端，新的土系还有待今后的进一步充实。另外，由于作者水平有限，疏漏之处在所难免，希望读者给予指正。

作　者

2020 年 6 月 30 日

目　　录

丛书序一
丛书序二
丛书前言
前言

上篇　总　　论

第1章　区域概况与成土因素 ·· 3
　1.1　区域概况 ·· 3
　　1.1.1　区域位置 ·· 3
　　1.1.2　土地利用 ·· 4
　　1.1.3　社会经济状况 ·· 5
　1.2　成土因素 ·· 5
　　1.2.1　气候 ·· 5
　　1.2.2　地形地貌 ·· 9
　　1.2.3　风化壳与成土母质 ·· 10
　　1.2.4　植被 ·· 11
　　1.2.5　人类活动 ·· 13
第2章　土壤分类 ·· 15
　2.1　土壤分类的历史回顾 ·· 15
　2.2　本次土系调查 ·· 17
　　2.2.1　依托项目 ·· 17
　　2.2.2　调查方法 ·· 17
　　2.2.3　土系建立情况 ·· 20
第3章　成土过程与主要土层 ·· 21
　3.1　成土过程 ·· 21
　　3.1.1　原始成土过程 ·· 21
　　3.1.2　有机物质积累过程 ·· 21
　　3.1.3　钙积过程 ·· 22
　　3.1.4　盐碱化过程 ·· 22
　　3.1.5　潜育过程 ·· 22
　　3.1.6　氧化还原过程 ·· 23
　　3.1.7　熟化过程 ·· 23
　3.2　诊断层与诊断特性 ·· 23

3.2.1 有机表层（有机现象）···23

3.2.2 草毡表层···23

3.2.3 暗沃表层···24

3.2.4 淡薄表层···24

3.2.5 灌淤表层···25

3.2.6 堆垫表层···25

3.2.7 干旱表层···25

3.2.8 盐结壳···25

3.2.9 雏形层···26

3.2.10 石膏层、石膏现象和超石膏层···26

3.2.11 钙积层和钙积现象···26

3.2.12 盐磐、盐积层（盐积现象）···27

3.2.13 有机土壤物质···27

3.2.14 岩性特征···27

3.2.15 （准）石质接触面···28

3.2.16 人为淤积物质···28

3.2.17 土壤水分状况···28

3.2.18 潜育特征···28

3.2.19 氧化还原特征···29

3.2.20 土壤温度状况···29

3.2.21 冻融特征···29

3.2.22 永冻层次···30

3.2.23 均腐殖质特性···30

3.2.24 石灰性···30

3.2.25 盐基饱和度···30

下篇 区域典型土系

第4章 有机土··33

4.1 矿底纤维永冻有机土···33

4.1.1 尼陇贡玛系（Nilonggongma Series）·································33

4.2 矿底半腐永冻有机土···35

4.2.1 卡子沟系（Kazigou Series）···35

第5章 人为土··37

5.1 斑纹灌淤旱耕人为土···37

5.1.1 诺木洪系（Nuomuhong Series）·······································37

5.2 斑纹土垫旱耕人为土···39

5.2.1 江日堂系（Jiangritang Series）···39

　　5.3　钙积土垫旱耕人为土 ·· 41
　　　　5.3.1　毛玉系（Maoyu Series） ································· 41

第6章　干旱土 ··· 43
　　6.1　普通石膏寒性干旱土 ·· 43
　　　　6.1.1　乌兰川金系（Wulanchuanjin Series） ··············· 43
　　6.2　普通钙积正常干旱土 ·· 45
　　　　6.2.1　龙羊峡系（Longyangxia Series） ···················· 45
　　　　6.2.2　益克木鲁系（Yikemulu Series） ···················· 47
　　6.3　超量石膏正常干旱土 ·· 49
　　　　6.3.1　锡铁山系（Xitieshan Series） ······················· 49
　　6.4　普通简育正常干旱土 ·· 51
　　　　6.4.1　上机尔托系（Shangji'ertuo Series） ················ 51
　　　　6.4.2　小黑刺沟系（Xiaoheicigou Series） ················ 53
　　　　6.4.3　小灶火系（Xiaozaohuo Series） ··················· 55
　　　　6.4.4　曲什昂系（Qushi'ang Series） ····················· 57

第7章　盐成土 ··· 59
　　7.1　石膏-盐磐干旱正常盐成土 ·· 59
　　　　7.1.1　沙紫包系（Shazibao Series） ······················· 59
　　7.2　结壳潮湿正常盐成土 ·· 61
　　　　7.2.1　才开系（Caikai Series） ····························· 61
　　　　7.2.2　新乐村系（Xinlecun Series） ······················ 63
　　　　7.2.3　宗加房系（Zongjiafang Series） ···················· 65
　　7.3　潜育潮湿正常盐成土 ·· 67
　　　　7.3.1　都龙系（Dulong Series） ···························· 67

第8章　潜育土 ··· 69
　　8.1　暗沃简育永冻潜育土 ·· 69
　　　　8.1.1　俄好巴玛系（Ehaobama Series） ··················· 69
　　8.2　普通简育滞水潜育土 ·· 71
　　　　8.2.1　南八仙系（Nanbaxian Series） ····················· 71

第9章　均腐土 ··· 73
　　9.1　钙积寒性干润均腐土 ·· 73
　　　　9.1.1　转风窑系（Zhuanfengyao Series） ················· 73
　　　　9.1.2　桌子台系（Zhuozitai Series） ······················ 75
　　　　9.1.3　哈石扎系（Hashizha Series） ······················ 77
　　9.2　普通寒性干润均腐土 ·· 79
　　　　9.2.1　下褡裢系（Xiadalian Series） ······················ 79
　　　　9.2.2　马粪沟南系（Mafengounan Series） ··············· 81
　　　　9.2.3　麻拉庄系（Malazhuang Series） ··················· 83

9.2.4 马粪沟系（Mafengou Series）···85

9.2.5 赛洛系（Sailuo Series）···87

9.2.6 达里加垭系（Dalijiaya Series）····································89

9.2.7 大三岔系（Dasancha Series）·······································91

9.2.8 下达隆系（Xiadalong Series）·······································93

9.3 钙积暗厚干润均腐土···95

9.3.1 达隆系（Dalong Series）··95

9.3.2 上滩系（Shangtan Series）··97

9.3.3 韭菜沟系（Jiucaigou Series）·······································99

9.4 普通暗厚干润均腐土··101

9.4.1 口子庄系（Kouzizhuang Series）····································101

第10章 雏形土··103

10.1 普通永冻寒冻雏形土···103

10.1.1 喀贡玛系（Kagongma Series）·····································103

10.1.2 哈尔松系（Ha'ersong Series）·····································105

10.1.3 拉智系（Lazhi Series）···107

10.1.4 安折龙系（Anzhelong Series）·····································109

10.1.5 康也巴玛系（Kangyebama Series）·································111

10.1.6 美其桑涨系（Meiqisangzhang Series）····························113

10.1.7 俄好贡玛系（Ehaogongma Series）·································115

10.1.8 布卜日叉系（Buburicha Series）···································117

10.1.9 布考系（Bukao Series）···119

10.2 潜育潮湿寒冻雏形土··121

10.2.1 塔护木角系（Tahumujiao Series）··································121

10.2.2 攻扎纳焦系（Gongzhanajiao Series）·······························123

10.3 普通潮湿寒冻雏形土··125

10.3.1 尕巴松多系（Gabasongduo Series）·································125

10.3.2 大东沟系（Dadonggou Series）·····································127

10.3.3 扎拉依尕系（Zhalayiga Series）····································129

10.3.4 若学尔系（Ruoxue'er Series）·····································131

10.4 钙积草毡寒冻雏形土··133

10.4.1 昂巴达琼系（Angbadaqiong Series）································133

10.4.2 将得日载系（Jiangderizai Series）··································135

10.4.3 阿涌系（Ayong Series）···137

10.4.4 玛森曲系（Masenqu Series）·······································139

10.4.5 葫芦沟系（Hulugou Series）·······································141

10.4.6 大红沟系（Dahonggou Series）·····································143

10.4.7 东沟口系（Donggoukou Series）····································145

10.4.8　加莫隆巴系（Jiamolongba Series）……………………………147

10.5　石灰草毡寒冻雏形土……………………………………………………149

　　　10.5.1　高大板系（Gaodaban Series）…………………………………149

　　　10.5.2　扎尕该系（Zhagagai Series）…………………………………151

10.6　普通草毡寒冻雏形土……………………………………………………153

　　　10.6.1　知扎系（Zhizha Series）………………………………………153

　　　10.6.2　珰益陇系（Dangyilong Series）………………………………155

　　　10.6.3　恰浪玛琼系（Qialangmaqiong Series）………………………157

　　　10.6.4　张大窑南系（Zhangdayaonan Series）………………………159

　　　10.6.5　大陇同系（Dalongtong Series）………………………………161

　　　10.6.6　十八盘系（Shibapan Series）…………………………………163

　　　10.6.7　草日更系（Caorigeng Series）…………………………………165

10.7　钙积暗沃寒冻雏形土……………………………………………………167

　　　10.7.1　下吊沟系（Xiadiaogou Series）………………………………167

10.8　普通暗沃寒冻雏形土……………………………………………………169

　　　10.8.1　深水槽系（Shenshuicao Series）………………………………169

　　　10.8.2　草达坂系（Caodaban Series）…………………………………171

10.9　钙积简育寒冻雏形土……………………………………………………173

　　　10.9.1　冬龙贡玛系（Donglonggongma Series）……………………173

　　　10.9.2　小驹里沟系（Xiaojuligou Series）……………………………175

　　　10.9.3　抄青卡系（Chaoqingka Series）………………………………177

　　　10.9.4　红山咀南系（Hongshanzuinan Series）………………………179

　　　10.9.5　瓦乎寺系（Wahusi Series）……………………………………181

　　　10.9.6　巴地陇仁系（Badilongren Series）……………………………183

　　　10.9.7　毛能南果系（Maonengnanguo Series）………………………185

　　　10.9.8　鄂阿毛盖系（E'amaogai Series）………………………………187

　　　10.9.9　拉木多都系（Lamuduodu Series）……………………………189

　　　10.9.10　直达峡木系（Zhidaxiamu Series）…………………………191

　　　10.9.11　柯柯里系（Kekeli Series）……………………………………193

　　　10.9.12　上香子沟系（Shangxiangzigou Series）……………………195

　　　10.9.13　郭米系（Guomi Series）………………………………………197

　　　10.9.14　磨石沟系（Moshigou Series）………………………………199

　　　10.9.15　朝龙弄系（Chaolongnong Series）…………………………201

　　　10.9.16　角什科秀系（Jiaoshikexiu Series）…………………………203

　　　10.9.17　野马泉系（Yemaquan Series）………………………………205

　　　10.9.18　巴热系（Bare Series）…………………………………………207

　　　10.9.19　红沟村系（Honggoucun Series）……………………………209

　　　10.9.20　马粪沟北系（Mafengoubei Series）…………………………211

10.9.21 色尔雄贡系（Se'erxionggong Series）······· 213

    10.9.22 卧里曲和系（Woliquhe Series）············ 215

10.10 石灰简育寒冻雏形土·································· 217

    10.10.1 多秀系（Duoxiu Series）················· 217

    10.10.2 日阿通俄系（Ri'atong'e Series）·········· 219

    10.10.3 方方沟系（Fangfanggou Series）·········· 221

    10.10.4 高根勒日系（Gaogenleri Series）·········· 223

    10.10.5 红山咀沟系（Hongshanzuigou Series）······ 225

    10.10.6 来格加薄系（Laigejiabo Series）·········· 227

    10.10.7 玛罗龙洼系（Maluolongwa Series）········ 229

    10.10.8 扎隆贡玛系（Zhalonggongma Series）······ 231

    10.10.9 下热水沟系（Xiareshuigou Series）········ 233

    10.10.10 磷火沟西系（Linhuogouxi Series）········ 235

    10.10.11 木角塔护系（Mujiaotahu Series）········· 237

10.11 斑纹简育寒冻雏形土································· 239

    10.11.1 肖容多盖系（Xiaorongduogai Series）······ 239

10.12 普通简育寒冻雏形土································· 241

    10.12.1 阳日尕超系（Yangrigachao Series）········ 241

    10.12.2 加西根龙系（Jiaxigenlong Series）········· 243

    10.12.3 石头沟系（Shitougou Series）············· 245

    10.12.4 瓦乎寺赫系（Wahusihe Series）··········· 247

    10.12.5 隆仁玛系（Longrenma Series）··········· 249

10.13 石灰淡色潮湿雏形土································· 251

    10.13.1 野马滩系（Yematan Series）············· 251

    10.13.2 何家庄系（Hejiazhuang Series）·········· 253

    10.13.3 烂泉沟系（Lanquangou Series）·········· 255

    10.13.4 大干沟系（Dagangou Series）············ 257

    10.13.5 都日特代系（Duritedai Series）·········· 259

    10.13.6 赛什堂系（Saishitang Series）··········· 261

    10.13.7 切日走曲系（Qierizouqu Series）·········· 263

    10.13.8 上柴开系（Shangchaikai Series）·········· 265

10.14 普通淡色潮湿雏形土································· 267

    10.14.1 巴戈理系（Bageli Series）················ 267

10.15 石灰底锈干润雏形土································· 269

    10.15.1 沱海系（Tuohai Series）················· 269

    10.15.2 沙窝尔系（Shawo'er Series）············· 271

    10.15.3 伊克珠斯系（Yikezhusi Series）·········· 273

    10.15.4 崖湾系（Yawan Series）················· 275

10.16　钙积暗沃干润雏形土 ··· 277

　　10.16.1　呼德生系（Hudesheng Series） ····················· 277

　　10.16.2　索力吉尔系（Suoliji'er Series） ··················· 279

10.17　钙积简育干润雏形土 ··· 281

　　10.17.1　如巴塘系（Rubatang Series） ······················ 281

　　10.17.2　上店村系（Shangdiancun Series） ················ 283

　　10.17.3　支高系（Zhigao Series） ····························· 285

　　10.17.4　仓家沟系（Cangjiagou Series） ···················· 287

　　10.17.5　三塔拉系（Santala Series） ························· 289

　　10.17.6　郭麻日古系（Guomarigu Series） ················· 291

　　10.17.7　清二系（Qing'er Series） ···························· 293

　　10.17.8　占加系（Zhanjia Series） ···························· 295

10.18　普通简育干润雏形土 ··· 297

　　10.18.1　路家堡系（Lujiabao Series） ······················· 297

　　10.18.2　尕玛贡系（Gamagong Series） ····················· 299

　　10.18.3　红崖子系（Hongyazi Series） ······················ 301

　　10.18.4　总门系（Zongmen Series） ························· 303

　　10.18.5　上达日系（Shangdari Series） ····················· 305

　　10.18.6　扎汉布拉系（Zhahanbula Series） ················· 307

　　10.18.7　丁家湾系（Dingjiawan Series） ···················· 309

　　10.18.8　布嘎教瓦系（Buga'aowa Series） ················· 311

　　10.18.9　尕麻甫系（Gamafu Series） ························ 313

　　10.18.10　毛家寨系（Maojiazhai Series） ··················· 315

　　10.18.11　上加合系（Shangjiahe Series） ··················· 317

　　10.18.12　侯白家系（Houbaijia Series） ···················· 319

第 11 章　新成土 ··· 321

11.1　石灰干旱砂质新成土 ··· 321

　　11.1.1　大灶火系（Dazaohuo Series） ······················· 321

　　11.1.2　拉干系（Lagan Series） ······························· 323

11.2　斑纹寒冻冲积新成土 ··· 325

　　11.2.1　曲库系（Quku Series） ·································· 325

　　11.2.2　加吉博洛系（Jiajiboluo Series） ···················· 327

11.3　石灰潮湿冲积新成土 ··· 329

　　11.3.1　上索孔系（Shangsuokong Series） ·················· 329

　　11.3.2　石咀儿系（Shizui'er Series） ························ 331

11.4　石灰红色正常新成土 ··· 333

　　11.4.1　布卜塘系（Bubutang Series） ······················· 333

11.5　石质寒冻正常新成土 ··· 335

11.5.1　热水垭口系（Reshuiyakou Series）·· 335

11.5.2　热水垭东系（Reshuiyadong Series）·· 337

11.5.3　沃惹沃玛系（Worewoma Series）·· 339

11.5.4　高大板山系（Gaodabanshan Series）··· 341

11.5.5　下筏系（Xiafa Series）··· 343

11.5.6　热水垭北系（Reshuiyabei Series）·· 345

11.5.7　热水垭南系（Reshuiyanan Series）··· 347

11.5.8　万佛崖系（Wanfoya Series）·· 349

11.6　石灰寒冻正常新成土 ·· 351

11.6.1　大野马岭系（Dayemaling Series）··· 351

11.7　石灰干旱正常新成土 ·· 353

11.7.1　宗马海系（Zongmahai Series）··· 353

参考文献 ··· 355

索引 ·· 357

上篇　总　论

第1章 区域概况与成土因素

1.1 区 域 概 况

1.1.1 区域位置

青海位于中国西部,雄踞青藏高原东北部,介于东经 89°35′～103°04′,北纬 31°36′～39°19′,北部和东部同甘肃相接,西北部与新疆相邻,南部和西南部与西藏毗连,东南部与四川接壤。全省东西长逾 1200 km,南北宽逾 800 km,总面积 72.91 万 km²。截至2018 年年底,青海下辖 2 个地级市,6 个自治州,27 个县,7 个自治县,4 个县级市,6 个市辖区,1 个县级行政委员会(图 1-1 和表 1-1)。

青海是长江、黄河、澜沧江的发源地,故被称为"江河源头",又称"三江源",素有"中华水塔"之美誉,加之是联结西藏、新疆与内地的纽带,战略地位极为重要。

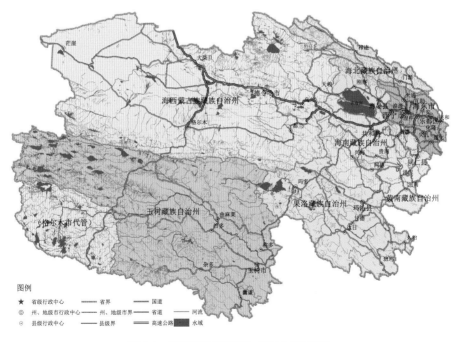

图 1-1 青海省行政区划(2018 年年底)

表 1-1 青海省行政区划(2018 年年底)

市、自治州	辖市、区	辖县
西宁市	城中区、城东区、城西区、城北区	大通、湟中、湟源
海东市	乐都区、平安区	民和、互助、化隆、循化
海北州		海晏、祁连、刚察、门源

续表

市、自治州	辖市、区	辖县
黄南州		同仁、 尖扎、 泽库、 河南
海南州		共和、 同德、 贵德、 兴海、 贵南
果洛州		玛沁、 班玛、 甘德、 达日、 久治、 玛多
玉树州	玉树市	杂多、 称多、 治多、 囊谦、 曲麻莱
海西州	德令哈市、 格尔木市、茫崖市	天峻、都兰、乌兰、大柴旦行政委员会

1.1.2 土地利用

青海虽然地域辽阔，但由于山地占总土地面积的一半以上（海拔 3000 m 以上的山地占全省总面积的 73.7%），适宜农林牧业利用和人类生存建设的土地资源数量和质量都极其有限。根据青海省地理国情监测数据，2017 年土地利用现状构成见图 1-2，青海省地表表面积为 729119.65km^2，全省东西长 1240.63km，南北宽 844.53km，平均海拔4058.40m，属高海拔地区；全省植被覆盖面积 559802.57 km^2，种植土地面积 6988.46km^2，林草覆盖面积 552814.10km^2。从地区分布看，种植土地主要分布在西宁市和海东市，占全省种植土地面积的 52.54%；林草覆盖面积海西州、玉树州居全省前两位，占全省林草覆盖面积的 70.05%。全省荒漠与裸露地面积为 109672.78km^2，主要分布在青海西部地区。其中，海西州荒漠与裸露地面积最大，占全省荒漠与裸露地面积的 77.16%；西宁市荒漠与裸露地面积最小，占全省荒漠与裸露地面积的 0.08%[①]。

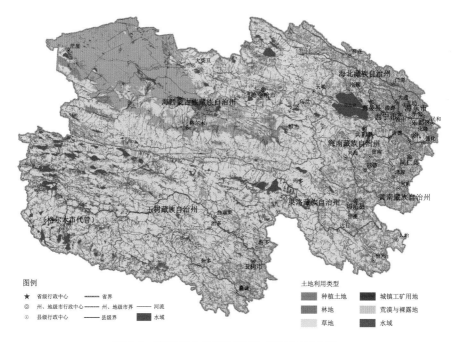

图 1-2　青海省土地利用现状（2017 年年底）

---

① 青海省自然资源厅. 我省发布《青海省第一次全国地理国情普查公报》. http://zrzyt.qinghai.gov.cn/tcnf?vid=27725.

1.1.3　社会经济状况

依据《青海省 2018 年国民经济和社会发展统计公报》，全省 GDP 2865.23 亿元，人均 GDP 4.76 万元，三产比为 9.4：43.5：47.1；2018 年全省常住人口约 603.23 万人，其中，男性为 309.46 万人，女性为 293.77 万人；城镇常住人口 328.57 万人，占 54.47%，乡村人口 274.66 万人，占 45.53%；城镇居民和农村居民人均可支配收入分别为 2.92 万元和 0.95 万元。全省农作物总播种面积 55.725 万 hm^2，粮食作物播种面积 28.126 万 hm^2，其中，小麦 11.160 万 hm^2，青稞 4.868 万 hm^2，玉米 1.845 万 hm^2，豆类 1.276 万 hm^2，薯类 8.827 万 hm^2；经济作物播种面积 19.199 万 hm^2，其中，油料 14.791 万 hm^2，药材 4.406 万 hm^2，在药材中，枸杞 3.553 万 hm^2。蔬菜及食用菌播种面积 4.396 万 hm^2。全年粮食产量 103.06 万 t，油料产量 28.47 万 t，药材产量 17.98 万 t（其中枸杞 8.56 万 t）；蔬菜及食用菌类 150.26 万 t。年末全省牛存栏 514.33 万头，羊存栏 1336.07 万只，生猪存栏 78.18 万头，家禽存栏 305.74 万只。全省牛出栏 135.59 万头，羊出栏 748.10 万只，生猪出栏 116.47 万头，家禽出栏 494.06 万只。全年全省肉类总产量 36.53 万 t。全省铁路营运里程 2299 km。公路通车里程 82135 km，高速公路 3328 km。民航通航里程 145736 km。

青海地大物博、山川壮美、历史悠久、民族众多、文化多样。青海是我国最著名的三大江河——黄河、长江和澜沧江的发源地，旅游资源极为丰富。李白的诗句："明月出天山，苍茫云海间"，正是青海山河的生动写照。青海省著名的旅游资源有青海湖、塔尔寺、茶卡盐湖、门源油菜花海、祁连山、日月山、可可西里、坎布拉、年保玉则、赞普林卡等。2018 年年末，全省有自然保护区 11 个，面积 2178 万 hm^2，其中国家级自然保护区 7 个，面积 2074 万 hm^2；森林面积 520.9 万 hm^2，森林覆盖率 7.26%，湿地面积 814.36 万 hm^2，其中自然湿地面积 800.1 万 hm^2；国家重点公益林管护面积 496.09 万 hm^2，天然林保护面积 367.82 万 hm^2。根据青海省统计局发布的 2018 年全省旅游业主要数据：2018 年全省接待国内外游客 4204.38 万人次。其中，国内游客 4197.46 万人次；入境游客 6.92 万人次。实现旅游总收入 466.30 亿元。其中，国内旅游收入 463.91 亿元；旅游外汇收入 3613.08 万美元（青海省统计局和国家统计局青海调查总队，2019）。

1.2　成　土　因　素

1.2.1　气候

青海具有典型的高寒大陆性气候特征，分为 5 个气候类型。①暖温、凉温半干旱气候类型：此气候类型包括日月山以东、达坂山以南、麦秀山以北地区。②凉温干旱、极干旱气候类型：此气候类型包括柴达木盆地、茶卡盆地。③寒温湿润、半湿润气候类型：此气候类型包括青南高原青藏公路以东的地区，不包括南部的局部谷地以及祁连山中段的山地。④冷温半湿润气候类型：此气候类型包括青海湖盆地、海南台地及大通河中上游谷地。⑤寒冷干旱、极干旱气候类型：此气候类型包括青南高原青藏公路以西地区及祁连山西段山地。

青海省总的气候特点：①年均气温较低。青南高原和祁连山中、西段是气温最低的地方，年均气温多在 0℃以下。河湟谷地和柴达木盆地气温相对较高，但大部分地区均低于 5℃，仅在东部的循化、尖扎、贵德、民和、乐都等地可达 7℃以上。②降水量少，地域差异大。年均降水量绝大部分地区不足 500 mm，仅东南部的久治、班玛等部分地区可达 700 mm 以上。柴达木盆地降水最少，一般在 50 mm 左右。西部冷湖地区仅 17.8 mm，只有德令哈—香日德一线以东降水量才达 160 mm。③日照较多，辐射量大。大部分地区年日照时数在 2600 h 以上，柴达木盆地一般在 3000 h 左右，年总辐射量大部分在 607.1 kJ/cm^2 以上，柴达木地区均在 658.8 kJ/cm^2 以上，光能资源丰富。④无霜期短。河湟地区为 100～190 d，高原山地为 30～40 d，可可西里、祁连山几乎没有无霜期。⑤气象灾害频繁。常见气象灾害为干旱、大风和沙尘暴、暴雨以及冻、雹等（青海省农业资源区划办公室，1995，1997）。图 1-3～图 1-7 分别为青海省日照时数、年均气温、50 cm深度土温、年均降水量、年均蒸发量空间分布图。

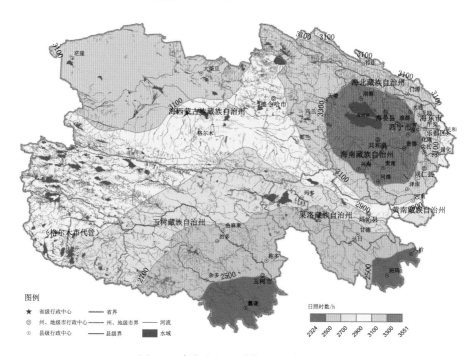

图 1-3　青海省日照时数（h）空间分布

50 cm 深度年均土温（图 1-5）可按其比年均气温高 1～3℃推导出（龚子同，1999），也可采用其与海拔、纬度之间的关系推算（冯学民和蔡德利，2004；张慧智等，2009），推算出青海省 50 cm 深度年均土壤温度介于–18～11℃，跨越永冻、寒冻、寒性、冷性和温性 5 个温度状况，其空间分布特点是西北部和东部较高，其他地区较低。

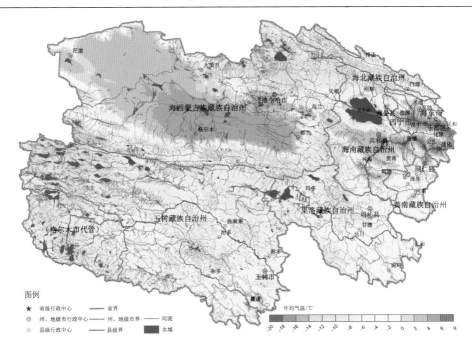

图 1-4　青海省年均气温空间分布

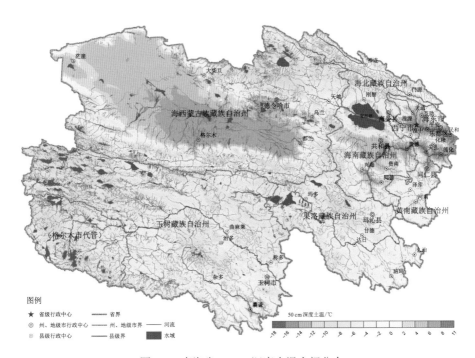

图 1-5　青海省 50 cm 深度土温空间分布

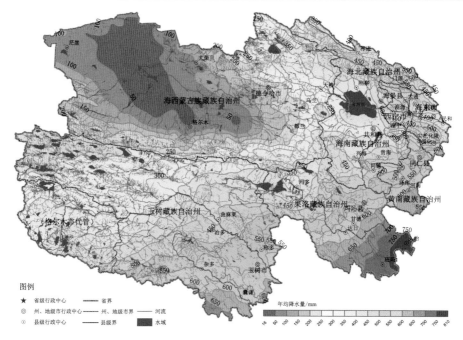

图 1-6　青海省年均降水量空间分布

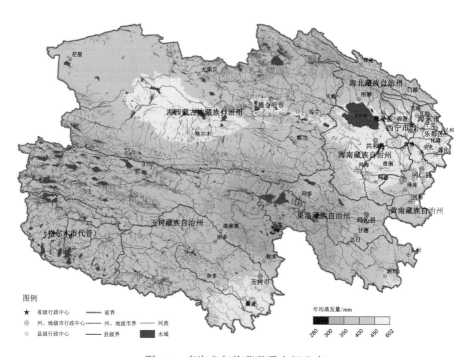

图 1-7　青海省年均蒸发量空间分布

1.2.2　地形地貌

1）地质构造

青海省大地构造主要由新生代、中生代、古生代和新元古代地质体镶嵌组成。①青南高原：位于北纬 30°以北，包括柴达木盆地—青海南山—贵德县巴音山以南、纳木措以东、四川盆地以西、唐古拉山以北的广大地区，面积约占全省的 1/2。海拔 5500 m 左右，山岭多在 6000 m。②柴达木盆地：位于东经 90°16'～99°16'，北纬 35°00'～39°20'。北依阿尔金—祁连山南侧，南靠昆仑山，是青藏高原上地势最低的断陷盆地。③祁连山地：西起阿尔金山东端的当金山口，东达甘肃省的贺兰山，北靠河西走廊，南临柴达木盆地北缘。④河湟谷地：位于大通山—达坂山以南广大地区，是全省海拔最低的地区（青海省农业资源区划办公室，1995，1997）。

2）地形地貌

青海省地势总趋势为南高北低（图 1-8），由西向东逐渐倾斜，中间有一相对低矮地带。海拔介于 1620～6860 m，大部分地区海拔在 3000 m 以上。按大地构造，全省大体可分为三类不同地形区，即南部青南高原、西部柴达木盆地和北部与东部平行岭谷区。

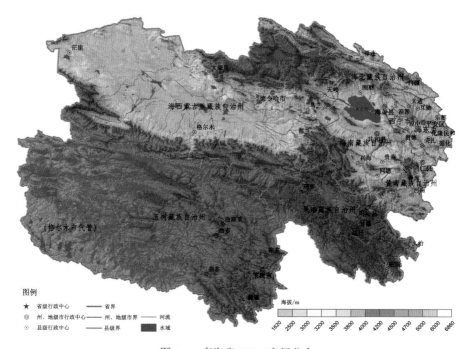

图 1-8　青海省 DEM 空间分布

（1）青南高原。山原地势呈西北向东南倾斜，地貌类型包括：①冻土地貌；②冰川雪峰地貌；③江河源地貌。

（2）西部柴达木盆地。盆地四周环山，中间低凹，西北开阔，东部狭窄。海拔 2675～3200 m，地势北高南低，从盆地边缘到中心依次为高山—风蚀丘陵—戈壁—平原—湖泊五个不整合环带状地貌特征：①湖积地貌；②洪流堆积地貌；③风蚀和风积地貌；④干燥剥蚀山地貌。

（3）西北的阿尔金山区、东北部的祁连山区及东南部的河湟谷地。其中阿尔金山是柴达木盆地与塔里木盆地的分界山，气候干旱，干燥剥蚀作用强烈，山体岩石裸露，山坡多有岩屑。祁连山主要由高山、峡谷与盆地组成，包括青海湖盆地、茶卡—共和盆地和门源盆地。河湟谷地包括大通丘陵盆地、哈拉古山地带、湟水谷地和黄河谷地（青海省农业资源区划办公室，1995，1997）。

1.2.3　风化壳与成土母质

青海境内大致有四类风化壳。

（1）黄土和黄土状沉积物的碳酸盐岩风化壳：此类风化壳主要分布于湟水流域的民和至湟源、大通一带，以及尖扎以下黄河流域的中低山、丘陵和谷地，海拔多在 3200 m以下。此外，柴达木盆地及共和盆地四周山地前沿、青海湖盆地周围也有分布。

（2）含盐风化壳：此类风化壳主要分布于柴达木盆地，由于盆地气候极端干旱，这些含盐风化壳仍处于积盐阶段。

（3）硅铝风化壳：此类风化壳主要分布于青南和海北（祁连山东段），多属饱和硅铝风化壳及碎屑状硅铝风化壳，后者主要分布于青南。

（4）碎屑状风化壳：岩石风化的最初阶段，多由岩石的寒冻风化机械崩解碎屑组成，在寒冻或干寒条件下，生物风化和化学风化作用微弱，因此基本保持着原来母岩的性质。

青海的成土母质类型较多（图 1-9），成因各异。在青南高原的巴颜喀拉山、阿尼玛卿山及祁连山地部分地区，以冰碛物及冰水堆积物为主，前者分布在古冰斗或冰川谷前缘、两侧，由巨砾石（漂砾）、砾块与砂、土混杂组成；后者一般分布在冰碛物前缘，多

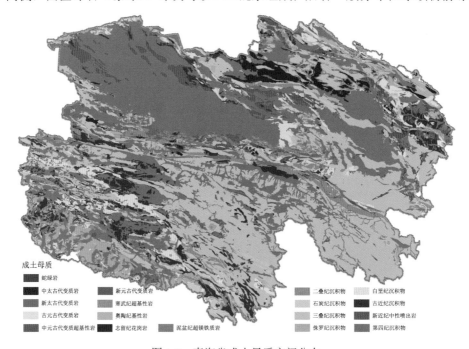

图 1-9　青海省成土母质空间分布

由夹泥、砂的砾石层组成。风成砂母质主要分布在柴达木盆地及共和盆地，零星见于青海湖之北，一般构成新月形、波状、垄状沙丘，沙丘高者达 20~40 m。冲积及洪积母质分布较普遍，主要分布于长江、黄河、澜沧江源一带及黄河谷地、湟水谷地和柴达木盆地等地，多由砂砾层及砂土等组成，并常可见到中壤质或重壤质黏斑夹层。湖积母质主要分布于湖泊周围，以柴达木盆地发育最为普遍，为棕灰、灰绿色粉砂、黏土沉积，常夹杂盐、芒硝与石膏。黄土母质主要见于东部农业区，在柴达木盆地、共和盆地、青海湖盆地也有分布，基本承袭和保持着黄土或黄土状碳酸盐岩风化壳的性状。残积母质及坡积母质则在山地分布较为普遍。

1.2.4　植被

青海省植被基本类型主要包括乔木林、灌木林、经济林、高寒草甸、高寒草原、高寒草甸草原、高寒荒漠、温性草原、温性荒漠、温性荒漠草原、低地草甸、山地草甸（图 1-10）。

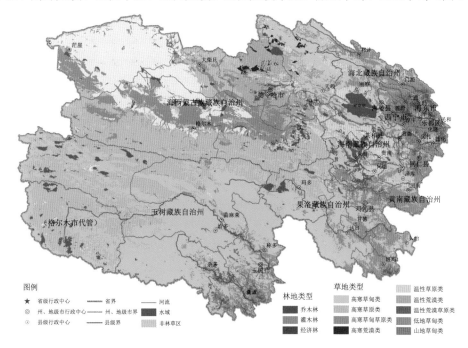

图 1-10　青海省植被空间分布

1）植被水平分布

青海省中部地带从东往西东部河湟流域为以长芒草、针茅、芨芨草，以及小半灌木铁杆蒿、冷蒿等较喜温耐旱植物为主的半干旱草原；往西至德令哈—香日德一带，出现以芨芨草、白刺为主的干草原植物；伴生盐爪爪、红砂等荒漠植被的半荒漠化草原；再往西至怀头他拉—脱土山以西，为生长着梭梭、柽柳、沙拐枣、白刺、木本猪毛菜、驼绒藜等植被的荒漠草原。而青南高原水热分布由东南向西北递减，在高原东南部海拔3400~4300 m，特别是澜沧江上游的扎曲、子曲、巴曲和吉曲的河谷地区，生长着由云杉属及圆柏属组成的寒温性针叶与云杉、白桦等为主的针阔叶混交林带和金露梅、鬼箭锦鸡儿、小檗、西藏忍冬等灌木，以及由禾本科、莎草科、蓼科等草本植物组成的植物群落。往西北在海拔4200~4700 m，邻近森林郁闭线以上的高山带，生长着高寒灌丛植被，主要由耐寒的中生、旱中生灌木建群，并与高山草甸呈复区分布，构成高寒灌丛草甸带。灌丛植被主要有杜鹃属、绣线菊属、柳属、金露梅属和锦鸡儿属等多种植物，其下生长着矮嵩草、线叶嵩草等草本植物，构成灌丛草甸群落。再往西北，降水减少，热量条件愈差，灌丛消失，随山脉走向一直延伸到五道梁、风火山一带的广大地域内，主要生长着适于高原严寒生态条件的、由寒冷中生草本植物建群的高寒草甸植被，优势种主要有低草型密丛、短根茎嵩草、细根茎薹草及轴根杂草类。在青南高原的西部与北部的山地宽谷、高原湖盆外围，古冰碛平台、洪积、冲积扇缘、河流高阶地、剥蚀高原面和干旱山地等海拔4000 m以上为高寒草甸与高寒荒漠之间的广大地区，生长着寒旱生多年生禾草、小半灌木、垫状植物及多年生杂草类。建群种少、结构单一，优势种以紫花针茅为代表。再往西至唐古拉山等地海拔4700 m以上的极高山区，在雪被边缘地带，生态条件严酷，生长着高山流石坡稀疏植被，覆盖度仅有5%左右，为高寒荒漠。

2）植被垂直分布

祁连山中段的天峻县境内，海拔3300 m以下为草原植被，主要建群种为芨芨草、赖草、披碱草；海拔3300~3800 m为草原草甸植被，主要建群种为针茅、细叶薹草；海拔3800~4100 m，阴坡为灌丛草甸植被，灌丛主要有山生柳和鬼箭锦鸡儿，灌丛下为杂类草草甸；海拔3800~4200 m为高山草甸植被，以矮嵩草为主要建群种；海拔4200~4500 m为高山流石垫状植被，主要建群种为垫状点地梅、垫状红景天和垫状蚤缀。而青南高原巴颜喀拉山南麓长江流域，在海拔3600 m以下生长着以云杉、圆柏、桦树为主的原始森林，其下发育着灰褐土；海拔3600~3800 m生长着小嵩草、矮嵩草、珠芽蓼、早熟禾、风毛菊和披碱草等植被，覆盖度90%以上；在阴坡还有山生柳、金露梅等灌丛植被；海拔3800~4200 m生长着以紫花针茅、异针茅和赖草为主的优势种，伴生风毛菊、沙生蒿、铁棒锤；海拔4200~4650 m生长着以小嵩草、矮嵩草、线叶嵩草和薹草为优势种的草甸植被，覆盖度介于70%~90%；阴坡则生长着山生柳、金露梅等灌丛植被，覆盖度介于30%~50%；在4500~4600 m生长着稀疏的高寒草甸类植被，覆盖度为30%或更低；在4650 m以上则生长着高山流石坡稀疏植被。

3）植被地域分布

沼泽与水生植被主要分布在青南高原西北部江河源头等地区的河源阶地、山间盆地，以及祁连山苏里河、布哈河、大通河的三河源头，地形平坦、低洼潮湿、水流不畅的地区与湖滨、河漫滩和低阶地、地下水露出地段及排水不畅区域，植物以宽叶型根茎禾草、疏丛禾草和细根茎薹草草甸为主，零星分布，水生植被以杉叶藻、紫果蔺、矮蔍草、毛柄水毛茛、芦苇等几种为主要建群种。在青南高原地势低洼、排水不畅、土壤潮湿或季节性积水、下部有永冻层的地区，生长着高寒沼泽化草甸植被，以西藏嵩草、甘肃嵩草、华扁穗草为主。分布在荒漠地区的植被为超旱生的小乔木、灌木及小半灌木，建群种主要有梭梭、柽柳、白刺、沙拐枣、琵琶柴（红砂）、驼绒藜、木本猪毛菜、合头草、黄花蒿，伴生种因地区不同而异，主要有白刺、盐爪爪、黑果枸杞、大花罗布麻、芦苇、紫菀木、薄翅猪毛菜、戈壁针茅、扁穗冰草、紫花葱等，植被稀疏，覆盖度为5%~15%或更低，结构简单。

1.2.5　人类活动

1）灌溉、耕作、施肥与轮作

青海深居我国内陆，地域辽阔，如今政治经济等仍落后于内地一些省份，但青海河湟地区农业历史较悠久。据考古发现，早在旧石器时代晚期，青海的先民就在这片土地上生活，例如闻名中外的马家窑文化、卡约文化、诺木洪文化等都是青海羌人的文化。西汉时期，政府对河湟地区开始进行初步的经营，在河湟地区实行屯田，大量开拓荒地，兴修水利及交通。掀起了在湟水流域农垦的壮举，这在青海河湟农业发展史上产生了深远的影响（罗红丽，2017）。

青海适合农作物生长的农耕地极其有限，现有耕地面积不足青海省总土地面积的1%下分水浇地、旱地与菜地3个二级类型，分别占青海省耕地总面积的约30%、69%和1%。（王小梅，2015）。农业按地域分为东部山区农业区、柴达木盆地灌溉农业区和青藏高原牧区内的小片农业区。东部山区农业区位于黄土高原的西南边缘，是黄土高原向青藏高原的过渡地带，是青海的主要农业区，种植业生产垂直变化明显（田丰，2017），一般按照海拔和灌溉条件，可进一步划分为河湟谷地（俗称川水，海拔 1700～2600 m）、低位山旱地（俗称浅山，海拔 2000～2500 m）和中高位山旱地（俗称脑山，海拔 2400～3200 m）三种类型（李俊仁和秦建权，2018）。

农田灌溉是农业发展的前提，青海地处高原，农作物一般是春种秋收，一年熟制。有效灌溉面积仅占总耕地的1/3左右；而且，这里农作物种植区域一般在海拔 1500～3000 m之间，除局部高寒山区为半湿润地区外，其余广大地区均为干旱、半干旱地区，多年平均降水量为 300 mm，农田用水量出现严重不足，灌溉水利用率较低。因此，通过节水灌溉工程可以有效地提高灌溉水利用率，达到增产增量的效果。全省已建成各类水利工程 7597 项，其中水库 153 座（不含电站水库），万亩以上灌区 89 个，水电站 196 座，草原渠（管）道工程 38 项。建设各类水土保持工程 8 万余项，综合治理小流域 329 条。建成河道治理工程 83 项，堤防 1605.7 km（青海省发展和改革委员会，2016）。

中华人民共和国成立初期，青海省农业生产全靠有机肥，烧野灰和轮歇来维持地力，粮食产量很低。1952 年开始引进化肥，当年使用量仅 11 t（张增艺和白惠义，2002），到 2015 年已达到 26.13 万 t，化肥用量呈逐年上升趋势。但自 2015 年农业农村部实施到 2020年化肥使用量零增长行动以来（农业部种植业管理司，2015），化肥使用量呈现逐年下降趋势，到 2018 年，全省化肥使用量降至 22.83 万 t（青海省统计局和国家统计局青海调查总队，2019）。

青海最早使用的氮肥是硫酸铵，最早使用的磷肥是普通过磷酸钙。青海使用过的化肥有尿素、碳酸氢铵、氨水、硫酸铵、硝酸铵、氯化铵、过磷酸钙、重过磷酸钙、钙镁磷肥、磷矿粉、氯化钾、硫酸钾、磷酸二铵、磷酸二氢钾等。现在普遍使用的化肥有尿素、磷酸二铵、碳酸氢铵、过磷酸钙、磷酸二氢钾等。青海的化肥经历了从少量到大量使用，从碳氨、普钙等低浓度单质化肥的使用到高浓度氮、磷化肥和复混肥料的使用，从传统的简单施肥技术到氮肥深施、磷肥集中施用、分层施肥及不同地区和不同作物氮、磷化肥的合理配比施用，测、配、产、供一条龙服务等发展阶段（张增艺和白惠义，2002）。

2）过度放牧导致的草地土壤退化

青海省草地多在高寒山原，环境脆弱，结构简单，一旦遭受破坏，则很难恢复，过度放牧是导致土壤退化的重要因素，由于放牧强度超出了草地所能承受的最大限度，草场物种多样性逐渐下降，群落之间出现逆向演替，破坏原有食物链，影响草场更新。经调查，青海省退化草地总面积为 3131.04×10^4 hm²，退化草地面积占全省天然草地总面积的 74.70%。其中，轻度退化草地面积 1318.1×10^4 hm²，占全省天然草地总面积的 31.45%，占退化草地总面积的 42.10%；中度退化草地面积为 802.4×10^4 hm²，占退化草地总面积的 25.63%；重度退化草地面积为 1010.6×10^4 hm²，占全省天然草地总面积的 24.11%，占退化草地总面积的 32.28%（李旭谦，2018）。

草地退化过程中，以"黑土滩"问题尤为突出。所谓的"黑土滩"，是一种概括性称谓，多指退化的高寒草甸。形成"黑土滩"的主要原因是人为超载过牧和鼠害破坏草原，其次是"风吹雨打"。高寒草甸的秃斑化，是人为不合理地利用植被，在害鼠挖洞作穴、土壤疏松和风蚀、水蚀作用下发生和发展的（巴措，2018）。"黑土滩"形成的过程是，原生植被逐步消失，取而代之的是毒杂草群落。同时，草皮融冻剥离，盖度降低、土壤裸露，土壤肥力不断降低，土壤养分丢失直至滋生盐渍化，土层变薄，退化为沙砾滩，继而成为当地"黑尘暴"的沙尘源。青海作为国内最大牧区之一，有天然草地达 5 亿余亩，其中可利用有效面积在 0.27 亿余 hm²。几年来，随草原生态破坏的恶化，黑土滩导致草原退化的面积逐年增多，青海本地已经高达 9000 万余亩，主要分布在三江源地区，共有黑土滩退化草地 490.87 万 hm²，占全省黑土滩退化草地面积的 87%。三江源区的 0.1 亿 hm² 退化、沙化草地中，失去生态功能的黑土滩面积就达 466.67 多万 hm²（才仁旦周，2018）。

3）柴达木盆地荒漠土壤的演变

柴达木盆地为青藏高原东北部边缘的一个巨大山间盆地，四周被昆仑山脉、祁连山脉与阿尔金山脉所环抱。全区地形由四周山地至盆地中心地带依次为山地、戈壁、风蚀沙丘、细土平原、沼泽、盐湖等地貌类型。大部分土地为砾石戈壁、沙漠、盐土、盐沼和高寒草地，且均有盐渍化现象。可利用土地资源主要分布于湖盆周边地区、山前洪冲积平原下沿的细土带和山间谷、盆地（王现洁，2017）。土壤类型上，东部为荒漠草原棕钙土，向西逐渐演替为灰棕荒漠土，此外还有草甸盐土和沼泽盐土，在山地则有山地灰褐土、山地碳酸盐灰褐土，在高山地带主要有高山寒漠土、高寒草甸土、高山草原土和高原荒漠土（任杰，1996）。

自 20 世纪 50 年代至 80 年代初，柴达木地区先后开荒达 867 km²（吕昌河，1998）。粗放的耕种和灌溉模式造成土壤次生盐碱化，致使大片荒地撂荒，2005 年仅存耕地 470 km²，一半弃耕和撂荒（杨萍等，2005）。如今已开发的农业用地占土地总面积的 0.17%。部分宜农荒地距水源较远、地下水埋深浅、含盐量高且排水不畅，开垦需远距离调水，耗资大，且耕作过程中易发生土壤次生盐碱化（王现洁等，2017）。柴达木盆地盐碱土类型以荒漠盐土、草甸盐土、沼泽盐土以及湖滨盐滩为主（张得芳等，2016）。由于盐碱土壤不适于传统作物的生长，因此柴达木地区大量的盐碱地资源几乎未被利用。

第 2 章 土 壤 分 类

2.1 土壤分类的历史回顾

1959 年 3～8 月,青海东部农业区开展了第一次群众性土壤普查,土壤分类采用以土色、耕性、质地为主的群众性命名法,将全省耕种土壤划分为 7 个类、23 组和 82 种,且做了较详细的叙述;但主要分布在广袤牧区的自然土壤未做普查,仅能搜集过去零星有关省内土壤资料,采用土洋结合的方法分为 19 类和 54 个组,做了简要描述。此外,青海省农垦厅勘测设计院为了建立国营农场,历年来在海南、海西等地开展了土壤调查;青海省水利局勘测队为了寻找可垦荒地,也进行了土壤调查;青海省草原总站草原勘测队为了建立国营牧场和摸清全省草地资源,曾做过土壤概查。到了 20 世纪 60 年代,中国科学院甘青荒地勘测队和青海省农建十二师勘测设计院为建立国营农场,对格尔木等地区进行了土壤详查;中国科学院生物研究所和综合考察队在 20 世纪 70 年代在青南和海南地区考察草地资源和寻找可垦荒地,均做了土壤考察和调查。上述科研和生产单位进行的土壤概查和详查,其土壤分类均已纳入全国分类系统,随着全国土壤分类系统的更动而变动。

1981 年 6 月,由青海省农牧业区划委员会牵头,邀请省内有关科研、院校和生产单位,搜集省内外有关单位对青海土壤调查的所有成果资料,以及 1979 年后的大通、海晏、互助、门源等县土壤普查材料,采用《中国土壤分类系统暂行草案》(1978) 及全国第二次土壤普查《暂拟土壤工作分类系统》(修改稿)(1979) 和《西北地区土壤分类系统》(暂拟)(1980) 中新列的土类和亚类名称,结合本省具体情况,制定了青海省土壤分类系统,作为编绘 1:100 万青海土壤图的依据,也作为青海省第二次土壤普查中土壤分类工作的依据。依据青海省第二次土壤普查成果,青海省土壤分类系统中归属 10 个土纲、16 个亚纲、22 个土类(表 2-1)(青海省农业资源区划办公室,1995,1997)。

表 2-1　青海省第二次土壤普查土壤分类系统

土纲	亚纲	土类	亚类	土属
	寒冻高山土	高山寒漠土		
	干寒高山土	高山漠土		
高山土	湿寒高山土	高山草甸土	高山草甸土	原始高山草甸土;高山草甸土;侵蚀高山草甸土
			高山草原草甸土	高山草原草甸土;淋淀高山草原草甸土;侵蚀高山草原草甸土
			高山灌丛草甸土	高山灌丛草甸土;假潜育高山灌丛草甸土
			高山湿草甸土	

续表

土纲	亚纲	土类	亚类	土属
高山土	湿寒高山土	亚高山草甸土	亚高山草甸土	
			亚高山灌丛草甸土	
	半湿寒高山土	高山草原土	高山草原土	
			高山草甸草原土	
			高山荒漠草原土	
半水成土	暗半水成土	山地草甸土	山地草甸土	山地草原草甸土；淋淀山地草原草甸土；侵蚀山地草原草甸土；耕种山地草原草甸土
			山地草原草甸土	
			山地灌丛草甸土	
		草甸土	草甸土	石灰性草甸土；灌丛石灰性草甸土
			石灰性草甸土	
			盐化草甸土	
	淡半水成土	潮土	潮土	泥澄土
			盐化潮土	泥澄沙土
半淋溶土	半湿温半淋溶土	灰褐土	淋溶灰褐土	
			石灰性灰褐土	
钙层土	半湿温钙层土	黑钙土	黑钙土	山地黑钙土；滩地黑钙土；耕种黑钙土
			淋溶黑钙土	山地淋溶黑钙土；滩地淋溶黑钙土；耕种淋溶黑钙土
			石灰性黑钙土	山地石灰性黑钙土；滩地石灰性黑钙土；耕种石灰性黑钙土
	半干旱温钙层土	栗钙土	暗栗钙土	山地暗栗钙土；滩地暗栗钙土；耕种暗栗钙土
			栗钙土	山地栗钙土；滩地栗钙土；耕种栗钙土
			淡栗钙土	山地淡栗钙土；滩地淡栗钙土；耕种淡栗钙土
			草甸栗钙土	
			盐化栗钙土	
干旱土	干旱温钙层土	灰钙土	灰钙土	灰钙土；耕灌灰钙土
			淡灰钙土	淡灰钙土；耕灌淡灰钙土
		棕钙土	棕钙土	棕钙土；耕灌棕钙土
			淡棕钙土	
			盐化棕钙土	
			棕钙土性土	
漠土	温漠土	灰棕漠土	灰棕漠土	灰棕漠土；耕灌灰棕漠土
			石膏灰棕漠土	
			石膏盐磐灰棕漠土	
人为土	灌耕土	灌淤土	灌淤土	薄层灌淤土　厚层灌淤土
			潮灌淤土	薄层潮灌淤土　厚层潮灌淤土
盐碱土	盐土	盐土	残积盐土	
			草甸盐土	
			沼泽盐土	
			碱化盐土	
水成土	水成土	沼泽土	沼泽土	
			腐泥沼泽土	
			泥炭沼泽土	
			草甸沼泽土	草甸沼泽土；耕灌草甸沼泽土
			盐化沼泽土	盐化沼泽土；耕灌盐化沼泽土
		泥炭土	低位泥炭土	

续表

土纲	亚纲	土类	亚类	土属
初育土	土质初育土	风沙土	草原风沙土	流动草原风沙土；半固定草原风沙土；固定草原风沙土
			荒漠风沙土	流动荒漠风沙土；半固定荒漠风沙土；固定荒漠风沙土
		新积土	新积土	新积土；堆垫土
	石质初育土	石质土	钙质石质土	
		粗骨土	钙质粗骨土	

进入 20 世纪 90 年代后，土壤系统分类研究在我国逐渐开展和兴起，但有关青海土壤系统分类方面的内容尚没有专门的报道。

2.2　本次土系调查

2.2.1　依托项目

本次土系调查工作时间段为 2014～2018 年，主要依托国家科技基础性工作专项"我国土系调查与《中国土系志（中西部卷）》编制"（2014FY110200）中"青海省专题（A04）"和国家自然科学基金重点项目"黑河流域关键土壤属性数字制图研究"（41130530，2012～2016 年），其他项目包括国家自然科学基金面上项目"黑河流域土壤碳酸钙多尺度空间分布特征及其土壤发生学意义"（41371224，2014～2017 年）、"青藏高原多年冻土特征与系统分类研究"（41071143，2011～2013 年）和"青海湟水流域土壤-景观关系的空间推理研究"（41301230，2014～2016 年）以及青海省科技厅项目"青海省北川河流域土地利用规划的长期水文效应及污染负荷评估研究"（2015-HZ-803，2014～2017 年）。

2.2.2　调查方法

1）单个土体位置确定与调查方法

单个土体位置确定考虑全省及重点区域两个尺度，采用综合地理单元法，即通过将 90 m 分辨率的 DEM 数字高程图、1∶25 万地质图（转化为成土母质图）、植被类型图和土地利用类型图（2018 年地理国情数据）、地形因子、二普土壤类型图进行数字化叠加（表 2-2，图 2-1），形成综合地理单元图，再考虑各个综合地理单元类型对应的二普土壤类型及其代表的面积大小，逐个确定单个土体的调查位置（提取出经纬度和海拔信息）。

表 2-2　青海土系调查单个土体位置确定协同环境因子数据

	协同环境因子	比例尺/分辨率
气候	年均气温、降水量和蒸发量	1 km
母质	母岩	1∶50 万
植被	植被归一化指数（NDVI）（2015 年）	1 km
土地利用	土地利用类型（2018 年）	矢量
地形	高程、坡度、沿剖面曲率、地形湿度指数	90 m

本次土系调查合计调查单个土体 305 个（图 2-2），其中国家科技基础性工作专项（2014FY110200）的 110 个，国家自然科学基金重点项目（41130530）的 78 个，国家自

然科学基金面上项目（41371224，41071143，41301230）的 117 个。

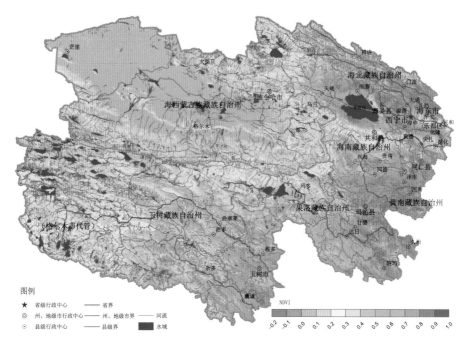

(a) NDVI空间分布图

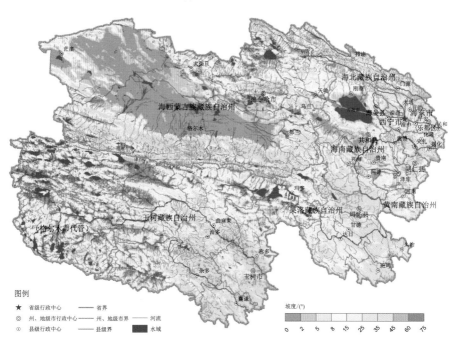

(b) 坡度空间分布图

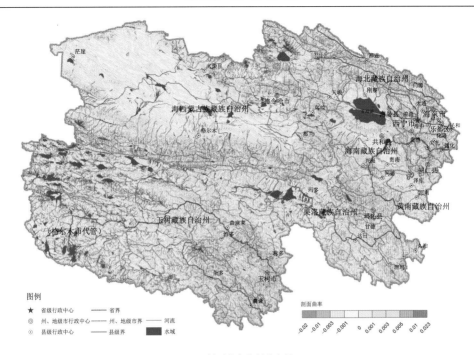

(c) 剖面曲率空间分布图

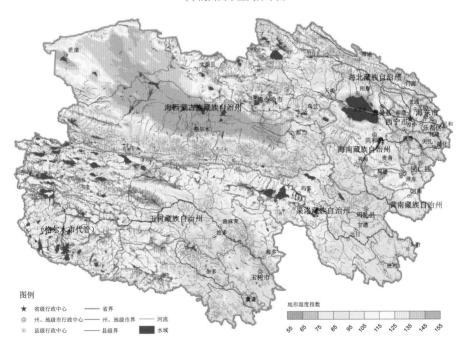

(d) 地形湿度指数空间分布图

图 2-1 青海省环境因子空间分布

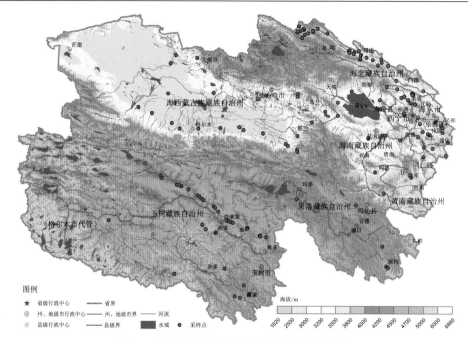

图 2-2　青海省土系调查典型单个土体空间分布

2）野外单个土体调查和描述、土壤样品测定、系统分类归属的依据

野外单个土体调查和描述依据《野外土壤描述与采样手册》（张甘霖和李德成，2017），土壤颜色比色依据《中国土壤标准色卡》（中国科学院南京土壤研究所和中国科学院西安光学精密机械研究所，1989），土样测定分析依据《土壤调查实验室分析方法》（张甘霖和龚子同，2012），土壤系统分类高级单元确定依据《中国土壤系统分类检索（第三版）》（中国科学院南京土壤研究所土壤系统分类课题组和中国土壤系统分类课题研究协作组，2001），土族和土系建立依据《中国土壤系统分类土族和土系划分标准》（张甘霖等，2013）。

2.2.3　土系建立情况

通过对调查的 305 个单个土体的筛选和归并，建立的青海土系见表 2-3，包括 8 个土纲，14 个亚纲，29 个土类，43 个亚类，114 个土族，161 个土系。每个土系的信息详见"下篇 区域典型土系"。

表 2-3　青海省土系分布统计　　　　　　　　　　（单位：个）

土纲	亚纲	土类	亚类	土族	土系
有机土	1	2	2	2	2
人为土	1	2	3	3	3
干旱土	2	4	4	5	8
盐成土	1	2	3	3	5
潜育土	2	2	2	2	2
均腐土	1	2	4	9	15
雏形土	3	9	18	77	109
新成土	3	6	7	13	17
合计	14	29	43	114	161

第3章 成土过程与主要土层

3.1 成土过程

青海省空间跨度大，成土因素复杂多变。地貌上，最高海拔与最低海拔相差约5240 m，兼有高原、山地、丘陵、岗地、平原、湖泊和洼地；气候上，虽然总体属于高原大陆性气候，但属暖温带向亚热带过渡型，不同海拔和不同地区气候有明显差异；成土母质复杂多样，既受第四纪成土母质的影响，也受不同类型风化壳的制约，包括冰碛物及冰水堆积物、风成砂母质、冲积及洪积母质、湖积母质、黄土母质、残积母质及坡积母质；土地利用类型多种多样，包括旱地、水田、林地、园地、草地等，因此其成土过程类型也较多。

3.1.1 原始成土过程

在高海拔山区，岩石经物理风化，其碎土和少量细粒土开始能蓄少量水分，适应地衣、苔藓等低等植物生长，伴随着石缝中的细土在水分和微弱细菌的作用下，分解少量矿物质，变成极少量的可给态养分供给高山地区垫状植物生长，形成了正常新成土和雏形土。在风积流动沙丘上，接纳雨水，可以生长先锋植物——虫实，然后逐渐生长耐旱耐瘠的沙蒿等植物，借此积累有机碳，经过分解，增加土壤养分，可供粗壮嵩草、赖草、针茅等植物生长，逐渐扩大植被覆盖度，形成砂质新成土和冲积新成土。这些土壤形成的起始点就是原始成土过程。

3.1.2 有机物质积累过程

有机物质积累过程广泛存在于各种土壤中，但由于水热条件和植被类型的差异，有机物质积累过程表现的形式也不一样，青海省有机物质积累过程大体表现为以下几种。

（1）枯枝落叶堆积过程：枯枝落叶堆积过程指植物残体在矿质土表累积的过程，一般发生在森林植被条件下，落在地表的枯枝落叶由于通风干燥缺水难以分解，形成一个枯枝落叶层。枯枝落叶堆积过程主要发生在东部和南部区域的山地天然乔木林下，主要分布在祁连山、大通河、湟水、黄河下段、隆务河、黄河上段、玛可河、玉树等重点林区，是均腐土和雏形土一个常见的成土过程。

（2）泥炭积累过程：在长期积水与草甸或沼泽植物茂密生长下，土壤过湿时首先形成草甸植被茂密生长，随着积水时间的不断加长，土壤通气条件更加恶化，土壤微生物活动减弱，植物有机体分解减缓，有机质在土壤中大量积累，而植物灰分元素日趋减少。泥炭积累过程主要发生在三江源区、通天河上游、黄河源星宿海及扎陵湖、鄂陵湖、柴达木盆地、青海湖以及山区中地势平缓或低洼、空气湿度高、长期积水的地段，是有机土和滞水潜育土的主要成土过程之一。

（3）腐殖质积累过程：森林土壤的有机质积累明显，森林凋落物有大量氮素和灰分元素归还土壤，从而使土壤富含有机质和矿质养分。同枯枝落叶堆积过程一样，腐殖质积累过程主要发生在东部和南部区域的山地天然乔木林下，主要分布在祁连山、大通河、湟水、黄河下段、隆务河、黄河上段、玛可河、玉树等重点林区，是均腐土和雏形土中普遍存在的成土过程之一。

3.1.3 钙积过程

钙积过程是指土壤钙的碳酸盐发生移动积累的过程。在季节性淋溶条件下，存在于土壤上部土层中的石灰以及植物残体分解释放出的钙在雨季以重碳酸钙形式向下移动，达到一定深度，以 $CaCO_3$ 形式累积下来，形成钙积层。钙积过程主要发生在富含 $CaCO_3$ 的黄土母质和黄土类物质的条件下，是钙积土垫旱耕人为土、钙积正常干旱土、钙积寒性干润均腐土、钙积暗厚干润均腐土、钙积草毡寒冻雏形土、钙积简育寒冻雏形土、钙积暗沃干润雏形土和钙积简育干润雏形土的一个主要成土过程。

3.1.4 盐碱化过程

含盐风化壳、含盐母质是盐碱化过程形成发展演变的物质基础，水文及水文地质状况和干旱气候条件是各类盐化形成、发展、演变的先决条件和支配因素。盐碱化过程包括自然因素和人类活动两个方面，自然形成过程一是主要发生在柴达木盆地不受地下水影响的古湖滩地、河流老阶地、山前洪积扇和残丘岗地，由于长期脱离地下水影响，现代积盐过程终止，历史上的积盐在干旱条件下的残留土体由于风蚀风积和微弱淋溶作用，盐分主要集中在亚表层或心土层；二是近代春夏季节冰川融化和暴雨通过含盐岩层时，溶解其中盐分而成为含盐多的地面径流，在低洼地带汇集，由于旱季的强烈蒸发作用也会发生盐分表聚。这些地区其地表无植被或有极少的耐盐旱生植物，多为氯化物或硫酸盐-氯化物，下层硫酸盐含量显著增加，为硫酸盐和氯化物-硫酸盐，土体有一定数量的石膏。在柴达木盆地、青海湖、扎陵湖、鄂陵湖等湖滨的低洼地区，由于地下水矿化度较高，蒸发强烈，可溶性盐分向地表上移而发生表聚。人为形成过程一般发生在耕作地区，在发展大规模引水灌溉时，由于灌排不当引起灌区地下水位上升，在地下水矿化度较高的情况下，盐分向地表迁移而发生表聚。盐碱化过程形成了潮湿正常盐成土和干旱正常盐成土，而在柴达木盆地宗巴滩的西西河与柴达木河之间地段，土壤胶体中含有较多的交换性钠离子，导致土壤碱化，个别表土碱化度达 80%以上，但未脱盐，含盐量仍很高，存在盐碱化过程，有可能形成碱积盐成土。

3.1.5 潜育过程

潜育过程是土壤长期渍水，水、气比例失调，几乎完全处于闭气状态，受到有机质嫌气分解，而铁锰强烈还原，发生潜育过程，形成灰蓝-灰绿色潜育层的过程。与泥炭积累过程一样，潜育过程在全省零星分布，但主要发生在三江源区、通天河上游、黄河源星宿海及扎陵湖、鄂陵湖、柴达木盆地、青海湖以及山区中地势平缓或低洼、空气湿度高、长期积水的地段，是有机土和滞水潜育土的主要成土过程之一。

3.1.6　氧化还原过程

主要是自然降雨、旱耕灌溉以及地下水的雨升旱降氧化形成的还原过程，致使土体干湿交替，引起铁锰化合物的氧化态与还原态的变化，产生局部的移动或淀积，从而形成一个具有锈纹锈斑或铁锰结核的土层。氧化还原过程是平原地区或地势半缓低洼地区的旱耕人为土、潮湿正常盐成土、潮湿寒冻雏形土、斑纹简育寒冻雏形土、潮湿雏形土、底锈干润雏形土以及冲积新成土的成土过程之一。

3.1.7　熟化过程

熟化过程指由于人类的耕作、灌溉、施肥等农业措施改良和培肥土壤的过程，主要是旱耕熟化过程，主要表现为耕作层的厚度增加、结构改善、容重降低、有机质及各类养分含量增加、肥力和生产力提高等方面。熟化过程是旱耕人为土和耕作的干润均腐土及干润雏形土的主要成土过程之一。

3.2　诊断层与诊断特性

《中国土壤系统分类检索（第三版）》设有 33 个诊断层、20 个诊断现象和 25 个诊断特性，本书建立的青海土系涉及 14 个诊断层（含诊断现象）：有机表层（有机现象）、草毡表层、暗沃表层、淡薄表层、灌淤表层、堆垫表层、干旱表层、盐结壳、雏形层、石膏层（石膏现象）、超石膏层、钙积层、盐磐和盐积层（盐积现象）；13 个诊断特性：有机土壤物质、岩性特征、石质接触面、准石质接触面、人为淤积物质、土壤水分状况、潜育特征、氧化还原特征、土壤温度状况、冻融特征、永冻层次、均腐殖质特性和石灰性。

3.2.1　有机表层（有机现象）

有机表层是矿质土壤中经常被水饱和，具高量有机碳的泥炭质有机土壤物质表层，或被水分饱和的时间很短，具极高量有机碳的枯枝落叶质有机土壤物质表层。有机表层出现在 2 个土系中，包括有机土中矿底纤维永冻有机土的尼陇贡玛系和矿底半腐永冻有机土的卡子沟系。依据调查的有机土的 6 个剖面信息，有机表层由纤维、半腐和高腐有机土壤物质组成，厚度介于 50～120 cm，有机碳含量介于 140～180 g/kg，容重介于 0.30～0.40 g/cm³。

3.2.2　草毡表层

草毡表层是指高寒草甸植被下具高量有机碳有机土壤物质、活根与死根根系交织缠结的草毡状表层。草毡表层集中在寒冻雏形土的 19 个土系中（表 3-1），依据调查的含有草毡表层的 46 个剖面信息，其 50 cm 深度土温介于 2.3～6.3℃，厚度介于 8～38 cm，色调介于 7.5YR～10YR，干态明度介于 1～4，润态明度介于 1～3，C/N 介于 14.0～18.3。

表 3-1　草毡表层表现特征统计

亚类	厚度/cm	色调	干态明度	润态明度	C/N
普通永冻寒冻雏形土（2/4）	30~38	7.5YR	4	2	14.5~17.1
钙积草毡寒冻雏形土（8/21）	8~35	7.5YR~10YR	1~4	1~3	14.0~15.1
石灰草毡寒冻雏形土（2/8）	10~30	7.5YR~10YR	2~4	2~3	14.0~16.5
普通草毡寒冻雏形土（7/13）	10~38	7.5YR~10YR	1~4	1~3	14.0~18.3
合计（19/46）	8~38	7.5YR~10YR	1~4	1~3	14.0~18.3

注：括号内数字为土系和剖面的数量。

3.2.3　暗沃表层

暗沃表层是指有机碳含量高或较高、盐基饱和、结构良好的暗色腐殖质表层。暗沃表层出现在 24 个土系中，其中 1 个潜育土土系，15 个均腐土土系，6 个雏形土土系，2 个新成土土系（表 3-2）。依据调查的含有暗沃表层的 49 个剖面信息，暗沃表层的厚度介于 24~120 cm，干态明度介于 1~5，润态明度介于 1~3，润态彩度介于 1~3，有机碳含量介于 9.8~153.9 g/kg，pH 介于 6.1~9.9。

表 3-2　暗沃表层表现特征统计

土纲	厚度范围/cm	干态明度	润态明度	润态彩度	有机碳/(g/kg)	pH
潜育土（1/1）	30	4	3	3	76.7	8
均腐土（15/32）	28~120	1~5	1~3	1~3	9.8~151.3	6.1~8.7
雏形土（6/12）	26~80	3~5	2~3	2~3	12.3~153.9	6.5~9.9
新成土（2/4）	24~29	4~5	2~3	2	21.0~48.1	6.8~7.0
合计（24/49）	24~120	1~5	1~3	1~3	9.8~153.9	6.1~9.9

注：括号内数字为土系和剖面的数量。

3.2.4　淡薄表层

淡薄表层是指发育程度较差的淡色或较薄的腐殖质表层。淡薄表层出现在 99 个土系中（表 3-3）。依据调查的含有淡薄表层的 122 个剖面信息，淡薄表层的厚度介于 5~52 cm，干态明度介于 4~8，润态明度介于 3~6，润态彩度介于 1~6，有机碳含量介于 0.7~100.0 g/kg，pH 介于 6.6~9.7。

表 3-3　淡薄表层表现特征统计

土纲/亚纲	厚度范围/cm	干态明度	润态明度	润态彩度	有机碳/(g/kg)	pH
潜育土（1/2）	11	6	5	2	13.9	8.7
寒冻雏形土（51/52）	7~52	4~8	3~6	1~4	3.3~100.0	6.6~9.1
潮湿雏形土（9/12）	10~20	6~7	5~6	1~3	2.6~14.8	8.7~9.7
干润雏形土（24/35）	10~23	5~7	3~6	1~6	4.3~42.0	7.1~9.3
新成土（14/21）	5~20	5~7	3~6	1~4	0.7~55.2	7.7~9.3
合计（99/122）	5~52	4~8	3~6	1~6	0.7~100.0	6.6~9.7

注：括号内数字为土系和剖面的数量。

3.2.5　灌淤表层

灌淤表层是指长期引用富含泥沙的浑水灌溉，水中泥沙逐渐淤积，并经施肥、耕作等交迭作用影响，失去淤积层理而形成的由灌淤物质组成的人为表层。灌淤表层出现在诺木洪系（斑纹灌淤旱耕人为土），其厚度介于 70～75 cm，可见木炭碎屑，通体为壤土，粉粒含量介于 420～500 g/kg，砂粒含量介于 370～500 g/kg，有机碳含量介于 3.7～18.8 g/kg，石灰反应强烈，碳酸钙含量介于 120～170 g/kg，pH 介于 8.1～8.7，现耕作层厚度介于 10～18 cm，之下土体可见少量铁锰斑纹。

3.2.6　堆垫表层

堆垫表层是指长期施用大量土粪、土杂肥或河塘淤泥等并经耕作熟化而形成的人为表层。堆垫表层出现在江日堂系（斑纹土垫旱耕人为土）和毛玉系（钙积土垫旱耕人为土），就这 2 个土系的信息来看，目前耕作层厚度介于 15～20 cm，堆垫表层厚度均约 60 cm，通体色调均为 10YR，土体中可见木炭碎屑和残留农膜，通体均为粉壤土，粉粒含量介于 520～630 g/kg，有机碳含量介于 6.9～21.0 g/kg，江日堂系无石灰反应，pH 介于 7.1～7.4，毛玉系石灰反应强烈，碳酸钙含量 110～170 g/kg，pH 介于 8.6～8.8。

3.2.7　干旱表层

干旱表层是指在干旱水分状况条件下形成的具特定形态分异的表层，地表无植被或植被稀疏，腐殖质积累较弱。干旱表层出现在干旱土的 8 个土系和新成土的 1 个土系中（表 3-4）。依据调查的有干旱表层的 12 个剖面信息，其地表植被盖度多低于 5%，地表砾石面积介于 75%～85%，结皮厚度介于 2～3 cm，表层厚度介于 10～15 cm，干态明度介于 6～7，润态明度介于 4～6，润态彩度介于 1～2，有机碳含量介于 0.7～7.5 g/kg，碳酸钙含量介于 91～206 g/kg。

表 3-4　干旱表层表现特征统计

土纲	植被盖度 /%	地表砾石 /%	结皮厚度 /cm	表层厚度 /cm	干态 明度	润态 明度	润态 彩度	有机碳 /(g/kg)	碳酸钙含量 /(g/kg)
干旱土（8/10）	0~20	75~85	2~3	10~15	6~7	4~6	1~2	0.7~7.5	91~206
新成土（1/2）	0	85	2	15	6	4	4	2.4	134
合计（9/12）	0~20	75~85	2~3	10~15	6~7	4~6	1~2	0.7~7.5	91~206

注：括号内数字为土系和剖面的数量。

3.2.8　盐结壳

盐结壳是指由大量易溶性盐胶结成的灰白色或灰黑色表层结壳。盐结壳出现在结壳潮湿正常盐成土的才开系、宗加房系和新乐村系，依据调查的含有盐结壳的 3 个剖面信息，其地表盐生植被（主要是芦苇）的盖度介于 30%～40%，盐结壳厚度介于 2～5 cm，含盐量均在 100 g/kg 以上。

3.2.9 雏形层

雏形层是指风化-成土过程中形成的无或基本上无物质淀积,未发生明显黏化,带棕、红棕、红、黄或紫等颜色,且有土壤结构发育的 B 层。雏形层分布最为广泛(表 3-5)。依据调查的有雏形层的 233 个剖面信息,雏形层出现上界介于 7～120 cm,厚度介于 0～120 cm,质地类型多样,主要有砂土、壤质砂土、砂质壤土、粉壤土、壤土、粉质黏壤土,pH 介于 4.5～9.5,有机碳含量介于 1.0～43.9 g/kg,碳酸钙含量介于 0～327 g/kg。

表 3-5　雏形层表现特征统计

土纲	上界 /cm	厚度 /cm	质地	pH	有机碳 /(g/kg)	碳酸钙 /(g/kg)
干旱土(6/10)	10～15	63～110	砂土、壤质砂土、砂质壤土 粉壤土、壤土	7.8～9.1	1.4～6.4	16～184
盐成土(2/5)	30～34	86～90	壤质砂土、砂质壤土 粉壤土、壤土	8.6～9.1	1.0～6.3	103～327
潜育土(2/2)	30	90	粉壤土、壤土	8.0～9.2	6.4～33.5	135～170
均腐土(9/24)	10～120	0～120	砂质壤土、粉壤土、壤土	6.7～9.0	5.0～43.9	0～145
雏形土(73/192)	7～90	10～113	砂质壤土、壤土 粉质黏壤土	4.5～9.5	1.0～42.3	0～252
合计(92/233)	7～120	0～120	—	4.5～9.5	1.0～43.9	0～327

注:括号内数字为土系和剖面的数量。

3.2.10 石膏层、石膏现象和超石膏层

石膏层、石膏现象和超石膏层指富含次生石膏的未胶结或未硬结土层。石膏层、石膏现象或超石膏层出现在乌兰川金系(普通石膏寒性干旱土)、锡铁山系(超量石膏正常干旱土)和沙紫包系(石膏-盐磐干旱正常盐成土)。乌兰川金系石膏层上界约在 10 cm,厚度在 90 cm 以上,石膏含量介于 50～130 g/kg。锡铁山系通体富含石膏,有石膏层和超石膏层,其中石膏层出现上界约在 10 cm,石膏含量介于 120～180 g/kg,超石膏层出现上界约在 27 cm,厚度约 56 cm,石膏含量介于 540～830 g/kg。沙紫包系 20 cm 之上土体具有石膏现象,石膏含量介于 10～12 g/kg,之下均为石膏层,石膏含量介于 60～80 g/kg。石膏层和超石膏层中均可见白色石膏晶体或粉末。

3.2.11 钙积层和钙积现象

钙积层和钙积现象是指富含次生碳酸盐的未胶结或未硬结土层。钙积层和钙积现象出现 54 个土系中(表 3-6)。依据调查的有钙积层的 59 个剖面信息,钙积层的出现上界介于 10～75 cm,厚度介于 15～110 cm,质地主要有壤质砂土、砂质壤土、粉壤土、壤土、粉质黏壤土、黏壤土,pH 介于 7.1～9.6,碳酸钙含量介于 50～259 g/kg,新生体包括土体中的粉末、假菌丝体和砾石地面的钙膜,面积或体积介于 5%～30%。

表 3-6　钙积层/钙积现象表现特征统计

土纲	上界/cm	厚度/cm	质地	pH	碳酸钙/(g/kg)	新生体	/%
人为土（1/1）	60	60	粉壤土	8.8	143～164	粉末	5～10
干旱土（2/2）	10～45	30～40	粉壤土	8.1～9.1	154	粉末	5～10
盐成土（1/1）	40	40	砂质壤土	9.1	226	粉末	30
均腐土（5/5）	28～63	29～92	粉壤土、壤土	7.9～9.5	139～259	粉末	5～10
雏形土（45/50）	8～75	15～110	黏壤土、壤质砂土 壤土、砂质壤土 粉质黏壤土	7.1～9.6	50～223	假菌丝体 粉末、钙膜	5～50
合计（54/59）	10～75	15～110	—	7.1～9.6	50～259	—	5～30

注：括号内数字为土系和剖面的数量。

3.2.12　盐磐、盐积层（盐积现象）

盐磐由以 NaCl 为主的易溶性盐胶结或硬结形成连续或不连续的磐状土层。盐积层/盐积现象是指在冷水中溶解度大于石膏的易溶性盐富集的土层。盐磐出现在沙紫包系（石膏-盐磐干旱正常盐成土，位于干涸盐湖），地表向下约至 20 cm，含盐量约 230 g/kg。盐积层/盐积现象出现在盐成土的才开系、宗加房系和新乐村系（结壳潮湿正常盐成土）以及都龙系（潜育潮湿正常盐成土）。依据调查的含有盐积层的 4 个剖面信息，盐积层的厚度介于 10～40 cm，含盐量介于 30～230 g/kg。

3.2.13　有机土壤物质

有机土壤物质指经常被水分饱和，具高有机碳的泥炭、腐泥等物质，或被水分饱和时间很短，具极高有机碳的枯枝落叶质物质或草毡状物质。有机土壤物质出现在有机土的 2 个土系（矿底纤维永冻有机土的尼陇贡玛系和矿底半腐永冻有机土的卡子沟系）。依据调查的有机土的 6 个剖面信息，表层主要是纤维有机土壤物质，下部则是高腐有机土壤物质，润态色调 5YR～10YR，明度介于 2～4，彩度介于 1～3。

3.2.14　岩性特征

岩性特征指土表至 125 cm 深范围内土壤性状明显或较明显保留母岩或母质的岩石学性质特征。岩性特征出现在 10 个土系，其中，冲积物岩性特征出现在切日走曲系（石灰淡色潮湿雏形土）、曲库系和加吉博洛系（斑纹寒冻冲积新成土）、上索孔系和石咀儿系（石灰潮湿冲积新成土），这些土系均位于河道边，受定期泛滥的影响而有新鲜冲积物质加入，50 cm 以上土体中可见冲积层理，125 cm 以下土体有机碳含量介于 2.3～6.3 g/kg。砂质沉积物岩性特征出现在扎汉布拉系（普通简育干润雏形土）、大灶火系和拉干系（石灰干旱砂质新成土）、大野马岭系（石灰寒冻正常新成土），为流动、半固定或固定风积沙丘，砂粒含量介于 760～900 g/kg，质地为砂土和壤质砂土，单粒状，无沉积层理。红色砂岩岩性特征出现在布卜塘系（石灰红色正常新成土），出现上界介于 30 cm 左右，色调为 2.5R，润态明度为 5，彩度为 4。

3.2.15　（准）石质接触面

（准）石质接触面是指土壤与紧实黏结的下垫物质（岩石）之间的界面层，用铁铲不能挖开或可勉强挖开。（准）石质接触面出现在 11 个土系中，其中干润均腐土的 1 个土系、雏形土 3 个土系、新成土 7 个土系。依据调查的有石质接触面的 33 个剖面信息，（准）石质接触面出现的上界介于 15～100 cm，基岩多种多样，如石灰岩、红砂岩、黑色岩等。

3.2.16　人为淤积物质

人为淤积物质指由人为活动造成的沉积物质，如以灌溉为目的引用浑水灌溉形成的灌淤物质，是灌淤表层的物质基础。人为淤积物质出现在斑纹灌淤旱耕人为土的诺木洪系，长年种植枸杞，每年引水漫灌 6 次以上，灌淤层的厚度介于 70～75 cm，质地为壤土，pH 介于 8.1～8.7，有机碳含量介于 3.7～18.8 g/kg。

3.2.17　土壤水分状况

土壤水分状况是指年内各时期土壤内或某土层内地下水或 <1500 kPa 张力持水量的有无或多寡。建立的 161 个土系中，包括干旱、半干润、滞水和潮湿四个土壤水分状况，其中，14 个为干旱土壤水分状况，115 个为半干润土壤水分状况，4 个为滞水土壤水分状况，28 个为潮湿土壤水分状况。其中，干旱状况出现在干旱土的 8 个土系，干燥度介于 4.0～37.1；干旱正常盐成土的 1 个土系，干燥度为 56；砂质新成土的 2 个土系，干燥度介于 4.1～44.2；正常新成土的 3 个土系，干燥度为 4.1～37.1；半干润状况出现在旱耕人为土的 3 个土系，干润均腐土的 15 个土系（11 个草地，3 个旱地，1 个林地），寒冻雏形土的 63 个土系（草地），干润雏形土的 26 个土系（13 个旱地，1 个园地，12 个草地），寒冻正常新成土的 8 个土系（1 个裸地，7 个草地）；滞水状况出现在永冻有机土的 2 个土系，通体积水；潜育土的 2 个土系，30 cm 以上土体积水；潮湿状况出现在潮湿正常盐成土的 4 个土系，氧化还原特征出现的上界介于 12～30 cm；永冻寒冻雏形土的 5 个土系，氧化还原特征出现的上界为 8～18 cm；潮湿寒冻雏形土的 6 个土系，氧化还原特征出现的上界介于 10～40 cm；潮湿雏形土的 9 个土系，氧化还原特征出现的上界介于 6～13 cm；冲积新成土的 4 个土系，氧化还原特征出现的上界介于 5～6 cm。

3.2.18　潜育特征

潜育特征是指长期被水饱和，导致土壤发生强烈还原的特征。潜育特征出现在 5 个土系，其中潜育潮湿正常盐成土 1 个土系（都龙系），潜育特征出现上界为 80 cm，色调为 2.5Y，润态明度为 4，彩度为 1，少量铁锰斑纹；潜育土 2 个土系（俄好巴玛系和南八仙系），潜育特征出现上界介于 0～30 cm，色调介于 10BG～7.5YR，润态明度介于 4～6，彩度介于 1～2，少量铁锰斑纹；潜育潮湿寒冻雏形土 2 个土系（塔护木角系和攻扎纳焦系），潜育特征出现上界介于 50～90 cm，色调均为 7.5Y～7.5YR，润态明度介于 2～5，彩度为 1，无或少量铁锰斑纹。

3.2.19　氧化还原特征

氧化还原特征是指由于潮湿水分状况、滞水水分状况或人为滞水水分状况的影响，大多数年份某一时期土壤受季节性水分饱和，发生氧化还原交替作用而形成的特征。氧化还原特征出现在 39 个土系中（表 3-7），其中旱耕人为土 2 个土系（诺木洪系和江日堂系），潮湿正常盐成土 3 个土系（宗加房系、新乐村系和才开系），寒冻雏形土 17 个土系，潮湿雏形土 9 个土系，干润雏形土 4 个土系，冲积新成土 4 个土系（曲库系、加吉博洛系、上索孔系和石咀儿系）。氧化还原特征出现上界介于 0～75 cm，厚度介于 15～120 cm，铁锰斑纹或碳酸钙假菌丝体介于少量～多量，润态彩度介于 1～4。

表 3-7　氧化还原特征统计

土纲	出现上界/cm	厚度/cm	斑纹	结核	润态彩度
人为土（2）	26~46	80~94	少量		2
盐成土（3）	30~34	86~90	少量~多量		1~2
雏形土（30）	8~75	15~110	少量~中量	无~中量	1~4
新成土（4）	0~6	114~120	少量~中量		1~2

注：括号内数字为土系的数量。

3.2.20　土壤温度状况

土壤温度状况是指土表下 50 cm 深度处或浅于 50 cm 的石质或准石质接触面处的土壤温度。建立的 161 个土系包括了寒性、冷性和温性土壤，其中，98 个土系属于寒性，50 cm 土温介于–2.5～7.4℃，平均为 4.0℃，包括有机土的 2 个土系、干旱土 1 个土系（乌兰川金系）、潜育土 1 个土系、均腐土 10 个土系、雏形土 72 个土系和新成土 12 个土系。53 个土系属于冷性，50 cm 土温介于 2.7～8.9℃，平均为 6.5℃，包括人为土的 2 个土系、干旱土 7 个土系、盐成土 5 个土系、潜育土 1 个土系、均腐土 5 个土系、雏形土 29 个土系和新成土 4 个土系。10 个土系属于温性，50 cm 土温介于 9.0～11.0℃，平均为 9.7℃，包括旱耕人为土 1 个土系、雏形土 8 个土系和新成土 1 个土系。

3.2.21　冻融特征

冻融特征是指由冻融交替作用在地表或土层中形成的形态特征，地表可见石环、冻胀丘等冷冻扰动形态，或 A 或 B 层的部分亚层可见鳞片状结构。冻融特征出现在 86 个土系中，其中，有机土 2 个土系，潜育土 1 个土系，均腐土 4 个土系，寒冻雏形土 70 个土系，新成土 9 个土系。总体来看，寒冻雏形土大部分土系的地表存在石环或冻胀丘，其上部土体中也可见鳞片状结构；寒冻冲积新成土和寒冻正常新成土的土系地表也多存在石环和冻胀丘，但土体较难见鳞片状结构；其他土纲的土系中，地表多可见冻胀丘，但难见石环，土体中也少见鳞片状结构。

3.2.22　永冻层次

永冻层次是指土表至 200 cm 范围内土温常年≤0℃的层次，其湿冻者结持坚硬，干冻者结持疏松。永冻层次出现在 12 个土系中，多是位于平缓低洼底部易积水区域，其中，永冻有机土 2 个土系，其永冻层次出现上界介于 65～130 cm；永冻潜育土的 1 个土系，寒性干润均腐土 1 个土系，其永冻层次出现上界在 110 cm；永冻寒冻雏形土 8 个土系，其永冻层次出现上界介于 80～190 cm，平均为 120 cm。

3.2.23　均腐殖质特性

均腐殖质特性是指草原或森林草原中腐殖质的生物积累深度较大，有机质的剖面分布随草本植物根系分布深度中数量的减少而逐渐减少，无陡减现象的特性。均腐殖质特性出现在均腐土的 15 个土系中，其中寒性干润均腐土的 11 个土系和暗厚干润均腐土的 4 个土系。依据调查的均腐土 33 个剖面信息，均腐殖质特性出现的厚度介于 50～120 cm，平均为 80 cm，有机碳含量介于 7.0～132 g/kg，Rh 介于 0.14～0.38，C/N 介于 9.6～16.9。

3.2.24　石灰性

石灰性是指土表至 50 cm 范围内所有亚层中 $CaCO_3$ 相当物均≥10 g/kg，用 1∶3 HCl 处理有泡沫反应。建立的 161 土系中，有 122 个土系有石灰性（人为土的 2 个土系，干旱土的 8 个土系，盐成土的 5 个土系，潜育土的 2 个土系，均腐土的 8 个土系，雏形土的 82 个土系，新成土的 15 个土系）。各土纲中有石灰性的土系 $CaCO_3$ 相当物含量统计见表 3-8。

表 3-8　石灰性表现特征统计

土纲	0～50 cm 土层碳酸钙含量 /(g/kg)	土纲	0～50 cm 土层碳酸钙含量 /(g/kg)
人为土（2）	111～165	均腐土（8）	10～158
干旱土（8）	16～825	雏形土（82）	11.5～378
盐成土（5）	63～327	新成土（15）	31～504
潜育土（2）	53.8～272.5		

注：括号内数字为土系的数量。

3.2.25　盐基饱和度

盐基饱和度是指吸收复合体被 K^+、Na^+、Ca^{2+} 和 Mg^{2+} 饱和的程度（NH_4OAc 法），对于非铁铝土和富铁土，BS≥50%的为饱和，<50%的为非饱和。仅有机土的 2 个土系盐基不饱和，其盐基饱和度介于 11%～48%，pH 介于 4.7～6.6。

下篇　区域典型土系

第4章 有 机 土

4.1 矿底纤维永冻有机土

4.1.1 尼陇贡玛系（Nilonggongma Series）[①]

土　　族：壤质粪粒质型弱酸性-矿底纤维永冻有机土

拟定者：李德成，赵玉国

分布与环境条件　分布于玉树州称多县清水河镇，不冻泉—清水河沿线，冲-洪积扇低洼地段，海拔介于 4400～4800 m，母质以泥炭和腐泥为主，高覆盖度草地，高山寒冷湿润气候，年均日照时数约2310 h，年均气温约–1.6℃，年均降水量约 518 mm，无霜期约 93～126 d。

尼陇贡玛系典型景观

土系特征与变幅　诊断层包括有机表层；诊断特性包括寒性土壤温度状况、滞水土壤水分状况、有机土壤物质、永冻层次和冻融特征。地表具有冻胀丘，土体厚度 1 m 以上，有机表层厚度一般低于 60 cm，有机碳含量介于 157～180 g/kg，之下为永冻层次，pH 6.2～7.4。

对比土系　卡子沟系，同一亚纲不同土类，为半腐永冻有机土，永冻层出现在 1.2 m 以下。

利用性能综述　地形较平缓，土体厚，养分含量高，草被盖度高，湿地资源，优质牧草地，防止过度放牧。

发生学亚类　低位泥炭土。

代表性单个土体　位于青海省玉树州称多县清水河镇尼陇贡玛山北，33.76862°N，

---

① 括号内为土系的英文名。土系英文名命名原则为土系名汉字拼音加 Series。

96.96281°E，海拔 4676 m，冲-洪积扇低洼地段，母质为泥炭和腐泥，草地，覆盖度>90%，50 cm 深度土温 1.9℃，野外调查采样日期为 2011 年 8 月 6 日，编号 110806050。

Oed1：0～15 cm，暗棕色（7.5YR 3/4，干），极暗棕色（7.5YR 2/3，润），多量草类根系，纤维有机土壤物质为主，极少量细土，松散，向下层波状渐变过渡。

Oed2：15～32 cm，棕色（7.5YR 4/3，干），暗棕色（7.5YR 3/3，润），多量草类根系，纤维有机土壤物质为主，极少量细土，松散，向下层波状渐变过渡。

Oad：32～65 cm，暗棕色（7.5YR 3/3，干），黑棕色（7.5YR 2/2，润），少量草类根系，半腐有机土壤物质，松散，向下层波状渐变过渡。

2Cf：65～85 cm，暗棕色（7.5YR 3/3，干），黑棕色（7.5YR 2/2，润），永冻层次，粉质黏壤土，无结构，坚硬。

尼陇贡玛系代表性单个土体剖面

尼陇贡玛系代表性单个土体物理性质

| 土层 | 深度 /cm | 砾石 (>2 mm,体积分数)/ % | 细土颗粒组成 (粒径：mm)/(g/kg) | | | 质地 |
			砂粒 2～0.05	粉粒 0.05～0.002	黏粒 <0.002	
Oed1	0～15	0	—	—	—	—
Oed2	15～32	0	—	—	—	—
Oad	32～65	0	—	—	—	—
2Cf	65～85	0	—	—	—	粉质黏壤土

尼陇贡玛系代表性单个土体化学性质

层次 /cm	pH	有机碳 /(g/kg)	全氮(N) /(g/kg)	全磷(P) /(g/kg)	全钾(K) /(g/kg)	CEC / [cmol(+)/kg]
0～15	6.2	179.9	10.99	1.88	17.3	33.9
15～32	6.3	158.2	8.76	1.49	20.5	43.9
32～65	6.6	157.3	8.72	1.63	20.3	38.1
65～85	7.4	46.3	3.05	1.57	23.8	23.2

4.2 矿底半腐永冻有机土

4.2.1 卡子沟系（Kazigou Series）

土　　族：黏壤质粪粒质型弱酸性-矿底半腐永冻有机土
拟定者：李德成，张甘霖，赵玉国

分布与环境条件　分布于海北州祁连县扎麻什乡一带，宽谷洼地，海拔介于 3400～3800 m，母质以泥炭和腐泥为主，高覆盖度草地，高山寒冷湿润气候，年均日照时数约 3900 h，年均气温约–2.0℃，年均降水量约 440 mm，无霜期约 30 d。

卡子沟系典型景观

土系特征与变幅　诊断层包括有机表层；诊断特性包括寒性土壤温度状况、滞水土壤水分状况、有机土壤物质、永冻层次和冻融特征。地表具有冻胀丘，有机土壤物质厚度 1.2 m 以上，之下为永冻层次。有机表层有机碳含量介于 148～158 g/kg，其 25～30 cm 以上以半腐有机土壤物质为主，之下以高腐土壤有机物质为主。永冻层以黄土性物质为主，通体 pH 4.7～5.8。

对比土系　尼陇贡玛系，同一亚纲不同土类，为纤维永冻有机土，永冻层出现在 65 cm 以下。

利用性能综述　地形平缓，土体厚，养分含量高，草被盖度高，湿地资源，优质牧草地，防止过度放牧。

发生学亚类　低位泥炭土。

代表性单个土体　位于青海省海北州祁连县峨堡镇卡子沟山东南，上店沟村西北，红沟村东北，腰沟村西南，37.85570°N，101.10515°E，海拔 3636 m，宽谷洼地，母质为泥炭和腐泥，草地，50 cm 深度土温 1.5℃，野外调查采样日期为 2013 年 7 月 22 日，编号 HH001。

<table>
<tbody>
<tr><td>Oed1：0～10 cm，浊黄棕色（10YR 4/3，干），黑棕色（10YR 3/2，润），半腐有机土壤物质为主，极少量细土，松散，向下层波状渐变过渡。</td></tr>
</tbody>
</table>

Oed1：0～10 cm，浊黄棕色（10YR 4/3，干），黑棕色（10YR 3/2，润），半腐有机土壤物质为主，极少量细土，松散，向下层波状渐变过渡。

Oed2：10～28 cm，浊黄橙色（10YR 6/4，干），浊黄棕色（10YR 4/3，润），半腐有机土壤物质为主，极少量细土，松散，向下层波状渐变过渡。

Oad1：28～59 cm，棕色（10YR 4/4，干），暗棕色（10YR 3/3，润），高腐有机土壤物质，松软，向下层平滑清晰过渡。

Oad2：59～120 cm，浊黄棕色（10YR 4/3，干），黑棕色（10YR 3/2，润），高腐有机土壤物质，松软，有两条因冻融交替形成的横向裂隙，向下层平滑清晰过渡。

2Cf：120～150 cm，棕灰色（10YR 5/1，干），黑棕色（10YR 3/1，润），永冻层次，壤土，无结构，坚硬。

卡子沟系代表性单个土体剖面

卡子沟系代表性单个土体物理性质

土层	深度 /cm	砾石 (>2 mm,体积分数)/ %	细土颗粒组成（粒径：mm)/(g/kg)			质地
			砂粒 2～0.05	粉粒 0.05～0.002	黏粒 <0.002	
Oed1	0～10	0	—	—	—	—
Oed2	10～28	0	—	—	—	—
Oad1	28～59	0	—	—	—	—
Oad2	59～120	0	—	—	—	—
2Cf	120～150	0	—	—	—	壤土

卡子沟系代表性单个土体化学性质

层次 /cm	pH	有机碳 /(g/kg)	全氮(N) /(g/kg)	全磷(P) /(g/kg)	全钾(K) /(g/kg)	CEC / [cmol(+)/kg]	碳酸钙 /(g/kg)
0～10	5.7	155.0	10.12	5.72	13.5	10.12	1.3
10～28	4.8	157.9	11.82	4.58	15.8	11.82	0.5
28～59	4.7	148.8	9.66	4.72	12.9	9.66	1.7
59～120	4.8	154.9	8.63	4.81	11.5	8.63	1.1
120～150	5.8	62.7	4.75	5.81	6.3	4.75	1.3

第5章 人 为 土

5.1 斑纹灌淤旱耕人为土

5.1.1 诺木洪系（**Nuomuhong Series**）

土　　族：壤质混合型石灰性冷性-斑纹灌淤旱耕人为土
拟定者：李德成，张甘霖

分布与环境条件　分布于海西州都兰县宗加镇一带，冲积平原，海拔介于 2700～2900 m，母质为灌淤物，旱地，高原干旱大陆性气候，年均日照时数约 2903～3253 h，年均气温约 3.8℃，年均降水量约 51 mm，无霜期约 90～127 d。

诺木洪系典型景观

土系特征与变幅　诊断层包括灌淤表层和耕作淀积层；诊断特性包括冷性土壤温度状况、半干润土壤水分状况、人为淤积物质、氧化还原特征和石灰性。灌淤表层厚度介于 70～75 cm，可见木炭碎屑。通体为壤土，粉粒含量介于 420～500 g/kg，砂粒含量介于 370～500 g/kg，石灰反应强烈，有机碳含量介于 3.7～18.8 g/kg，碳酸钙含量介于 120～170 g/kg，pH 8.1～8.7，现耕作层厚度介于 10～18 cm，25 cm 之下土体可见少量铁锰斑纹。

对比土系　宗加房系，空间相近，不同土纲，为盐成土。

利用性能综述　旱地，地势平缓，土体深厚，但养分偏低，应秸秆还田，增施有机肥和平衡施肥，保证灌溉。

发生学亚类　潮灌淤土。

代表性单个土体　位于海西州都兰县宗加镇诺木洪农场诺民小学西北，36.44767°N，

96.35499°E，海拔 2783 m，冲积平原，母质为灌淤物，旱地，种植枸杞，50 cm 深度土温 7.4℃，野外调查采样日期为 2015 年 7 月 19 日，编号 63-107。

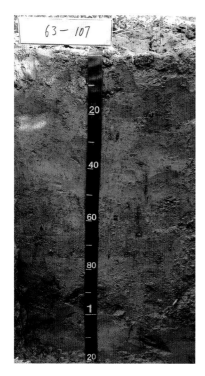

诺木洪系代表性单个土体剖面

Aup1：0～14 cm，灰黄棕色（10YR 6/2，干），灰黄棕色（10YR 4/2，润），壤土，发育中等的粒状-小块状结构，松散-稍坚硬，少量木炭碎屑，强石灰反应，向下层平滑清晰过渡。

Aup2：14～26 cm，浊黄橙色（10YR 7/2，干），灰黄棕色（10YR 5/2，润），壤土，发育中等的小块状结构，稍坚硬，少量木炭碎屑，强石灰反应，向下层波状渐变过渡。

Bupr1：26～50 cm，浊黄橙色（10YR 7/2，干），灰黄棕色（10YR 5/2，润），壤土，发育中等的中块状结构，稍坚硬，少量铁锰斑纹，少量木炭碎屑，强石灰反应，向下层波状渐变过渡。

Bupr2：50～73 cm，灰黄棕色（10YR 6/2，干），灰黄棕色（10YR 4/2，润），壤土，发育中等的中块状结构，稍坚硬，少量木炭碎屑，少量铁锰斑纹，强石灰反应。

Bupr3：73～120 cm，浊黄棕色（10YR 5/3，干），灰棕色（7.5YR 4/2，润），壤土，发育中等的中块状结构，稍坚硬，少量铁锰斑纹，强石灰反应。

诺木洪系代表性单个土体物理性质

土层	深度/cm	砾石（>2 mm,体积分数)/ %	砂粒 2～0.05	粉粒 0.05～0.002	黏粒 <0.002	质地	容重/(g/cm³)
			细土颗粒组成（粒径：mm)/(g/kg)				
Aup1	0～14	0	384	497	119	壤土	1.42
Aup2	14～26	0	417	467	116	壤土	1.48
Bupr1	26～50	0	495	421	84	壤土	1.57
Bupr2	50～73	0	376	494	130	壤土	1.30
Bupr3	73～120	0	477	440	83	壤土	1.44

诺木洪系代表性单个土体化学性质

层次/cm	pH	有机碳/(g/kg)	全氮(N)/(g/kg)	全磷(P)/(g/kg)	全钾(K)/(g/kg)	CEC/[cmol(+)/kg]	碳酸钙/(g/kg)
0～14	8.2	18.8	1.06	2.57	17.8	6.6	164.6
14～26	8.1	6.7	0.80	2.74	17.6	6.0	151.2
26～50	8.1	5.8	0.56	2.11	17.4	3.8	129.3
50～73	8.2	7.2	0.55	2.05	20.7	8.5	153.6
73～120	8.7	3.7	0.33	1.47	15.8	2.9	147.8

5.2 斑纹土垫旱耕人为土

5.2.1 江日堂系（**Jiangritang Series**）

土　族：壤质混合型非酸性冷性-斑纹土垫旱耕人为土
拟定者：李德成，赵　霞

分布与环境条件　分布于果洛州班玛县一带，沟谷地，海拔介于 3600～4000 m，母质上为人为堆垫物，下为黄土物质，旱地，高原大陆性气候，年均日照时数约 2281～2332 h，年均气温约 1.9℃，年均降水量约 688 mm，无霜期约 16 d。

江日堂系典型景观

土系特征与变幅　诊断层包括堆垫表层和耕作淀积层；诊断特性包括冷性土壤温度状况、半干润土壤水分状况和氧化还原特征。土体厚度 1 m 以上，堆垫表层厚约 60 cm，可见木炭碎屑，下为耕作淀积层。通体为粉壤土，粉粒含量 580～660 g/kg，无石灰反应，pH 7.1～7.4，现耕作层厚度介于 12～18 cm，40 cm 之下土体可见少量铁锰斑纹。

对比土系　毛玉系，同一土类不同亚类，为钙积土垫旱耕人为土。

利用性能综述　旱地，地势平缓，土体深厚，但养分偏低，需深耕，秸秆还田，增施有机肥和平衡施肥，保证灌溉。

发生学亚类　软棉土。

代表性单个土体　位于果洛州班玛县江日堂乡乡政府西北，32.92324°N，100.76637°E，海拔 3840 m，沟谷地，母质上为人为堆垫物，下为黄土物质，旱地，种植马铃薯，50 cm 深度土温 5.4℃，野外调查采样日期为 2015 年 7 月 22 日，编号 63-21。

Aup1：0～15 cm，浊黄橙色（10YR 6/3，干），灰黄棕色（10YR 4/2，润），粉壤土，发育中等的粒状-小块状结构，松散-稍坚硬，少量木炭碎屑和残留农膜，5%左右岩石碎屑，无石灰反应，向下层波状渐变过渡。

Aup2：15～40 cm，浊黄棕色（10YR 5/4，干），棕灰色（10YR 4/1，润），粉壤土，发育中等的小块状结构，稍坚硬，少量木炭碎屑和残留农膜，5%左右岩石碎屑，无石灰反应，向下层波状渐变过渡。

Aupr：40～60 cm，浊黄棕色（10YR 5/4，干），棕灰色（10YR 4/1，润），粉壤土，发育中等的中块状结构，稍坚硬，少量木炭碎屑，5%左右岩石碎屑，少量铁锰斑纹，无石灰反应，向下层波状渐变过渡。

Bpr：60～110 cm，棕灰色（10YR 6/1，干），棕灰色（10YR 4/1，润），粉壤土，发育弱的中块状结构，稍坚硬，2%左右岩石碎屑，少量铁锰斑纹，无石灰反应。

江日堂系代表性单个土体剖面

江日堂系代表性单个土体物理性质

| 土层 | 深度 /cm | 砾石 (>2 mm,体积分数)/ % | 细土颗粒组成 (粒径：mm)/(g/kg) | | | 质地 | 容重 /(g/cm³) |
			砂粒 2～0.05	粉粒 0.05～0.002	黏粒 <0.002		
Aup1	0～15	5	269	586	145	粉壤土	1.49
Aup2	15～40	5	186	645	169	粉壤土	1.45
Aupr	40～60	5	186	645	169	粉壤土	1.45
Bpr	60～110	2	181	654	165	粉壤土	1.44

江日堂系代表性单个土体化学性质

层次 /cm	pH	有机碳 /(g/kg)	全氮(N) /(g/kg)	全磷(P) /(g/kg)	全钾(K) /(g/kg)	CEC / [cmol(+)/kg]
0～15	7.1	21.0	2.11	1.18	19.6	13.5
15～40	7.3	15.6	1.59	1.47	18.1	13.5
40～60	7.3	15.6	1.59	1.47	18.1	13.5
60～110	7.4	13.8	1.41	1.65	19.5	14.2

5.3　钙积土垫旱耕人为土

5.3.1　毛玉系（Maoyu Series）

土　　族：壤质混合型温性–钙积土垫旱耕人为土

拟定者：李德成，赵　霞

分布与环境条件　分布于海东市循化县一带，河流二级阶地，海拔介于 2200～2600 m，母质下为黄土物质，上为人为堆垫物，旱地，高原大陆性气候，年均日照时数约 2684 h，年均气温约 5.7℃，年均降水量约 264 mm，无霜期约 220 d。

毛玉系典型景观

土系特征与变幅　诊断层包括堆垫表层和钙积层；诊断特性包括温性土壤温度状况、半干润土壤水分状况和石灰性。土体厚度 1 m 以上，堆垫表层厚约 60 cm，可见木炭碎屑，下为钙积层，碳酸钙含量约 140～165 g/kg，可见碳酸钙粉末。通体为粉壤土，粉粒含量 520～630 g/kg，强石灰反应，pH 8.6～8.8，现耕作层厚度约 20 cm。

对比土系　江日堂系，同一土类不同亚类，为斑纹土垫旱耕人为土。

利用性能综述　旱地，地势平缓，土体深厚，但养分偏低，碱性重，需深耕，秸秆还田，增施有机肥和平衡施肥，保证灌溉，改良碱性。

发生学亚类　普通栗钙土。

代表性单个土体　位于海东市循化县文都乡毛玉村西南，35.76000°N，102.34462°E，海拔 2410 m，二级阶地，母质上为人为堆垫物，下为黄土物质，旱地，种植小麦、玉米，50 cm 深度土温 9.1℃，野外调查采样日期为 2014 年 8 月 13 日，编号 63-163。

毛玉系代表性单个土体剖面

Aup1：0～20 cm，浊黄棕色（10YR 5/4，干），棕灰色（10YR 4/1，润），粉壤土，发育中等的粒状-小块状结构，松散-稍坚硬，少量木炭碎屑和残留农膜，强石灰反应，向下层波状渐变过渡。

Aup2：20～36 cm，浊黄棕色（10YR 5/4，干），棕灰色（10YR 4/1，润），粉壤土，发育中等的小块状结构，稍坚硬，少量木炭碎屑和残留农膜，强石灰反应，向下层波状渐变过渡。

Bup：36～60 cm，浊黄橙色（10YR 6/3，干），灰黄棕色（10YR 4/2，润），粉壤土，发育中等的中块状结构，稍坚硬，少量木炭碎屑，20%左右的岩石碎屑，强石灰反应，向下层波状渐变过渡。

Bk1：60～80 cm，浊黄棕色（10YR 5/4，干），棕灰色（10YR 4/1，润），粉壤土，发育弱的中块状结构，稍坚硬，50%左右的岩石碎屑，可见碳酸钙白色粉末，强石灰反应，向下层波状渐变过渡。

Bk2：80～115 cm，浊黄橙色（10YR 6/3，干），灰黄棕色（10YR 4/2，润），粉壤土，发育弱的中块状结构，稍坚硬，可见碳酸钙白色粉末，强石灰反应。

毛玉系代表性单个土体物理性质

| 土层 | 深度 /cm | 砾石 (>2 mm,体积分数)/ % | 细土颗粒组成 (粒径：mm)/(g/kg) | | | 质地 | 容重 /(g/cm³) |
			砂粒 2～0.05	粉粒 0.05～0.002	黏粒 <0.002		
Aup1	0～20	0	347	555	98	粉壤土	1.27
Aup2	20～36	0	362	538	100	粉壤土	1.42
Bup	36～60	20	384	520	96	粉壤土	1.42
Bk1	60～80	50	286	624	90	粉壤土	—
Bk2	80～115	0	286	624	90	粉壤土	1.44

毛玉系代表性单个土体化学性质

层次 /cm	pH	有机碳 /(g/kg)	全氮(N) /(g/kg)	全磷(P) /(g/kg)	全钾(K) /(g/kg)	CEC / [cmol(+)/kg]	碳酸钙 /(g/kg)
0～20	8.6	15.8	1.57	2.32	17.9	9.9	111.0
20～36	8.6	9.5	1.22	2.04	17.4	9.1	129.5
36～60	8.8	6.9	0.80	1.78	16.6	6.9	143.8
60～80	8.8	3.0	0.35	1.34	16.2	5.0	163.5
80～115	8.8	2.5	0.30	1.21	16.0	4.8	143.8

第6章 干 旱 土

6.1 普通石膏寒性干旱土

6.1.1 乌兰川金系（**Wulanchuanjin Series**）

土　　族：粗骨质硅质混合型石灰性-普通石膏寒性干旱土
拟定者：李德成，赵玉国，吴华勇

分布与环境条件　分布于海西州大柴旦行委柴旦镇一带，洪积平原，海拔介于3100～3500 m，母质为洪积物，戈壁，大陆高原荒漠气候，年均日照时数约3152 h，年均气温约 0.8℃，年均降水量约84 mm，无霜期约 108 d。

乌兰川金系典型景观

土系特征与变幅　诊断层包括干旱表层和石膏层；诊断特性包括寒性土壤温度状况、干旱土壤水分状况和石灰性。地表遍布粗碎块，土体厚度 1 m 以上，干旱结皮厚度介于 1～3 cm，干旱表层厚度介于 12～20 cm，之下为石膏层，石膏含量介于 50～130 g/kg。土体可见残留的冲积层理，通体砾石含量较高，介于 30%～90%，碳酸钙含量介于 50～120 g/kg，强石灰反应，pH 8.2～9.0，砂粒含量介于 750～910 g/kg，层次质地构型为砂质壤土-壤质砂土-砂土。

对比土系　锡铁山系，空间相近，同一土纲不同亚纲，为超量石膏正常干旱土。

利用性能综述　戈壁，地形平缓，土体薄，植被盖度低，岩石碎屑多，养分含量低，应封境育草。

发生学亚类　石膏灰棕漠土。

代表性单个土体　位于海西州大柴旦行委柴旦镇乌兰川金山西，38.14608°N，95.01187°E，海拔 3369 m，洪积平原，母质为洪积物，戈壁，植被为骆驼刺，盖度<10%，50 cm 深度土温 3.8℃，野外调查采样日期为 2015 年 7 月 21 日，编号 63-111。

乌兰川金系代表性单个土体剖面

K：　+2～0 cm，干旱结皮。

Ah：　0～12 cm，浊黄橙色（10YR 7/3，干），灰黄棕色（10YR 6/2，润），30%岩石碎屑，砂质壤土，发育弱的粒状-小块状结构，松散-稍坚硬，强石灰反应，向下层清晰渐变过渡。

By1：12～34 cm，浊黄橙色（10YR 7/3，干），灰黄棕色（10YR 6/2，润），80%岩石碎屑，壤质砂土，发育弱的小块状结构，稍坚硬，强石灰反应，可见石膏粉末，向下层清晰渐变过渡。

By2：34～100 cm，浊黄橙色（10YR 7/3，干），灰黄棕色（10YR 6/2，润），80%岩石碎屑，砂土，发育弱的小块状结构，稍坚硬，可见石膏粉末和残留的冲积层理，强石灰反应，向下层清晰渐变过渡。

By3：100～140 cm，浊黄橙色（10YR 7/3，干），灰黄棕色（10YR 6/2，润），80%岩石碎屑，砂土，发育弱的小块状结构，稍坚硬，可见石膏粉末和残留的冲积层理，强石灰反应。

乌兰川金系代表性单个土体物理性质

土层	深度 /cm	砾石 (>2 mm,体积分数)/ %	细土颗粒组成（粒径：mm)/(g/kg)			质地
			砂粒 2～0.05	粉粒 0.05～0.002	黏粒 <0.002	
Ah	0～12	30	752	182	66	砂质壤土
By1	12～34	80	843	124	33	壤质砂土
By2	34～100	80	903	74	23	砂土
By3	100～140	80	885	86	29	砂土

乌兰川金系代表性单个土体化学性质

层次 /cm	pH	有机碳 /(g/kg)	全氮(N) /(g/kg)	全磷(P) /(g/kg)	全钾(K) /(g/kg)	CEC / [cmol(+)/kg]	碳酸钙 /(g/kg)	石膏 /(g/kg)
0～12	8.2	2.2	0.16	1.03	19.4	2.4	112.0	77.5
12～34	8.3	1.4	0.16	0.89	17.8	1.6	58.7	123.3
34～100	8.8	1.7	0.08	0.94	21.3	1.0	82.5	124.4
100～140	9.0	1.5	0.11	1.01	22.3	1.2	99.7	51.7

6.2 普通钙积正常干旱土

6.2.1 龙羊峡系（Longyangxia Series）

土　　族：壤质混合型冷性-普通钙积正常干旱土
拟定者：李德成，赵　霞

分布与环境条件　分布于海南州共和县龙羊峡镇一带，海拔介于 2500～3000 m，中山坡地，母质上为黄土物质，下为洪积物，荒草地，高原干旱大陆性气候，年均日照时数约 2908 h，年均气温约 3.0℃，年均降水量约 339 mm，无霜期约 78～118 d。

龙羊峡系典型景观

土系特征与变幅　诊断层包括干旱表层、钙积层和雏形层；诊断特性包括冷性土壤温度状况、干旱土壤水分状况和石灰性。地表遍布粗碎块，土体厚度 1 m 以上，干旱结皮厚度介于 1～3 cm，干旱表层厚度介于 10～15 cm，之下为钙积层，厚约 30 cm，碳酸钙含量约 180 g/kg，再之下为雏形层，碳酸钙含量约 120 g/kg。通体强石灰反应，pH 介于 8.6～9.3。粉粒含量介于 350～660 g/kg，层次质地构型为粉壤土-壤土。

对比土系　益克木鲁系，同一土族，通体质地为粉壤土。

利用性能综述　荒草地，地形较平缓，土体厚，养分低，植被盖度低，应封境育草。

发生学亚类　栗钙土。

代表性单个土体　位于海南州共和县龙羊峡镇山水沟南，36.14785°N，100.92702°E，海拔 2804 m，中山坡地下部，母质上为黄土物质，下为洪积物，荒草地，植被盖度约 10%，50 cm 深度土温 6.5℃，野外调查采样日期为 2015 年 7 月 12 日，编号 63-59。

龙羊峡系代表性单个土体剖面

K: +2～0 cm，干旱结皮。

Ah: 0～10 cm，浊黄橙色（10YR 6/3，干），灰黄棕色（10YR 4/2，润），5%岩石碎屑，粉壤土，发育中等的粒状-小块状结构，松散-稍坚硬，少量草被根系，强石灰反应，向下层平滑清晰过渡。

Bk1: 10～42 cm，浊黄橙色（10YR 7/4，干），灰黄棕色（10YR 5/2，润），2%岩石碎屑，粉壤土，发育弱的小块状结构，坚硬，强石灰反应，向下层波状渐变过渡。

Bw1: 42～65 cm，浊黄橙色（10YR 7/4，干），灰黄棕色（10YR 5/2，润），2%岩石碎屑，粉壤土，发育弱的小块状结构，坚硬，强石灰反应，向下层波状渐变过渡。

Bw2: 65～110 cm，浊黄橙色（10YR 7/4，干），灰黄棕色（10YR 5/2，润），2%岩石碎屑，壤土，发育弱的小块状结构，坚硬，强石灰反应，向下层波状清晰过渡。

C: 110～130 cm，浊黄橙色（10YR 7/4，干），灰黄棕色（10YR 5/2，润），80%岩石碎屑，壤质砂土，单粒，无结构，强石灰反应。

龙羊峡系代表性单个土体物理性质

土层	深度 /cm	砾石 (>2 mm,体积分数)/ %	细土颗粒组成 (粒径: mm)/(g/kg)			质地	容重 /(g/cm³)
			砂粒 2～0.05	粉粒 0.05～0.002	黏粒 <0.002		
Ah	0～10	5	237	632	131	粉壤土	1.17
Bk1	10～42	2	205	653	142	粉壤土	1.40
Bw1	42～65	2	324	581	95	粉壤土	1.39
Bw2	65～110	2	498	358	144	壤土	1.38

龙羊峡系代表性单个土体化学性质

层次 /cm	pH	有机碳 /(g/kg)	全氮(N) /(g/kg)	全磷(P) /(g/kg)	全钾(K) /(g/kg)	CEC / [cmol(+)/kg]	碳酸钙 /(g/kg)
0～10	9.0	7.5	1.07	1.34	17.1	10.1	206.6
10～42	9.1	5.5	0.66	1.49	17.5	10.7	183.9
42～65	9.3	2.8	0.27	1.76	17.5	7.4	117.0
65～110	8.6	2.6	0.32	1.24	19.9	7.3	115.2

6.2.2 益克木鲁系（Yikemulu Series）

土　族：壤质混合型冷性-普通钙积正常干旱土

拟定者：李德成，赵玉国，吴华勇

分布与环境条件　分布于海西州都兰县一带，高山坡地，海拔介于 3000～3500 m，母质为黄土物质，荒草地，高原干旱大陆性气候，年均日照时数约 2904～3253 h，年均气温约 2.6℃，年均降水量约 214 mm，无霜期约 90～127 d。

益克木鲁系典型景观

土系特征与变幅　诊断层包括干旱表层、钙积层和雏形层；诊断特性包括冷性土壤温度状况、干旱土壤水分状况和石灰性。地表有少量粗碎块，土体厚度 1 m 以上，干旱结皮厚度介于 1～3 cm，干旱表层厚度介于 10～18 cm，之下为雏形层，碳酸钙含量介于 130～140 g/kg。钙积层出现上界约在 80 cm，厚约 40 cm，碳酸钙含量介于 150～160 g/kg，可见碳酸钙白色粉末。通体强石灰反应，pH 介于 8.1～8.2，粉粒含量介于 630～740 g/kg，通体为粉壤土。

对比土系　曲什昂系和上机尔托系，空间相近，同一亚纲不同土类，为简育正常干旱土。龙羊峡系，同一土族，质地构型为粉壤土-壤土。

利用性能综述　荒草地，地形较陡，土体较厚，植被盖度低，养分含量低，应封境育草。

发生学亚类　棕钙土。

代表性单个土体　位于海西州都兰县沟里乡益克木鲁村西南，35.88472°N，98.14477°E，海拔 3329 m，高山坡地中下部，母质为黄土物质，荒草地，植被盖度<15%，50 cm 深度土温 5.1℃，野外调查采样日期为 2015 年 7 月 18 日，编号 63-089。

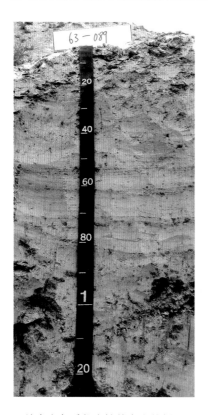

K：　+2～0 cm，干旱结皮。

Ah：　0～15 cm，浊黄橙色（10YR 6/3，干），灰黄棕色（10YR 5/2，润），粉壤土，发育弱的粒状-小块状结构，松散-稍坚硬，少量草灌根系，强石灰反应，向下层平滑清晰过渡。

Bw：　15～45 cm，浊黄橙色（10YR 6/3，干），灰黄棕色（10YR 5/2，润），粉壤土，发育弱的小块状结构，坚硬，强石灰反应，向下层波状渐变过渡。

Bk：　45～125 cm，浊黄橙色（10YR 6/3，干），灰黄棕色（10YR 5/2，润），20%岩石碎屑，粉壤土，发育弱的小块状结构，坚硬，可见碳酸钙白色粉末和残留的风积层理，强石灰反应，向下层波状渐变过渡。

C：　125～135 cm，浊黄橙色（10YR 6/3，干），灰黄棕色（10YR 5/2，润），90%岩石碎屑，粉壤土，单粒，无结构，强石灰反应。

益克木鲁系代表性单个土体剖面

益克木鲁系代表性单个土体物理性质

土层	深度 /cm	砾石 (>2 mm,体积分数)/ %	细土颗粒组成 (粒径：mm)/(g/kg)			质地	容重 /(g/cm³)
			砂粒 2～0.05	粉粒 0.05～0.002	黏粒 <0.002		
Ah	0～15	0	260	636	104	粉壤土	1.29
Bw	15～45	0	170	734	96	粉壤土	1.34
Bk	45～125	20	166	732	102	粉壤土	1.35

益克木鲁系代表性单个土体化学性质

层次 /cm	pH	有机碳 /(g/kg)	全氮(N) /(g/kg)	全磷(P) /(g/kg)	全钾(K) /(g/kg)	CEC / [cmol(+)/kg]	碳酸钙 /(g/kg)
0～15	8.2	6.4	0.41	1.62	16.1	4.0	139.8
15～45	8.2	4.9	0.60	1.50	17.1	7.2	138.6
45～125	8.1	5.1	0.57	1.27	18.6	11.0	157.9

6.3 超量石膏正常干旱土

6.3.1 锡铁山系（**Xitieshan Series**）

土　族：粗骨质石膏型石灰性冷性-超量石膏正常干旱土
拟定者：李德成，赵玉国，吴华勇

分布与环境条件　分布于海西州大柴旦行委锡铁山镇一带，洪积扇，海拔介于 2800～3200 m，母质为洪积物，戈壁，大陆高原荒漠气候，年均日照时数约 3152 h，年均气温约 2.4℃，年均降水量约 76 mm，无霜期约 108 d。

锡铁山系典型景观

土系特征与变幅　诊断层包括干旱表层、石膏层和超石膏层；诊断特性包括冷性土壤温度状况、干旱土壤水分状况和石灰性。地表遍布粗碎块，土体厚度 1 m 以上，干旱结皮厚度介于 1～3 cm，干旱表层厚度介于 8～15 cm，之下为石膏层，其中超石膏层出现上界约在 27 cm，厚度介于 13～15 cm，可见石膏晶体。通体石膏含量介于 120～830 g/kg，砾石含量介于 40%～80%，强石灰反应，pH 介于 8.4～9.3，砂粒含量介于 800～890 g/kg，层次质地构型为壤质砂土-砂土。

对比土系　乌兰川金系，空间相近，同一土纲不同亚纲，为普通石膏寒性干旱土；宗马海系，空间相近，不同土纲，为新成土。

利用性能综述　戈壁，地形平缓，土体较薄，植被盖度低，岩石碎屑多，养分含量低，应封境育草。

发生学亚类　淡冷钙土。

代表性单个土体　位于海西州大柴旦行委锡铁山镇南，37.29464°N，95.54227°E，海拔 3035 m，洪积扇，母质为洪积物，戈壁，植被为骆驼刺，盖度<15%，50 cm 深度土温 5.9℃，野外调查采样日期为 2015 年 7 月 19 日，编号 63-104。

锡铁山系代表性单个土体剖面

K：　+2～0 cm，干旱结皮。

Ahy：0～10 cm，浊黄橙色（10YR 6/3，干），灰黄棕色（10YR 5/2，润），40%岩石碎屑，壤质砂土，发育弱的粒状-小块状结构，松散-稍坚硬，极少量灌木根系，中度石灰反应，向下层平滑清晰过渡。

By1：10～27 cm，浊黄橙色（10YR 6/3，干），灰黄棕色（10YR 5/2，润），80%岩石碎屑，壤质砂土，发育弱的小块状结构，坚硬，中度石灰反应，向下层平滑清晰过渡。

Bym：27～83 cm，亮黄棕色（10YR 6/6，干），浊黄棕色（10YR 5/3，润），75%岩石碎屑，壤质砂土，发育弱的小块状结构，坚硬，可见少量石膏粉末和残留的冲积层理，中度石灰反应，向下层波状清晰过渡。

By2：83～120，浊黄橙色（10YR 6/3，干），灰黄棕色（10YR 5/2，润），40%岩石碎屑，砂土，发育弱的小块状结构，坚硬，可见多量石膏晶体和残留的冲积层理，中度石灰反应。

锡铁山系代表性单个土体物理性质

土层	深度 /cm	砾石 (>2 mm,体积分数)/ %	细土颗粒组成 (粒径：mm)/(g/kg)			质地
			砂粒 2～0.05	粉粒 0.05～0.002	黏粒 <0.002	
Ahy	0～10	40	804	157	39	壤质砂土
By1	10～27	80	863	108	29	壤质砂土
Bym	27～83	75	806	154	40	壤质砂土
By2	83～120	40	888	87	25	砂土

锡铁山系代表性单个土体化学性质

层次 /cm	pH	有机碳 /(g/kg)	全氮(N) /(g/kg)	全磷(P) /(g/kg)	全钾(K) /(g/kg)	CEC / [cmol(+)/kg]	石膏 /(g/kg)
0～10	9.3	1.3	0.14	1.08	16.4	2.0	177.5
10～27	8.8	1.3	0.09	0.89	15.9	1.7	123.3
27～83	8.4	2.1	0.12	0.89	17.7	2.7	824.4
83～120	8.8	0.9	0.00	0.80	14.9	1.7	131.7

6.4 普通简育正常干旱土

6.4.1 上机尔托系（Shangji'ertuo Series）

土　族：粗骨砂质硅质混合型石灰性冷性-普通简育正常干旱土

拟定者：李德成，张甘霖，赵玉国

分布与环境条件　分布于海西州都兰县沟里乡一带，洪积扇平原，海拔介于 2700～3000 m，母质为洪积物，戈壁，高原干旱大陆性气候，年均日照时数约 2904～3253 h，年均气温约 3.6℃，年均降水量约 52 mm，无霜期约 90～127 d。

上机尔托系典型景观

土系特征与变幅　诊断层包括干旱表层和雏形层；诊断特性包括冷性土壤温度状况、干旱土壤水分状况和石灰性。地表遍布粗碎块，土体厚度 1 m 以上，干旱结皮厚度介于 1～3 cm，干旱表层厚度介于 10～15 cm，之下为雏形层。通体砾石含量 40%～50%，碳酸钙含量介于 80～110 g/kg，强石灰反应，pH 介于 8.0～8.6。砂粒含量介于 810～860 g/kg，通体为壤质砂土。

对比土系　小灶火系和小黑刺沟系，同一土族，层次质地构型小灶火系为壤质砂土-砂土，小黑刺沟系为砂质壤土-壤质砂土。

利用性能综述　戈壁，地形平缓，植被盖度低，砾石含量高，应封境育草。

发生学亚类　灰棕漠土。

代表性单个土体　位于海西州都兰县沟里乡上机尔托拉特山西南，36.37862°N，96.48488°E，海拔 2825 m，洪积扇平原，母质为洪积物，戈壁，植被盖度<2%，50 cm 深度土温 7.1℃，野外调查采样日期为 2015 年 7 月 19 日，编号 63-109。

上机尔托系代表性单个土体剖面

K：　+3～0 cm，干旱结皮。

A：　0～10 cm，浊黄橙色（10YR 7/2，干），棕灰色（10YR 5/1，润），50%岩石碎屑，壤质砂土，发育弱的粒状-小块状结构，松散-稍坚硬，强石灰反应，向下层波状渐变过渡。

Bw：10～40 cm，浊黄橙色（10YR 7/2，干），棕灰色（10YR 5/1，润），50%岩石碎屑，壤质砂土，发育弱的小块状结构，稍坚硬，强石灰反应，向下层波状清晰过渡。

C1：40～65 cm，浊黄橙色（10YR 7/2，干），棕灰色（10YR 5/1，润），40%岩石碎屑，壤质砂土，单粒，无结构，强石灰反应，向下层波状清晰过渡。

C2：65～110 cm，浊黄橙色（10YR 6/3，干），灰黄棕色（10YR 5/2，润），40%岩石碎屑，壤质砂土，单粒，无结构，强石灰反应。

上机尔托系代表性单个土体物理性质

土层	深度 /cm	砾石 (>2 mm,体积分数)/ %	细土颗粒组成 (粒径：mm)/(g/kg)			质地
			砂粒 2～0.05	粉粒 0.05～0.002	黏粒 <0.002	
A	0～10	50	814	147	39	壤质砂土
Bw	10～40	50	832	143	25	壤质砂土
C1	40～65	40	826	146	28	壤质砂土
C2	65～110	40	853	121	26	壤质砂土

上机尔托系代表性单个土体化学性质

层次 /cm	pH	有机碳 /(g/kg)	全氮(N) /(g/kg)	全磷(P) /(g/kg)	全钾(K) /(g/kg)	CEC / [cmol(+)/kg]	碳酸钙 /(g/kg)
0～10	8.4	2.0	0.12	1.30	15.4	1.6	88.6
10～40	8.0	2.0	0.08	1.14	14.1	1.1	105.3
40～65	8.5	1.3	0.10	1.35	16.2	1.2	104.9
65～110	8.6	2.2	0.05	1.28	14.7	0.9	97.7

6.4.2 小黑刺沟系（Xiaoheicigou Series）

土　　族：粗骨砂质硅质混合型石灰性冷性-普通简育正常干旱土

拟定者：李德成，赵　霞

分布与环境条件　分布于格尔木市郭勒木德镇一带，洪积扇平原，海拔介于 2500~2900 m，母质为洪积物，戈壁，高原干旱大陆性气候，年均日照时数约 3358 h，年均气温约 3.7℃，年均降水量约 64 mm，无霜期约 135 d。

小黑刺沟系典型景观

土系特征与变幅　诊断层包括干旱表层和雏形层；诊断特性包括冷性土壤温度状况、干旱土壤水分状况和石灰性。地表遍布粗碎块，土体厚度 1 m 以上，干旱结皮厚度介于 1~3 cm，干旱表层厚度介于 10~15 cm，之下为雏形层。砾石含量介于 10%~50%，碳酸钙含量介于 110~130 g/kg，强石灰反应，pH 介于 8.1~8.9。砂粒含量介于 610~750 g/kg，层次质地构型为砂质壤土-壤质砂土。

对比土系　小灶火系和上机尔托系，同一土族，层次质地构型小灶火系为壤质砂土-砂土，上机尔托系通体为壤质砂土。

利用性能综述　戈壁，地形平缓，土体较厚，植被盖度低，砾石含量高，应封境育草。

发生学亚类　灰棕漠土。

代表性单个土体　位于格尔木市郭勒木德镇小黑刺沟西北，36.42786°N，95.75959°E，海拔 2791 m，洪积扇平原，母质为洪积物，戈壁，植被盖度<2%，50 cm 深度土温 7.2℃，野外调查采样日期为 2015 年 7 月 19 日，编号 63-103。

K：　+3～0 cm，干旱结皮。

A：　0～10 cm，浊黄橙色（10YR 6/3，干），灰黄棕色（10YR 5/2，润），50%岩石碎屑，砂质壤土，发育弱的粒状-小块状结构，松散-稍坚硬，强石灰反应，向下层平滑清晰过渡。

Bw：10～38 cm，浊黄橙色（10YR 6/3，干），灰黄棕色（10YR 5/2，润），50%岩石碎屑，砂质壤土，发育弱的小块状结构，坚硬，强石灰反应，向下层平滑清晰过渡。

C1：38～48 cm，浊黄橙色（10YR 6/3，干），灰黄棕色（10YR 5/2，润），10%岩石碎屑，砂质壤土，发育弱的小块状结构，坚硬，强石灰反应，向下层平滑清晰过渡。

C2：48～125 cm，浊黄橙色（10YR 6/3，干），灰黄棕色（10YR 5/2，润），50%岩石碎屑，壤质砂土，单粒，无结构，强石灰反应。

小黑刺沟系代表性单个土体剖面

小黑刺沟系代表性单个土体物理性质

土层	深度 /cm	砾石 (>2 mm,体积分数)/ %	细土颗粒组成 (粒径：mm)/(g/kg)			质地
			砂粒 2～0.05	粉粒 0.05～0.002	黏粒 <0.002	
A	0～10	50	727	220	53	砂质壤土
Bw	10～38	50	610	330	60	砂质壤土
C1	38～48	10	691	265	44	砂质壤土
C2	48～125	50	748	224	28	壤质砂土

小黑刺沟系代表性单个土体化学性质

层次 /cm	pH	有机碳 /(g/kg)	全氮(N) /(g/kg)	全磷(P) /(g/kg)	全钾(K) /(g/kg)	CEC / [cmol(+)/kg]	碳酸钙 /(g/kg)
0～10	8.1	1.5	0.15	1.12	15.4	2.4	127.1
10～38	8.4	3.6	0.14	1.15	14.5	1.7	126.5
38～48	8.7	2.4	0.10	1.28	15.6	2.1	117.8
48～125	8.9	1.8	0.08	1.27	15.6	1.7	123.8

6.4.3 小灶火系（Xiaozaohuo Series）

土　族：粗骨砂质硅质混合型石灰性冷性-普通简育正常干旱土
拟定者：李德成，赵玉国

分布与环境条件　分布于格尔木市乌图美仁乡一带，冲积平原，海拔介于 2700～3000 m，母质为冲积物，戈壁，高原干旱大陆性气候，年均日照时数约 3225～3264 h，年均气温约 2.9℃，年均降水量约 40 mm，无霜期约 135 d。

小灶火系典型景观

土系特征与变幅　诊断层包括干旱表层和雏形层；诊断特性包括冷性土壤温度状况、干旱土壤水分状况和石灰性。地表遍布粗碎块，土体厚度 1 m 以上，干旱结皮厚度介于 1～3 cm，干旱表层厚度介于 10～15 cm，之下为雏形层，厚度约 60 cm。通体砾石含量 40%～50%，碳酸钙含量介于 80～110 g/kg，强石灰反应，pH 介于 8.4～8.6。砂粒含量介于 770～890 g/kg，层次质地构型为壤质砂土-砂土。

对比土系　上机尔托系和小黑刺沟系，同一土族，层次质地构型为小黑刺沟系为砂质壤土-壤质砂土，上机尔托系通体为壤质砂土。

利用性能综述　戈壁，地形平缓，无植被，砾石含量高，应封境育草。

发生学亚类　灰棕漠土。

代表性单个土体　位于格尔木市乌图美仁乡小灶火村西南，36.76751°N，93.59652°E，海拔 2842 m，冲积平原，母质为冲积物，戈壁，无植被，50 cm 深度土温 6.4℃，野外调查采样日期为 2015 年 7 月 21 日，编号 63-158。

K：　+2～0 cm，干旱结皮。

A：　0～10 cm，浊黄橙色（10YR 7/2，干），棕灰色（10YR 5/1，润），40%岩石碎屑，壤质砂土，发育弱的粒状-小块状结构，松散-稍坚硬，强石灰反应，向下层平滑清晰过渡。

Bw：10～20 cm，浊黄橙色（10YR 7/2，干），棕灰色（10YR 5/1，润），40%岩石碎屑，砂土，发育弱的小块状结构，坚硬，可见残留的冲积层理，强石灰反应，向下层平滑清晰过渡。

C1：20～65 cm，浊黄橙色（10YR 7/2，干），棕灰色（10YR 5/1，润），50%岩石碎屑，砂土，单粒，无结构，可见残留的冲积层理，强石灰反应，向下层平滑清晰过渡。

C2：65～120 cm，浊黄橙色（10YR 6/3，干），灰黄棕色（10YR 5/2，润），40%岩石碎屑，砂土，单粒，无结构，可见残留冲积层理，强石灰反应。

小灶火系代表性单个土体剖面

小灶火系代表性单个土体物理性质

土层	深度 /cm	砾石 (>2 mm,体积分数)/ %	细土颗粒组成 (粒径：mm)/(g/kg)			质地
			砂粒 2～0.05	粉粒 0.05～0.002	黏粒 <0.002	
A	0～10	40	773	192	35	壤质砂土
Bw	10～20	40	890	93	17	砂土
C1	20～65	50	884	99	18	砂土
C2	65～120	40	888	98	14	砂土

小灶火系代表性单个土体化学性质

层次 /cm	pH	有机碳 /(g/kg)	全氮(N) /(g/kg)	全磷(P) /(g/kg)	全钾(K) /(g/kg)	CEC / [cmol(+)/kg]	碳酸钙 /(g/kg)
0～10	8.4	0.7	0.04	0.78	13.3	0.9	90.5
10～20	8.6	1.8	0.04	1.07	13.2	0.6	84.6
20～65	8.4	1.8	0.04	0.91	13.1	0.6	84.7
65～120	8.5	0.9	0.04	1.01	13.9	0.5	100.2

6.4.4 曲什昂系（**Qushi'ang Series**）

土　　族：粗骨壤质混合型石灰性冷性-普通简育正常干旱土
拟定者：李德成，赵　霞

分布与环境条件　分布于海
西州都兰县香加乡一带，老
河漫滩，海拔介于 3000～
3500 m，母质为冲积物，荒
草地，高原干旱大陆性气候，
年均日照时数约 2904～
3253 h，年均气温约 2.7℃，
年均降水量约 214 mm，无霜
期约 90～127 d。

曲什昂系典型景观

土系特征与变幅　诊断层包括干旱表层和雏形层；诊断特性包括冷性土壤温度状况、干
旱土壤水分状况和石灰性。地表较多粗碎块，土体厚度 1 m 以上，干旱结皮厚度介于 1～
3 cm，干旱表层厚度介于 10～15 cm，之下为雏形层，砾石含量介于 5%～50%，通体碳
酸钙含量介于 110～140 g/kg，强石灰反应，pH 介于 8.0～8.6。砂粒含量介于 380～
690 g/kg，粉粒含量介于 270～540 g/kg，层次质地构型为砂质壤土-粉壤土-砂质壤土。

对比土系　小灶火系、上机尔托系和小黑刺沟系，同一亚类不同土族，颗粒大小级别为
粗骨砂质。

利用性能综述　荒草地，地形略起伏，植被盖度低，砾石含量高，应封境育草。

发生学亚类　淡冷钙土。

代表性单个土体　位于海西州都兰县香加乡曲什昂东南，35.82523°N，98.15518°E，海
拔 3379 m，老河漫滩，母质为冲积物，荒草地，植被盖度<10%，50 cm 深度土温 6.2℃，
野外调查采样日期为 2015 年 7 月 18 日，编号 63-016。

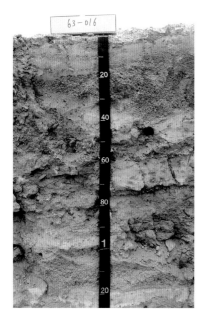

曲什昂系代表性单个土体剖面

K: +2～0 cm，干旱结皮。

Ah: 0～12 cm，浊黄橙色（10YR 6/3，干），灰黄棕色（10YR 5/2，润），5%岩石碎屑，砂质壤土，发育弱的粒状-小块状结构，松散-稍坚硬，少量草灌根系，强石灰反应，向下层波状清晰过渡。

Bw1: 12～38 cm，灰黄棕色（10YR 6/2，干），棕灰色（10YR 5/1，润），50%岩石碎屑，粉壤土，发育弱的小块状结构，坚硬，强石灰反应，向下层波状清晰过渡。

Bw2: 38～50 cm，浊黄橙色（10YR 7/2，干），棕灰色（10YR 5/1，润），20%岩石碎屑，砂质壤土，发育弱的小块状结构，坚硬，强石灰反应，向下层平滑清晰过渡。

Bw3: 50～125 cm，浊黄橙色（10YR 6/3，干），灰黄棕色（10YR 5/2，润），50%岩石碎屑，砂质壤土，发育弱的小块状结构，稍坚硬，可见残留的洪积-冲积层理，强石灰反应。

曲什昂系代表性单个土体物理性质

土层	深度 /cm	砾石 (>2 mm,体积分数)/ %	细土颗粒组成 (粒径: mm)/(g/kg)			质地	容重 /(g/cm³)
			砂粒 2～0.05	粉粒 0.05～0.002	黏粒 <0.002		
Ah	0～12	5	690	273	37	砂质壤土	1.34
Bw1	12～38	50	384	539	77	粉壤土	—
Bw2	38～50	20	497	435	68	砂质壤土	—
Bw3	50～125	50	616	336	48	砂质壤土	—

曲什昂系代表性单个土体化学性质

层次 /cm	pH	有机碳 /(g/kg)	全氮(N) /(g/kg)	全磷(P) /(g/kg)	全钾(K) /(g/kg)	CEC / [cmol(+)/kg]	碳酸钙 /(g/kg)
0～12	8.0	2.5	0.31	1.23	16.0	1.9	132.8
12～38	8.2	2.4	0.24	1.56	15.7	3.2	128.9
38～50	8.3	2.7	0.35	1.31	14.8	2.5	120.8
50～125	8.6	2.1	0.28	1.36	15.0	2.0	115.2

第7章 盐 成 土

7.1 石膏-盐磐干旱正常盐成土

7.1.1 沙紫包系（**Shazibao Series**）

土　族：黏壤质石灰性冷性-石膏-盐磐干旱正常盐成土
拟定者：李德成，赵玉国，吴华勇

分布与环境条件　分布于柴达木盆地察尔汗工行委一带，干盐湖，海拔介于2600～2800 m，母质为湖积物，盐碱地，高原干旱大陆性气候，年均日照时数约 2995～3602 h，年均气温约 3.4℃，年均降水量约 15 mm，无霜期约 200 d。

沙紫包系典型景观

土系特征与变幅　诊断层包括盐磐和石膏层；诊断特性包括冷性土壤温度状况、干旱土壤水分状况和石灰性。地表盐壳面积约 10%，土体厚度 1 m 以上，盐积层厚度 10～20 cm，含盐量约 230 g/kg，之下为石膏层，石膏含量介于 60～80 g/kg，可见白色石膏粉末。土体 pH 介于 8.0～9.0，粉粒含量介于 430～620 g/kg，层次质地构型为壤土-粉质黏壤土。

对比土系　宗加房系、新乐村系、都龙系和才开系，同一亚纲不同土类，均为潮湿正常盐成土。

利用性能综述　盐碱地，地形平缓，土体厚，养分缺，结构差，无植被，应封境育草。

发生学亚类　残余盐土。

代表性单个土体　位于柴达木盆地察尔汗工行委沙紫包村东北，37.26131°N，94.10111°E，海拔 2682 m，盐碱地，无植被，50 cm 深度土温 6.9℃，野外调查采样日期为 2015 年 7 月 20 日，编号 63-125。

Kzm1：0～10 cm，浊黄橙色（5YR 6/3，干），灰黄棕色（5YR 4/2，润），壤土，发育弱的粒状-小片状结构，松散-坚硬，强石灰反应，向下层波状渐变过渡。

Kzm2：10～20 cm，浊黄橙色（5YR 6/3，干），灰黄棕色（5YR 4/2，润），粉质黏壤土，发育弱的小片状-中块状结构，坚硬，多量石膏晶体，强石灰反应，向下层波状渐变过渡。

Kzy1：20～50 cm，浊黄橙色（5YR 6/3，干），灰黄棕色（5YR 4/2，润），粉质黏壤土，发育弱的小片状-中块状结构，坚硬，可见白色石膏粉末，多量石膏晶体，强石灰反应，向下层波状渐变过渡。

Kzy2：50～120 cm，浊黄橙色（5YR 6/3，干），灰黄棕色（5YR 4/2，润），粉质黏壤土，发育弱的中块状结构，坚硬，多量石膏晶体，强石灰反应。

沙紫包系代表性单个土体剖面

沙紫包系代表性单个土体物理性质

土层	深度/cm	砾石(>2 mm,体积分数)/ %	细土颗粒组成 (粒径：mm)/(g/kg)			质地
			砂粒 2～0.05	粉粒 0.05～0.002	黏粒 <0.002	
Kzm1	0～10	0	433	434	133	壤土
Kzm2	10～20	0	52	601	347	粉质黏壤土
Kzy1	20～50	0	28	605	367	粉质黏壤土
Kzy2	50～120	0	86	618	296	粉质黏壤土

沙紫包系代表性单个土体化学性质

层次/cm	pH	有机碳/(g/kg)	全氮(N)/(g/kg)	全磷(P)/(g/kg)	全钾(K)/(g/kg)	CEC/ [cmol(+)/kg]	含盐量/(g/kg)	石膏/(g/kg)	碳酸钙/(g/kg)
0～10	9.0	5.5	0.19	1.01	16.3	3.8	233.4	10.5	200.6
10～20	9.0	21.8	0.35	0.68	19.9	2.9	233.2	11.2	63.0
20～50	8.1	11.2	0.67	1.02	25.9	9.2	12.9	73.8	85.8
50～120	8.0	9.9	0.52	1.18	25.0	6.9	12.4	64.6	116.2

注：含盐量（g/kg）=1.692×电导率（μS/cm）－41。

7.2　结壳潮湿正常盐成土

7.2.1　才开系（Caikai Series）

土　族：壤质混合型石灰性冷性-结壳潮湿正常盐成土
拟定者：李德成，赵　霞

分布与环境条件　分布于格尔木市乌图美仁乡一带，湖积平原中洼地，海拔介于 2700～3000 m，母质为湖积物，盐碱地，干旱大陆性气候，年均日照时数约 3225～3264 h，年均气温约 2.6℃，年均降水量约 40 mm，无霜期约 135 d。

才开系典型景观

土系特征与变幅　诊断层包括盐结壳、盐积层和雏形层；诊断特性包括冷性土壤温度状况、潮湿土壤水分状况、氧化还原特征和石灰性。地表盐斑面积度约 20%，土体厚度在 1 m 以上，盐结壳厚度介于 2～5 cm，盐积层厚度介于 10～25 cm，含盐量约 80 g/kg，之下分别为雏形层，含盐量介于 2～5 g/kg，可见铁锰斑纹。通体碳酸钙含量介于 100～150 g/kg，强石灰反应，pH 8.9～9.3，粉粒含量介于 160～680 g/kg，砂粒含量介于 200～800 g/kg，层次质地构型为粉壤土-砂质壤土-粉壤土-壤质砂土。

对比土系　新乐村系和宗加房系，同一土族。新乐村系层次质地构型为粉壤土-砂质壤土-壤土，宗加房系通体为粉壤土。

利用性能综述　盐碱地，地形平缓，土体深厚，盐分高，养分低，植被盖度低，应防止放牧，封境育草。垦为耕地时，要完善排水系统，铲除盐壳和盐积层，增施有机肥，种植绿肥，秸秆还田。

发生学亚类　草甸盐土。

代表性单个土体　位于格尔木市乌图美仁乡才开村东北，36.90684°N，93.15979°E，海拔 2883 m，湖积平原中洼地，母质为湖积物，盐碱地，芦苇盖度约 5%～40%，50 cm 深度土温 6.1℃，野外调查采样日期为 2015 年 7 月 21 日，编号 63-126。

才开系代表性单个土体剖面

Kz：　+2～0 cm，盐结壳。

Az：　0～16 cm，灰黄色（2.5Y 7/2，干），黄灰色（2.5Y 5/1，润），粉壤土，发育弱的粒状-小片状结构，松散-稍坚硬，少量芦苇根系，强石灰反应，向下层波状渐变过渡。

Bz：　16～34 cm，灰黄色（2.5Y 7/2，干），黄灰色（2.5Y 5/1，润），砂质壤土，发育弱的小片状-中块状结构，坚硬，少量盐生植被根系，强石灰反应，向下层波状渐变过渡。

Br：　34～52 cm，灰黄色（2.5Y 7/2，干），黄灰色（2.5Y 5/1，润），砂质壤土，发育弱的中块状结构，坚硬，少量芦苇根系，可见中量铁锰斑纹，强石灰反应，向下层波状渐变过渡。

BCr1：52～72 cm，灰黄色（2.5Y 7/2，干），黄灰色（2.5Y 5/1，润），粉壤土，发育弱的中块状结构，坚硬，少量芦苇根系，可见中量铁锰斑纹，强石灰反应，向下层波状渐变过渡。

BCr2：72～125 cm，淡黄色（2.5Y 7/3，干），暗灰黄色（2.5Y 5/2，润），壤质砂土，发育弱的中块状结构，坚硬，少量芦苇根系，可见大量铁锰斑纹，强石灰反应。

才开系代表性单个土体物理性质

土层	深度 /cm	砾石 (>2 mm,体积分数)/ %	细土颗粒组成（粒径：mm)/(g/kg)			质地	容重 /(g/cm³)
			砂粒 2～0.05	粉粒 0.05～0.002	黏粒 <0.002		
Az	0～16	0	203	672	125	粉壤土	1.49
Bz	16～34	0	575	371	54	砂质壤土	1.60
Br	34～52	0	456	480	64	砂质壤土	1.49
BCr1	52～72	0	358	551	91	粉壤土	1.50
BCr2	72～125	0	800	163	37	壤质砂土	1.62

才开系代表性单个土体化学性质

层次 /cm	pH	有机碳 /(g/kg)	全氮(N) /(g/kg)	全磷(P) /(g/kg)	全钾(K) /(g/kg)	CEC / [cmol(+)/kg]	含盐量 /(g/kg)	碳酸钙 /(g/kg)
0～16	9.0	4.2	0.51	1.19	19.6	4.4	195.6	127.3
16～34	9.3	3.8	0.16	1.26	16.1	1.7	85.9	134.2
34～52	9.1	2.1	0.16	1.16	15.8	2.1	18.1	136.1
52～72	8.9	2.0	0.23	1.25	18.1	3.7	10.1	143.2
72～125	9.3	1.0	0.03	0.75	13.2	1.2	8.6	103.5

7.2.2 新乐村系（**Xinlecun Series**）

土　　族：壤质混合型石灰性冷性-结壳潮湿正常盐成土
拟定者：李德成，赵　霞

分布与环境条件　分布于格尔木市农垦有限公司河西农场一带，湖积平原中洼地，海拔介于 2600～2900 m，母质为湖积物，盐碱地，干旱大陆性气候，年均日照时数约 3358 h，年均气温约 3.5℃，年均降水量约 284 mm，无霜期约 125 d。

新乐村系典型景观

土系特征与变幅　诊断层包括盐结壳和盐积层；诊断特性包括冷性土壤温度状况、潮湿土壤水分状况、氧化还原特征和石灰性。盐结壳厚度介于 2～5 cm，盐积层厚度 1 m 以上，50 cm 以上土体含盐量介于 160～240 g/kg，以下土体含盐量介于 30～60 g/kg，可见铁锰斑纹。土体碳酸钙含量介于 70～110 g/kg，强石灰反应，pH 8.0～8.6，粉粒含量介于 410～570 g/kg，层次质地构型为粉壤土-砂质壤土-壤土。

对比土系　才开系和宗加房系，同一土族，才开系层次质地构型为粉壤土-砂质壤土-粉壤土-壤质砂土，宗加房系通体为粉壤土。

利用性能综述　盐碱地，地形平缓，土体深厚，盐分高，养分低，植被盖度较低，应防止放牧，封境育草。垦为耕地时，要完善排水系统，铲除盐壳和盐积层，增施有机肥，种植绿肥，秸秆还田。

发生学亚类　草甸盐土。

代表性单个土体　位于格尔木市农垦有限公司河西农场新乐村西，36.40371°N，94.49127°E，海拔 2801 m，湖积平原中洼地，母质为湖积物，盐碱地，芦苇盖度约 30%，50 cm 深度土温 7.2℃，野外调查采样日期为 2015 年 7 月 20 日，编号 63-134。

新乐村系代表性单个土体剖面

Kz:　+5～0 cm，盐结壳。

Ahz:　0～25 cm，灰黄色（2.5Y 7/2，干），黄灰色（2.5Y 5/1，润），粉壤土，发育弱的粒状-小片状结构，松散-稍坚硬，少量芦苇根系，强石灰反应，向下层波状渐变过渡。

Bz:　25～50 cm，灰黄色（2.5Y 7/2，干），黄灰色（2.5Y 5/1，润），粉壤土，发育弱的小片状-中块状结构，稍坚硬-坚硬，少量芦苇根系，强石灰反应，向下层波状渐变过渡。

Bzr1:　50～80 cm，灰黄色（2.5Y 7/2，干），黄灰色（2.5Y 5/1，润），砂质壤土，发育弱的中块状结构，稍坚硬，少量芦苇根系，可见大量铁锰斑纹，强石灰反应，向下层波状渐变过渡。

Bzr2:　80～125 cm，灰黄色（2.5Y 6/2，干），黄灰色（2.5Y 5/1，润），壤土，发育弱的中块状结构，稍坚硬，可见大量铁锰斑纹，强石灰反应。

新乐村系代表性单个土体物理性质

土层	深度 /cm	砾石 (>2 mm,体积分数)/ %	细土颗粒组成 (粒径：mm)/(g/kg)			质地	容重 /(g/cm³)
			砂粒 2～0.05	粉粒 0.05～0.002	黏粒 <0.002		
Ahz	0～25	0	364	563	73	粉壤土	1.21
Bz	25～50	0	371	558	71	粉壤土	1.31
Bzr1	50～80	0	496	436	68	砂质壤土	1.36
Bzr2	80～125	0	509	418	73	壤土	1.49

新乐村系代表性单个土体化学性质

层次 /cm	pH	有机碳 /(g/kg)	全氮(N) /(g/kg)	全磷(P) /(g/kg)	全钾(K) /(g/kg)	CEC / [cmol(+)/kg]	含盐量 /(g/kg)	碳酸钙 /(g/kg)
0～25	8.0	19.6	0.29	0.87	10.4	2.7	232.1	70.9
25～50	8.4	3.4	0.22	1.25	13.6	8.8	161.1	105.2
50～80	8.6	2.8	0.18	1.05	13.4	3.6	55.4	102.3
80～125	8.3	2.0	0.11	0.93	10.8	3.6	34.7	103.3

7.2.3 宗加房系（Zongjiafang Series）

土　族：壤质混合型石灰性冷性-结壳潮湿正常盐成土
拟定者：李德成，赵　霞

分布与环境条件　分布于海西州都兰县宗加镇一带，湖积平原中洼地，海拔介于2700～2900 m，母质为湖积物，盐碱地，干旱大陆性气候，年均日照时数约2904～3253 h，年均气温约3.6℃，年均降水量约214 mm，无霜期约90～127 d。

宗加房系典型景观

土系特征与变幅　诊断层包括盐结壳、盐积层和雏形层；诊断特性包括冷性土壤温度状况、潮湿土壤水分状况、氧化还原特征和石灰性。盐结壳厚度为3～10 cm，土体厚度1 m以上，盐积层厚度为25～35 cm，含盐量介于80～120 g/kg，之下为雏形层，可见铁锰斑纹，含盐量介于5～20 g/kg。土体碳酸钙含量介于280～330 g/kg，强石灰反应，pH 8.6～8.9，粉粒含量介于670～700 g/kg，通体为粉壤土。

对比土系　才开系和新乐村系，同一土族，才开系层次质地构型为粉壤土-砂质壤土-粉壤土-壤质砂土，新乐村系为粉壤土-砂质壤土-壤土。

利用性能综述　盐碱地，地形平缓，土体深厚，盐分高，养分低，植被盖度较低，应防止放牧，封境育草。垦为耕地时，要完善排水系统，铲除盐壳和盐积层，增施有机肥，种植绿肥，秸秆还田。

发生学亚类　草甸盐土。

代表性单个土体　位于海西州都兰县宗加镇宗加房村南，36.29115°N，97.09065°E，海拔2778 m，湖积平原中洼地，母质为湖积物，盐碱地，芦苇盖度约40%，50 cm深度土温7.0℃，野外调查采样日期为2015年7月19日，编号63-128。

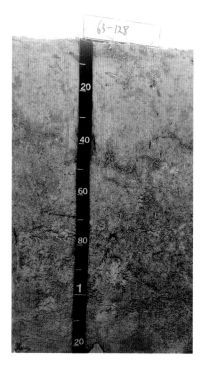

宗加房系代表性单个土体剖面

Kz：　+5～0 cm，盐结壳。

Ahz：0～12 cm，灰黄色（2.5Y 7/2，干），黄灰色（2.5Y 5/1，润），粉壤土，发育弱的粒状-小片状结构，松散-稍坚硬，中量芦苇根系，强石灰反应，向下层平滑清晰过渡。

Bz：　12～30 cm，灰黄色（2.5Y 7/2，干），黄灰色（2.5Y 5/1，润），粉壤土，发育弱的小片状-中块状结构，稍坚硬-坚硬，少量芦苇根系，强石灰反应，向下层波状渐变过渡。

Br1：30～70 cm，灰黄色（2.5Y 7/2，干），黄灰色（2.5Y 5/1，润），粉壤土，发育弱的中块状结构，稍坚硬，少量芦苇根系，可见少量铁锰斑纹，强石灰反应，向下层波状渐变过渡。

Br2：70～120 cm，浊黄色（2.5Y 6/3，干），灰黄棕色（10YR 4/2，润），粉壤土，发育弱的中块状结构，稍坚硬，可见少量铁锰斑纹，强石灰反应。

宗加房系代表性单个土体物理性质

土层	深度 /cm	砾石 (>2 mm,体积分数)/ %	细土颗粒组成 (粒径：mm)/(g/kg)			质地	容重 /(g/cm³)
			砂粒 2～0.05	粉粒 0.05～0.002	黏粒 <0.002		
Ahz	0～12	0	200	700	100	粉壤土	—
Bz	12～30	0	224	678	98	粉壤土	—
Br1	30～70	0	216	684	100	粉壤土	1.35
Br2	70～120	0	232	675	93	粉壤土	1.43

宗加房系代表性单个土体化学性质

层次 /cm	pH	有机碳 /(g/kg)	全氮(N) /(g/kg)	全磷(P) /(g/kg)	全钾(K) /(g/kg)	CEC / [cmol(+)/kg]	含盐量 /(g/kg)	碳酸钙 /(g/kg)
0～12	8.8	6.9	0.58	1.54	13.6	8.6	114.2	287.7
12～30	8.9	8.2	0.82	1.52	13.5	9.1	85.4	291.1
30～70	8.6	6.3	0.70	1.18	14.1	9.7	13.6	326.6
70～120	8.7	4.7	0.52	1.45	12.9	8.3	8.5	294.8

7.3 潜育潮湿正常盐成土

7.3.1 都龙系（Dulong Series）

土　　族：壤质混合型石灰性冷性-潜育潮湿正常盐成土
拟定者：李德成，赵　霞

分布与环境条件　分布于海西州都兰县热水乡一带，湖积平原中洼地，海拔介于2800～3200 m，母质为湖积物，盐碱地，干旱大陆性气候，年均日照时数约2904～3253 h，年均气温约2.0℃，年均降水量约236 mm，无霜期约90～127 d。

都龙系典型景观

土系特征与变幅　诊断层包括盐积层和钙积层；诊断特性包括冷性土壤温度状况、潮湿土壤水分状况、潜育特征和石灰性。地表盐斑面积度约20%，土体厚度在1 m以上，盐积层厚度为20～40 cm，含盐量介于30～90 g/kg，之下分别为钙积层，厚约40 cm，含盐量介于5～15 g/kg。盐积层和钙积层碳酸钙含量介于200～270 g/kg。钙积层之下土体具有潜育特征，可见铁锰斑纹，含盐量低于10 g/kg，碳酸钙含量低于100 g/kg。通体中度-强石灰反应，pH 8.8～9.1，粉粒含量介于450～540 g/kg，层次质地构型为粉壤土-砂质壤土。

对比土系　才开系、新乐村系和宗加房系，同一土类不同亚类，均为结壳潮湿正常盐成土。

利用性能综述　盐碱地，地形平缓，土体深厚，盐分高，养分低，植被盖度较低，应防止放牧，封境育草。垦为耕地时，要完善排水系统，铲除盐壳和盐积层，增施有机肥，种植绿肥，秸秆还田。

发生学亚类　草甸盐土。

代表性单个土体　位于海西州都兰县热水乡都龙村西南，36.79208°N，99.05104°E，海拔 3096 m，湖积平原中洼地，母质为湖积物，盐碱地，盐生植被（白刺、红柳等）盖度约 30%，50 cm 深度土温 5.5℃，野外调查采样日期为 2015 年 7 月 17 日，编号 63-088。

Ahz：0～18 cm，浊黄色（2.5Y 6/3，干），暗灰黄色（2.5Y 5/2，润），粉壤土，发育弱的粒状-小片状结构，松散-稍坚硬，中量盐生植被根系，强石灰反应，向下层波状渐变过渡。

Bz：18～40 cm，浊黄色（2.5Y 6/3，干），暗灰黄色（2.5Y 5/2，润），粉壤土，发育弱的小片状-中块状结构，稍坚硬-坚硬，少量盐生植被根系，强石灰反应，向下层波状渐变过渡。

Bk：40～80 cm，浊黄色（2.5Y 6/3，干），暗灰黄色（2.5Y 5/2，润），砂质壤土，发育弱的中块状结构，稍坚硬，少量芦苇根系，可见大量碳酸钙白色粉末，强石灰反应，向下层波状渐变过渡。

Cg：80～110 cm，灰黄色（2.5Y 6/2，干），黄灰色（2.5Y 4/1，润），砂质壤土，糊泥状，无结构，可见铁锰斑纹条带，中度石灰反应。

都龙系代表性单个土体剖面

都龙系代表性单个土体物理性质

| 土层 | 深度 /cm | 砾石 (>2 mm,体积分数)/ % | 细土颗粒组成 (粒径: mm)/(g/kg) | | | 质地 | 容重 /(g/cm³) |
			砂粒 2～0.05	粉粒 0.05～0.002	黏粒 <0.002		
Ahz	0～18	0	410	524	66	粉壤土	1.19
Bz	18～40	0	399	540	61	粉壤土	1.27
Bk	40～80	0	489	458	53	砂质壤土	1.62
Cg	80～110	0	452	495	53	砂质壤土	1.53

都龙系代表性单个土体化学性质

层次 /cm	pH	有机碳 /(g/kg)	全氮(N) /(g/kg)	全磷(P) /(g/kg)	全钾(K) /(g/kg)	CEC / [cmol(+)/kg]	含盐量 /(g/kg)	碳酸钙 /(g/kg)
0～18	8.8	15.5	1.25	1.60	14.8	7.0	84.2	204.8
18～40	8.8	15.7	1.43	1.58	14.9	7.4	35.4	265.7
40～80	9.1	9.0	0.83	1.47	13.8	5.4	10.6	226.0
80～110	8.9	3.3	0.33	1.51	16.7	4.2	7.4	84.0

第8章 潜 育 土

8.1 暗沃简育永冻潜育土

8.1.1 俄好巴玛系（Ehaobama Series）

土　族：壤质混合型石灰性-暗沃简育永冻潜育土

拟定者：李德成，赵玉国

分布与环境条件　分布于玉树州曲麻莱县叶格乡清水河沿岸，冲积平原，海拔介于4100～4500 m，母质为冲积物，草地，高原高寒气候，年均日照时数约2700 h，年均气温约-2.3℃，年均降水量约 443 mm，无霜期低于30 d。

俄好巴玛系典型景观

土系特征与变幅　诊断层包括暗沃表层和雏形层；诊断特性包括寒性土壤温度状况、滞水土壤水分状况、潜育特征、冻融特征、永冻层次和石灰性。地表有冻胀丘，土体厚度70 cm 左右，暗沃表层厚度为25～35 cm，有机碳含量介于60～80 g/kg，润态明度和彩度介于3～4，之下为雏形层，具有潜育特征，可见少量铁锰斑纹。永冻层次出现在70 cm以下。通体为壤土，粉粒含量为360～430 g/kg，砂粒含量为370～450 g/kg。碳酸钙含量为50～100 g/kg，pH 8.0～8.3。

对比土系　南八仙系，同一土纲不同亚纲，为滞水潜育土。

利用性能综述　牧草地，地形平缓，土体较厚，养分含量高，草被盖度较高，已出现退化现象，防止过度放牧。

发生学亚类　薄草毡土。

代表性单个土体　位于玉树州曲麻莱县叶格乡俄好巴玛山东北，34.49651°N，95.55940°E，海拔 4393 m，冲积平原洼地，母质为冲积物，草地，覆盖度约 70%～80%，50 cm 深度土温 1.2℃，野外调查采样日期为 2011 年 7 月 27 日，编号 110727033。

Ao：　0～30 cm，浊棕色（7.5YR 6/3，干），灰棕色（7.5YR 5/2，润），壤土，发育中等的单粒和小块状结构，松散-稍紧实，50%草被根系，中度石灰反应，向下层平滑清晰过渡。

Bg1：30～50 cm，棕灰色（7.5YR 6/1，干），棕灰色（7.5YR 5/1，润），5%岩石碎屑，壤土，发育弱的单粒和小块状结构，稍紧实，中量草被根系，少量铁锰斑纹，中度石灰反应，向下层波状渐变过渡。

Bg2：50～70 cm，棕灰色（7.5YR 6/1，干），棕灰色（7.5YR 5/1，润），5%岩石碎屑，壤土，小块状结构，稍紧实，中量铁锰斑纹，中度石灰反应，向下层平滑清晰过渡。

Cf：　70～100 cm，棕灰色（7.5 YR 6/1，干），棕灰色（7.5 YR 5/1，润），壤土，单粒，无结构，极坚硬。

俄好巴玛系代表性单个土体剖面

俄好巴玛系代表性单个土体物理性质

土层	深度/cm	砾石(>2 mm,体积分数)/%	细土颗粒组成 (粒径：mm)/(g/kg)			质地
			砂粒 2～0.05	粉粒 0.05～0.002	黏粒 <0.002	
Ao	0～30	0	418	383	200	壤土
Bg1	30～50	5	442	368	190	壤土
Bg2	50～70	5	370	429	201	壤土

俄好巴玛系代表性单个土体化学性质

层次/cm	pH	有机碳/(g/kg)	全氮(N)/(g/kg)	全磷(P)/(g/kg)	全钾(K)/(g/kg)	CEC/[cmol(+)/kg]	碳酸钙/(g/kg)
0～30	8.0	76.7	5.06	1.67	16.5	5.5	53.8
30～50	8.3	28.2	1.80	1.44	17.6	10.5	96.5
50～70	8.0	33.5	2.01	1.24	18.9	11.8	50.9

8.2 普通简育滞水潜育土

8.2.1 南八仙系（Nanbaxian Series）

土 族：壤质混合型石灰性冷性-普通简育滞水潜育土

拟定者：李德成，赵玉国，吴华勇

分布与环境条件 分布于海西州大柴旦行委柴旦镇一带，洪-冲积平原，海拔介于 2800～3000 m，母质为黄土物质，草地，高原干旱大陆性气候，年均日照时数约 2300 h，年均气温约 2.9℃，年均降水量约 38 mm，无霜期约 120～130 d。

南八仙系典型景观

土系特征与变幅 诊断层包括淡薄表层和雏形层；诊断特性包括冷性土壤温度状况、滞水土壤水分状况、潜育特征和石灰性。土体厚度 1 m 以上，淡薄表层厚度介于 10～15 cm，之下为雏形层，具有潜育特征，可见少量铁锰斑纹，强石灰反应，碳酸钙含量介于 100～280 g/kg，pH 8.7～9.2，通体为粉壤土，粉粒含量介于 540～610 g/kg。

对比土系 俄好巴玛系，同一土纲不同亚纲，为永冻潜育土。

利用性能综述 牧草地，地形平缓，土体较厚，养分含量高，草被盖度高，防止过度放牧。

发生学亚类 腐泥沼泽土。

代表性单个土体 位于海西州大柴旦行委柴旦镇南八仙西，38.00122°N，94.16027°E，海拔 2856 m，洪-冲积平原，母质为黄土物质，牧草地，芦苇，覆盖度>80%，50 cm 深度土温 6.5℃，野外调查采样日期为 2015 年 7 月 20 日，编号 63-127。

南八仙系代表性单个土体剖面

Ah:　0～11 cm，浊黄色（2.5Y 6/3，干），暗灰黄色（2.5Y 5/2，润），粉壤土，发育中等的单粒和小块状结构，稍紧实，大量草被根系，少量斑纹，强石灰反应，向下层波状渐变过渡。

ABg：11～30 cm，淡灰色（2.5Y 7/1，干），灰黄色（2.5Y 6/2，润），粉壤土，发育弱的小块状结构，稍紧实，少量草被根系，少量斑纹，强石灰反应，向下层波状渐变过渡。

Bg1：30～50 cm，淡灰色（7.5Y 7/1，干），灰色（7.5Y 6/1，润），粉壤土，发育弱的小块状结构，稍紧实，少量斑纹，强石灰反应，向下层波状渐变过渡。

Bg2：50～75 cm，蓝灰色（10BG 5/1，干），暗蓝灰色（10BG 4/1，润），粉壤土，发育弱的小块状结构，稍紧实，少量斑纹，强石灰反应，向下层波状渐变过渡。

Cg：　75～110 cm，暗蓝灰色（10BG 4/1，干），暗蓝灰色（10BG 3/1，润），粉壤土，糊泥状，无结构。

南八仙系代表性单个土体物理性质

土层	深度 /cm	砾石 (>2 mm,体积分数)/ %	细土颗粒组成 (粒径：mm)/(g/kg)			质地	容重 /(g/cm³)
			砂粒 2～0.05	粉粒 0.05～0.002	黏粒 <0.002		
Ah	0～11	0	305	602	93	粉壤土	1.20
ABg	11～30	0	298	606	96	粉壤土	1.31
Bg1	30～50	0	312	590	98	粉壤土	1.38
Bg2	50～75	0	300	601	99	粉壤土	1.61
Cg	75～110	0	358	545	97	粉壤土	1.38

南八仙系代表性单个土体化学性质

层次 /cm	pH	有机碳 /(g/kg)	全氮(N) /(g/kg)	全磷(P) /(g/kg)	全钾(K) /(g/kg)	CEC / [cmol(+)/kg]	碳酸钙 /(g/kg)
0～11	8.7	13.9	0.79	1.03	10.0	6.4	272.5
11～30	8.7	12.7	0.74	1.09	15.7	6.3	157.4
30～50	9.1	7.3	0.46	1.22	15.3	8.4	135.7
50～75	9.2	6.4	0.35	1.30	15.9	6.1	169.3
75～110	8.7	7.2	0.25	1.16	17.5	7.1	107.3

第9章 均 腐 土

9.1 钙积寒性干润均腐土

9.1.1 转风窑系（Zhuanfengyao Series）

土　　族：黏壤质混合型-钙积寒性干润均腐土

拟定者：李德成，张甘霖，赵玉国

分布与环境条件　分布于海北州祁连县峨堡镇一带，洪积-冲积平原，海拔介于 2800～3200 m，母质为黄土物质，草地，高原大陆性气候，年均日照时数约 2780 h，年均气温约−1.0℃，年均降水量约 420 mm，无霜期约 50～100 d。

转风窑系典型景观

土系特征与变幅　诊断层包括暗沃表层和钙积层；诊断特性包括寒性土壤温度状况、半干润土壤水分状况、均腐殖质特性和石灰性。土体厚度 1 m 以上，Rh 介于 0.29～0.33，C/N 介于 12.2～13.1，通体有石灰反应，pH 7.4～9.5，层次质地构型为壤土-粉壤土-粉质黏壤土-粉壤土，粉粒含量为 460～600 g/kg，暗沃表层厚度为 50～70 cm，有机碳含量为 25～50 g/kg，之下为钙积层，碳酸钙含量为 150～200 g/kg，可见碳酸钙粉末。

对比土系　桌子台系，同一土族，通体为粉壤土，地形为缓坡地。

利用性能综述　牧草地，地形平缓，土体厚，养分含量较高，植被盖度高，防止过度放牧。

发生学亚类　草甸土。

代表性单个土体　位于海北州祁连县峨堡镇黄草沟村转风窑组西北，北疆寺东南，38.00149°N，100.62564°E，海拔 3060 m，洪积-冲积平原，母质为黄土物质，牧草地，覆盖度>80%,50 cm深度土温2.5℃,野外调查采样日期为2013年7月22日,编号YZ003。

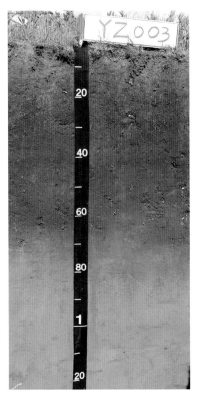

Ah1: 0～14 cm,暗棕色(10YR 3/4,干),暗棕色(10YR 3/3,润),壤土,发育中等的粒状结构,松散,多量草被根系,轻度石灰反应,向下层平滑清晰过渡。

Ah2: 14～42 cm,暗棕色(10YR 3/4,干),黑棕色(10YR 2/2,润),粉壤土,发育中等的小块状结构,稍坚硬-坚硬,中量草被根系,强石灰反应,向下层波状渐变过渡。

Ah3: 42～63 cm,暗棕色(10YR 3/4,干),黑棕色(10YR 2/2,润),粉质黏壤土,发育中等的中块状结构,稍坚硬-坚硬,少量草被根系,强石灰反应,向下层波状清晰过渡。

Bk1: 63～80 cm,浊黄橙色(10YR 7/2,干),灰黄棕色(10YR 4/2,润),粉壤土,发育弱的中块状结构,稍坚硬,少量草被根系,可见碳酸钙粉末,强石灰反应,向下层波状渐变过渡。

Bk2: 80～125 cm,浊黄橙色(10YR 7/3,干),浊黄橙色(10YR 6/4,润),粉壤土,发育弱的中块状结构,稍坚硬,可见碳酸钙粉末,强石灰反应。

转风窑系代表性单个土体剖面

转风窑系代表性单个土体物理性质

土层	深度 /cm	砾石 (>2 mm,体积分数)/ %	细土颗粒组成(粒径: mm)/(g/kg)			质地	容重 /(g/cm³)
			砂粒 2～0.05	粉粒 0.05～0.002	黏粒<0.002		
Ah1	0～14	0	297	460	243	壤土	1.18
Ah2	14～42	0	221	518	262	粉壤土	1.20
Ah3	42～63	0	141	587	272	粉质黏壤土	1.31
Bk1	63～80	0	148	600	252	粉壤土	1.32
Bk2	80～125	0	282	530	187	粉壤土	1.43

转风窑系代表性单个土体化学性质

层次 /cm	pH	有机碳 /(g/kg)	全氮(N) /(g/kg)	全磷(P) /(g/kg)	全钾(K) /(g/kg)	CEC / [cmol(+)/kg]	碳酸钙 /(g/kg)
0～14	8.0	43.9	3.36	0.67	18.6	22.0	9.3
14～42	7.4	34.7	2.67	0.63	17.0	24.1	61.0
42～63	8.7	27.3	2.13	0.65	17.9	21.0	85.2
63～80	9.1	13.3	1.09	0.63	16.7	17.0	191.9
80～125	9.5	4.2	0.42	0.63	16.1	9.4	153.1

9.1.2 桌子台系（Zhuozitai Series）

土　　族：黏壤质混合型-钙积寒性干润均腐土
拟定者：李德成，张甘霖，赵玉国

分布与环境条件　分布于海北州祁连县野牛沟乡一带，高山坡地，海拔介于 2800～3200 m，母质为黄土物质，草地，高原大陆性气候，年均日照时数约 2780 h，年均气温约–0.6℃，年均降水量约 420 mm，无霜期约 50～100 d。

桌子台系典型景观

土系特征与变幅　诊断层包括暗沃表层、雏形层和钙积层；诊断特性包括寒性土壤温度状况、半干润土壤水分状况、均腐殖质特性和石灰性。地表有冻胀丘，土体厚度 1 m 以上，Rh 介于 0.36～0.39，C/N 介于 9.2～10.5，通体有石灰反应，pH 介于 7.8～8.9，通体质地为粉壤土，粉粒含量介于 520～610 g/kg，暗沃表层厚度介于 25～35 cm，有机碳含量介于 33～39 g/kg，钙积层出现上界约在 50 cm，厚度介于 20～35 cm，碳酸钙含量为 250 g/kg 左右，可见碳酸钙粉末。

对比土系　转风窑系，同一土族，层次质地构型为壤土-粉壤土-粉质黏壤土-粉壤土，地形为洪积-冲积平原。

利用性能综述　牧草地，地形略起伏，土体厚，养分含量较高，植被盖度高，防止过度放牧。

发生学亚类　冷钙土。

代表性单个土体　位于海北州祁连县野牛沟乡边麻村桌子台东，磷火沟西，马粪沟北，红泥槽东，38.27667°N，99.88833°E，海拔 3098 m，高山陡坡中下部，母质为黄土物质，牧草地，覆盖度>80%，50 cm 深度土温 2.9℃，野外调查采样日期为 2012 年 8 月 1 日，编号 GL-002。

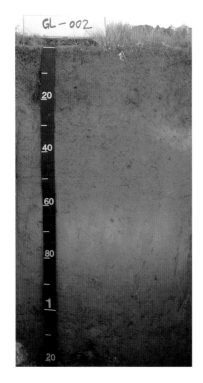

桌子台系代表性单个土体剖面

Ah1：0～14 cm，暗棕色（10YR 3/4，干），黑棕色（10YR 3/2，润），粉壤土，发育中等的粒状结构，松散，多量草被根系，轻度石灰反应，向下层平滑清晰过渡。

Ah2：14～30 cm，暗棕色（10YR 3/4，干），黑棕色（10YR 2/2，润），粉壤土，发育中等的粒状-小块状结构，松散-松软，多量草被根系，轻度石灰反应，向下层波状清晰过渡。

Bk1：30～55 cm，浊黄棕色（10YR 5/4，干），黑棕色（10YR 3/2，润），粉壤土，发育中等的小块状结构，稍坚硬-坚硬，中量草被根系，强石灰反应，向下层波状清晰过渡。

Bk2：55～84 cm，浊黄橙色（10YR 6/3，干），黄棕色（10YR 5/6，润），粉壤土，发育弱的中块状结构，稍坚硬-坚硬，少量草被根系，可见碳酸钙粉末，强石灰反应，向下层波状清晰过渡。

BC：84～120 cm，浊黄橙色（10YR 6/3，干），棕色（10YR 4/4，润），5%岩石碎屑，粉壤土，发育弱的中块状结构，稍坚硬，强石灰反应。

桌子台系代表性单个土体物理性质

| 土层 | 深度/cm | 砾石（>2 mm,体积分数)/ % | 细土颗粒组成 (粒径：mm)/(g/kg) | | | 质地 | 容重/(g/cm³) |
			砂粒 2～0.05	粉粒 0.05～0.002	黏粒 <0.002		
Ah1	0～14	0	261	523	216	粉壤土	1.11
Ah2	14～30	0	241	547	212	粉壤土	1.22
Bk1	30～55	0	182	576	243	粉壤土	1.32
Bk2	55～84	0	214	577	208	粉壤土	1.42
BC	84～120	5	194	605	201	粉壤土	1.48

桌子台系代表性单个土体化学性质

层次/cm	pH	有机碳/(g/kg)	全氮(N)/(g/kg)	全磷(P)/(g/kg)	全钾(K)/(g/kg)	CEC/ [cmol(+)/kg]	碳酸钙/(g/kg)
0～14	7.8	38.6	4.21	1.1	21.2	28.3	13.1
14～30	8.2	33.3	3.16	1.3	23.6	20.7	39.9
30～55	8.7	14.8	1.41	1.2	24.0	11.8	138.8
55～84	8.9	8.0	0.75	1.3	20.1	7.0	259.2
84～120	8.8	4.7	0.46	1.5	21.7	5.9	138.4

9.1.3　哈石扎系（**Hashizha Series**）

土　族：壤质混合型-钙积寒性干润均腐土
拟定者：李德成，赵　霞

分布与环境条件　分布于西
宁市大通县宝库乡一带，高
山坡地中部，海拔介于
2900～3300 m，母质为黄土
物质，草地，高原大陆性气
候，年均日照时数约 2553 h，
年均气温约 0.7℃，年均降水
量约 502 mm，无霜期约 61～
133 d。

哈石扎系典型景观

土系特征与变幅　诊断层包括暗沃表层和钙积层；诊断特性包括冷性土壤温度状况、半
干润土壤水分状况、均腐殖质特性和石灰性。土体厚度 1 m 以上，Rh 介于 0.35～0.39，
C/N 介于 11.5～16.0，暗沃表层厚度介于 30～40 cm，有机碳含量介于 20～40 g/kg。通
体有石灰反应，pH 介于 8.1～8.7，通体为粉壤土，粉粒含量介于 570～660 g/kg。

对比土系　转风窑系和桌子台系，同一亚类不同土族，颗粒大小级别为黏壤质。

利用性能综述　草地，缓坡，土体厚，养分含量高，植被盖度高，应防止过度放牧。

发生学亚类　黑草毡土。

代表性单个土体　位于西宁市大通县宝库乡哈石扎山东南，37.26763°N，101.35633°E，
海拔 3101 m，高山坡地中部，母质为黄土物质，草地，覆盖度>80%，50 cm 深度土温
4.2℃，野外调查采样日期为 2015 年 8 月 21 日，编号 BC-6。

Ah1:　0～10 cm，棕色（2.5Y 4/3，干），黑棕色（2.5Y 3/2，润），粉壤土，发育中等的粒状-小块状结构，松散-稍坚硬，多量草被根系，强石灰反应，向下层波状渐变过渡。

Ah2:　10～35 cm，棕色（2.5Y 4/3，干），黑棕色（2.5Y 3/2，润），粉壤土，发育中等的粒状-中块状结构，稍坚硬，多量草被根系，强石灰反应，向下层波状渐变过渡。

Bk1:　35～70 cm，棕色（2.5Y 4/3，干），黑棕色（2.5Y 3/2，润），粉壤土，发育中等的中块状结构，坚硬，少量草被根系，强石灰反应，中量孔穴，向下层不规则清晰过渡。

Bk2:　70～110 cm，棕色（2.5Y 4/3，干），黑棕色（2.5Y 3/2，润），粉壤土，发育弱的中块状结构，坚硬，中量孔穴，强石灰反应。

哈石扎系代表性单个土体剖面

哈石扎系代表性单个土体物理性质

土层	深度/cm	砾石(>2 mm,体积分数)/ %	细土颗粒组成 (粒径：mm)/(g/kg)			质地	容重/(g/cm³)
			砂粒2～0.05	粉粒0.05～0.002	黏粒<0.002		
Ah1	0～10	0	240	619	141	粉壤土	—
Ah2	10～35	0	225	626	149	粉壤土	—
Bk1	35～70	0	210	651	139	粉壤土	1.25
Bk2	70～110	0	286	577	137	粉壤土	1.28

哈石扎系代表性单个土体化学性质

层次/cm	pH	有机碳/(g/kg)	全氮(N)/(g/kg)	全磷(P)/(g/kg)	全钾(K)/(g/kg)	CEC/ [cmol(+)/kg]	碳酸钙/(g/kg)
0～10	8.1	37.2	2.86	1.16	17.1	17.43	62.4
10～35	8.4	21.9	1.90	1.20	18.0	15.06	114.1
35～70	8.5	15.7	0.98	0.93	15.9	12.13	144.6
70～110	8.7	9.8	0.83	1.05	16.9	9.46	115.9

9.2 普通寒性干润均腐土

9.2.1 下褡裢系（Xiadalian Series）

土 族：黏壤质混合型非酸性-普通寒性干润均腐土

拟定者：李德成，张甘霖，赵玉国

分布与环境条件 分布于海北州祁连县八宝镇一带，高山坡地，海拔介于 2700～3100 m，母质为黄土物质，柏木林地，高原大陆性气候，年均日照时数约 2780 h，年均气温约 0.1℃，年均降水量约 420 mm，无霜期约 50～100 d。

下褡裢系典型景观

土系特征与变幅 诊断层包括暗沃表层；诊断特性包括寒性土壤温度状况、半干润土壤水分状况、均腐殖质特性、冻融特征和永冻层次。土体厚度 1 m 以上，Rh 介于 0.25～0.29，C/N 介于 13.2～13.4，碳酸钙含量为 7～12 g/kg，pH 7.1～7.4，层次质地构型为粉质黏壤土-粉壤土，粉粒含量为 520～610 g/kg，暗沃表层厚度为 25～30 cm，有机碳含量介于 90～135 g/kg 以上，100～110 cm 之下为永冻层。

对比土系 马粪沟南系，同一土族，层次质地构型为粉壤土-壤土-粉壤土。

利用性能综述 林地，地势略起伏，土体厚，养分含量较高，植被盖度高，应封境保育，防止砍伐和放牧。

发生学亚类 淋溶灰褐土。

代表性单个土体 位于海北州祁连县八宝镇东村南，下褡裢村西北，38.015239°N，100.25036°E，海拔 2969 m，高山中坡下部，母质为黄土物质，柏木林地，覆盖度>80%，50 cm 深度土温 3.4℃，野外调查采样日期为 2013 年 7 月 23 日，编号 HH003。

下褡裢系代表性单个土体剖面

O:　　+2～0 cm，枯枝落叶层。

Ah1:　0～14 cm，灰棕色（7.5YR 5/2，干），黑棕色（7.5YR 3/2，润），粉质黏壤土，发育中等的粒状结构，松散，多量树草根系，向下层波状渐变过渡。

Ah2:　14～25 cm，灰棕色（7.5YR 5/2，干），黑棕色（7.5YR 2/2，润），粉质黏壤土，发育中等的粒状结构，松散，多量树草根系，向下层波状渐变过渡。

Bw1:　25～75 cm，棕灰色（7.5YR 5/1，干），黑棕色（7.5YR 3/1，润），粉质黏壤土，发育弱的鳞片状-小块状结构，稍坚硬-坚硬，少量树根，向下层波状清晰过渡。

Bw2:　75～110 cm，浊棕色（7.5YR 5/3，干），黑棕色（7.5YR 3/1），粉质黏壤土，发育弱的鳞片状-小块状结构，稍坚硬-坚硬，少量树根，少量灰色斑纹，向下层波状清晰过渡。

Cf:　　110～125 cm，灰棕色（7.5YR 5/2，干），黑棕色（7.5YR 3/2，润），粉壤土，单粒，无结构，极坚硬。

下褡裢系代表性单个土体物理性质

土层	深度 /cm	砾石 (>2 mm,体积分数)/ %	细土颗粒组成（粒径：mm)/(g/kg)			质地	容重 /(g/cm³)
			砂粒 2～0.05	粉粒 0.05～0.002	黏粒 <0.002		
Ah1	0～14	0	160	529	311	粉质黏壤土	1.22
Ah2	14～25	0	148	561	292	粉质黏壤土	1.28
Bw1	25～75	0	159	563	278	粉质黏壤土	1.32
Bw2	75～110	0	175	553	272	粉质黏壤土	1.35
Cf	110～125	0	142	605	253	粉壤土	1.30

下褡裢系代表性单个土体化学性质

层次 /cm	pH	有机碳 /(g/kg)	全氮(N) /(g/kg)	全磷(P) /(g/kg)	全钾(K) /(g/kg)	CEC / [cmol(+)/kg]	碳酸钙 /(g/kg)
0～14	7.1	105.9	7.96	0.61	14.4	57.3	7.2
14～25	7.4	131.7	9.88	0.61	13.7	58.2	8.6
25～75	7.4	90.8	6.84	0.66	14.5	53.9	9.3
75～110	7.3	90.0	6.78	0.67	15.9	59.7	10.8
110～125	7.3	92.7	6.98	0.72	15.2	64.7	11.3

9.2.2 马粪沟南系（Mafengounan Series）

土　族：黏壤质混合型非酸性-普通寒性干润均腐土
拟定者：李德成，张甘霖，赵玉国

分布与环境条件　分布于海北州祁连县野牛沟乡一带，高山坡地，海拔介于 2900～3300 m，母质为黄土物质，草地，高原大陆性气候，年均日照时数约 2780 h，年均气温约–1.4℃，年均降水量约 390 mm，无霜期约 50～100 d。

马粪沟南系典型景观

土系特征与变幅　诊断层包括暗沃表层和雏形层；诊断特性包括寒性土壤温度状况、半干润土壤水分状况、均腐殖质特性和冻融特征。地表可见石环和冻融丘，粗碎块面积介于 5%～15%，土体厚度 1 m 以上，Rh 介于 0.27～0.31，C/N 介于 10.2～12.4，暗沃表层厚度介于 30～50 cm，之下为雏形层，可见鳞片状结构。通体砾石含量介于 5%～15%，无石灰反应，碳酸钙含量<5 g/kg，pH 介于 6.3～7.4，层次质地构型为粉壤土-壤土-粉壤土，粉粒含量介于 490～580 g/kg，砂粒含量介于 200～290 g/kg。

对比土系　下裙裢系，同一土族，层次质地构型为粉质黏壤土-粉壤土。

利用性能综述　草地，地形略起伏，草被盖度高，土体较厚，砾石较多，养分含量高，应防止过度放牧。

发生学亚类　棕黑毡土。

代表性单个土体　位于海北州祁连县野牛沟乡马粪沟南，38.25051°N，99.88318°E，海拔 3187 m，高山中坡中下部，母质为黄土物质，草地，覆盖度>80%，50 cm 深度土温 2.1℃，野外调查采样日期为 2013 年 7 月 31 日，编号 LF-002。

Ah: 0～20 cm，暗棕色（7.5YR 3/3，干），黑棕色（7.5YR 2/2，润），5%岩石碎屑，粉壤土，发育中等的粒状-鳞片状结构，松散-松软，多量草被根系，少量斑纹，向下层波状渐变过渡。

AB: 20～50 cm，暗棕色（7.5YR 3/3，干），黑棕色（7.5YR 2/2，润），15%岩石碎屑，粉壤土，发育中等的粒状-鳞片状结构，松散-松软，少量斑纹，中量草被根系，向下层波状渐变过渡。

Bw1: 50～70 cm，暗棕色（7.5YR 3/3，干），黑棕色（7.5YR 2/2，润），10%岩石碎屑，壤土，发育弱的鳞片状结构，松软，少量草被根系，少量斑纹，向下层波状渐变过渡。

Bw2: 70～110 cm，黑棕色（7.5YR 3/2，干），黑棕色（7.5YR 2/2，润），10%岩石碎屑，粉壤土，发育弱的鳞片状结构，松软，少量草被根系。

R: 110～120 cm，基岩。

马粪沟南系代表性单个土体剖面

马粪沟南系代表性单个土体物理性质

土层	深度 /cm	砾石 (>2 mm,体积分数)/ %	细土颗粒组成 (粒径: mm)/(g/kg)			质地
			砂粒 2～0.05	粉粒 0.05～0.002	黏粒 <0.002	
Ah	0～20	5	214	575	211	粉壤土
AB	20～50	15	220	549	232	粉壤土
Bw1	50～70	10	287	498	215	壤土
Bw2	70～110	10	200	555	245	粉壤土

马粪沟南系代表性单个土体化学性质

层次 /cm	pH	有机碳 /(g/kg)	全氮(N) /(g/kg)	全磷(P) /(g/kg)	全钾(K) /(g/kg)	CEC / [cmol(+)/kg]	碳酸钙 /(g/kg)
0～20	6.3	81.2	6.22	1.70	21.7	48.6	1.2
20～50	6.8	50.1	3.84	1.40	23.7	36.0	0.9
50～70	7.1	42.3	4.13	1.60	23.5	38.7	1.2
70～110	7.4	37.8	3.07	1.70	24.8	31.8	1.6

9.2.3 麻拉庄系（Malazhuang Series）

土　族：壤质盖粗骨质混合型非酸性-普通寒性干润均腐土
拟定者：李德成，赵　霞

分布与环境条件　分布于西
宁市大通县向化乡一带，洪
积-冲积平原，海拔介于
2600～3000 m，母质为黄土
物质，草地，高原大陆性气
候，年均日照时数约 2553 h，
年均气温约-1.8℃，年均降
水量约 503 mm，无霜期约
61～133 d。

麻拉庄系典型景观

土系特征与变幅　诊断层包括暗沃表层和雏形层；诊断特性包括寒性土壤温度状况、半
干润土壤水分状况和均腐殖质特性。地表有冻胀丘，土体厚度介于 60～80 cm，Rh 介于
0.24～0.28，C/N 介于 12.6～13.7，暗沃表层厚度介于 50～70 cm，有机碳含量介于 50～
65 g/kg，之下为雏形层，砾石含量 60%左右，通体无石灰反应，pH 介于 7.3～7.7，通体
为粉壤土，粉粒含量介于 660～730 g/kg。

对比土系　本亚类中其他土系，同一亚类不同土族，颗粒大小级别分别为黏壤质和壤质。

利用性能综述　草地，地形平缓，土体较厚，养分含量高，植被盖度高，应防止过度
放牧。

发生学亚类　薄草毡土。

代表性单个土体　位于西宁市大通县向化乡麻拉山东北，37.13229°N，101.80698°E，海
拔 2855 m，洪积-冲积平原，母质为黄土物质，草地，覆盖度>80%，50 cm 深度土温 1.3℃，
野外调查采样日期为 2015 年 8 月 14 日，编号 DX-8。

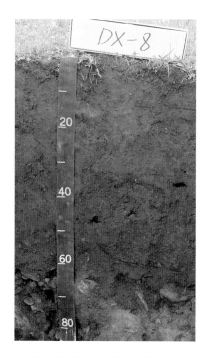

Ah1：0～15 cm，暗灰黄色（2.5Y 4/2，干），黑棕色（2.5Y 3/1，润），2%岩石碎屑，粉壤土，发育中等的粒状-小块状结构，松散-稍坚硬，多量草被根系，向下层波状渐变过渡。

Ah2：15～32 cm，黄灰色（2.5Y 4/1，干），黑棕色（2.5Y 3/1，润），2%岩石碎屑，粉壤土，发育中等的粒状-小块状结构，稍坚硬，中量草被根系，向下层波状渐变过渡。

Bw：32～65 cm，黄灰色（2.5Y 4/1，干），黑棕色（2.5Y 3/1，润），2%岩石碎屑，粉壤土，发育中等的小块状结构，坚硬，少量草被根系，向下层清晰不规则过渡。

C：65～85 cm，淡黄色（2.5Y 7/4，干），黄棕色（2.5Y 5/3，润），80%岩石碎屑，粉壤土，发育弱的小块状结构，坚硬。

麻拉庄系代表性单个土体剖面

麻拉庄系代表性单个土体物理性质

土层	深度 /cm	砾石 (>2 mm,体积分 数)/ %	细土颗粒组成 (粒径：mm)/(g/kg)			质地	容重 /(g/cm³)
			砂粒 2～0.05	粉粒 0.05～0.002	黏粒 <0.002		
Ah1	0～15	2	161	691	148	粉壤土	1.18
Ah2	15～32	2	129	711	160	粉壤土	1.21
Bw	32～65	2	98	723	179	粉壤土	1.32
C	65～85	80	187	665	148	粉壤土	—

麻拉庄系代表性单个土体化学性质

层次 /cm	pH	有机碳 /(g/kg)	全氮(N) /(g/kg)	全磷(P) /(g/kg)	全钾(K) /(g/kg)	CEC / [cmol(+)/kg]
0～15	7.3	62.2	4.92	2.25	18.55	32.4
15～32	7.6	60.1	4.60	2.49	19.36	32.4
32～65	7.7	53.3	3.88	1.60	19.06	32.4
65～85	7.4	15.2	1.01	0.76	17.72	18.0

9.2.4　马粪沟系（**Mafengou Series**）

土　　族：壤质混合型石灰性-普通寒性干润均腐土

拟定者：李德成，张甘霖，赵玉国

分布与环境条件　分布于海北州祁连县野牛沟乡一带，高山坡地，海拔介于 2800～3200 m，母质为粉砂岩风化坡积物，草地，高原大陆性气候，年均日照时数约 2780 h，年均气温约–0.5℃，年均降水量约 420 mm，无霜期约 50～100 d。

马粪沟系典型景观

土系特征与变幅　诊断层包括暗沃表层和雏形层；诊断特性包括寒性土壤温度状况、半干润土壤水分状况、均腐殖质特性、冻融特征和石灰性。土体厚度 1 m 以上，Rh 介于 0.37～0.39，C/N 介于 11.6～11.8，碳酸钙含量为 10～40 g/kg，pH 为 7.8～8.6，层次质地构型为壤土-砂质壤土，粉粒含量为 270～410 g/kg，暗沃表层厚度为 70～90 cm，有机碳含量介于 20～35 g/kg，之下土体可见鳞片状结构。

对比土系　赛洛系，同一土族，通体为粉壤土。

利用性能综述　草地，地形较陡，土体厚，砾石较多，养分含量中等，植被盖度较高，已出现退化现象，应防止过度放牧。

发生学亚类　草甸土。

代表性单个土体　位于青海省海北州祁连县野牛沟乡边麻村桌子台东，磷火沟西，马粪沟北，红泥槽东，38.26372°N，99.88279°E，海拔 3037 m，高山陡坡中部，母质为粉砂岩风化坡积物，草地，覆盖度约 60%，50 cm 深度土温 3.9℃，野外调查采样日期为 2012 年 8 月 1 日，编号 LF-004。

Ah1：0～18 cm，暗棕色（10YR 3/4，干），黑棕色（10YR 2/2，润），10%岩石碎屑，壤土，发育中等的粒状结构，松散，多量草被根系，轻度石灰反应，向下层波状渐变过渡。

Ah2：18～38 cm，棕色（10YR 4/4，干），暗棕色（10YR 3/3，润），10%岩石碎屑，壤土，发育中等的粒状结构，松散，多量草被根系，轻度石灰反应，向下层波状渐变过渡。

AB：38～74 cm，棕色（10YR 4/4，干），暗棕色（10YR 3/3，润），10%岩石碎屑，壤土，发育弱的鳞片状-小块状结构，松软-稍坚硬，中量草被根系，中度石灰反应，向下层波状清晰过渡。

Bw：74～100 cm，黄棕色（10YR 5/6，干），棕色（10YR 4/4，润），40%岩石碎屑，砂质壤土，发育弱的鳞片状-小块状结构，松散-稍坚硬，中量草被根系，轻度石灰反应。

马粪沟系代表性单个土体剖面

马粪沟系代表性单个土体物理性质

土层	深度 /cm	砾石 (>2 mm,体积分数)/ %	细土颗粒组成 (粒径：mm)/(g/kg)			质地
			砂粒 2～0.05	粉粒 0.05～0.002	黏粒 <0.002	
Ah1	0～18	10	396	410	195	壤土
Ah2	18～38	10	445	374	181	壤土
AB	38～74	10	398	405	197	壤土
Bw	74～100	40	601	277	122	砂质壤土

马粪沟系代表性单个土体化学性质

层次 /cm	pH	有机碳 /(g/kg)	全氮(N) /(g/kg)	全磷(P) /(g/kg)	全钾(K) /(g/kg)	CEC / [cmol(+)/kg]	碳酸钙 /(g/kg)
0～18	7.8	22.1	1.87	1.0	21.0	18.2	14.0
18～38	8.2	21.9	1.89	1.1	20.8	17.9	15.6
38～74	8.2	20.8	1.79	1.1	24.6	17.2	30.3
74～100	8.6	10.9	0.38	0.9	24.7	10.9	17.1

9.2.5　赛洛系（Sailuo Series）

土　族：壤质混合型石灰性-普通寒性干润均腐土
拟定者：李德成，赵　霞

分布与环境条件　分布于海南州同德县河北乡一带，高山坡地，海拔介于 3200～3600 m，母质为黄土物质，草地，高原大陆性气候，年均日照时数约 2800 h，年均气温约 0.4℃，年均降水量约 430 mm，无霜期约 64 d。

赛洛系典型景观

土系特征与变幅　诊断层包括暗沃表层和雏形层；诊断特性包括寒性土壤温度状况、半干润土壤水分状况、均腐殖质特性、冻融特征、石质接触面和石灰性。土体厚度 1 m 以上，Rh 介于 0.36～0.39，C/N 介于 10.6～13.6，碳酸钙含量为 15～85 g/kg，pH 为 8.1～8.6，通体为粉壤土，粉粒含量为 560～610 g/kg，暗沃表层厚度为 25～35 cm，有机碳含量介于 40～45 g/kg，之下土体可见鳞片状结构。

对比土系　马粪沟系，同一土族，层次质地构型为壤土-砂质壤土。

利用性能综述　草地，地形略起伏，土体厚，养分含量高，植被盖度高，应防止过度放牧。

发生学亚类　棕黑毡土。

代表性单个土体　位于海南州同德县河北乡赛洛村南，34.72992°N，100.77782°E，海拔 3406 m，高山坡地下部，母质为黄土物质，草地，覆盖度>80%，50 cm 深度土温 3.9℃，野外调查采样日期为 2015 年 7 月 20，编号 63-23。

Ah1：　0～15 cm，浊棕色（7.5YR 5/4，干），黑棕色（7.5YR 3/2，润），粉壤土，发育中等的粒状结构，松散，多量草被根系，轻度石灰反应，向下层波状渐变过渡。

Ah2：　15～35 cm，浊棕色（7.5YR 5/4，干），黑棕色（7.5YR 3/2，润），粉壤土，发育中等的粒状-小块状结构，松散-稍坚硬，多量草被根系，轻度石灰反应，向下层波状渐变过渡。

Bw1：　35～68 cm，浊棕色（7.5YR 5/4，干），暗棕色（7.5YR 3/3，润），粉壤土，发育弱的鳞片状-小块状结构，松散-稍坚硬，少量草被根系，中度石灰反应，向下层波状清晰过渡。

Bw2：　68～104 cm，暗棕色（7.5YR 3/3，干），黑棕色（7.5YR 2/2，润），5%岩石碎屑，粉壤土，发育弱的鳞片状-小块状结构，松散-稍坚硬，少量草被根系，强石灰反应。

R：　　104～120 cm，基岩。

赛洛系代表性单个土体剖面

赛洛系代表性单个土体物理性质

土层	深度 /cm	砾石 (>2 mm,体积分数)/ %	细土颗粒组成 (粒径：mm)/(g/kg)			质地	容重 /(g/cm³)
			砂粒 2～0.05	粉粒 0.05～0.002	黏粒 <0.002		
Ah1	0～15	0	278	561	161	粉壤土	1.12
Ah2	15～35	0	248	581	171	粉壤土	1.21
Bw1	35～68	0	234	595	171	粉壤土	1.25
Bw2	68～104	5	216	605	179	粉壤土	1.31

赛洛系代表性单个土体化学性质

层次 /cm	pH	有机碳 /(g/kg)	全氮(N) /(g/kg)	全磷(P) /(g/kg)	全钾(K) /(g/kg)	CEC / [cmol(+)/kg]	碳酸钙 /(g/kg)
0～15	8.1	41.7	3.79	1.55	18.1	11.5	20.6
15～35	8.1	41.6	3.91	1.50	19.5	22.4	19.3
35～68	8.2	37.9	2.79	1.64	19.0	19.1	40.5
68～104	8.5	25.6	2.38	1.38	18.7	20.6	57.8

9.2.6　达里加垭系（**Dalijiaya Series**）

土　族：壤质混合型非酸性-普通寒性干润均腐土
拟定者：李德成，赵　霞

分布与环境条件　分布于海东市循化县道帏乡一带，高山坡地，海拔介于 3400～3800 m，母质为黄土物质，草地，高原大陆性气候，年均日照时数约 2684 h，年均气温约–0.2℃，年均降水量约 480 mm，无霜期约220 d。

达里加垭系典型景观

土系特征与变幅　诊断层包括暗沃表层和雏形层；诊断特性包括寒性土壤温度状况、半干润土壤水分状况和均腐殖质特性。地表有石环和冻胀丘，土体厚度 1 m 以上，Rh 介于 0.24～0.26，C/N 介于 10.0～11.3，暗沃表层厚度介于 30～65 cm，有机碳含量介于 20～60 g/kg，之下为雏形层。通体碳酸钙含量介于 12～16 g/kg，无石灰反应，pH 介于 6.8～6.9，通体为粉壤土，粉粒含量介于 660～700 g/kg。

对比土系　大三岔系和下达隆系，同一土族。大三岔系层次质地构型为粉壤土-砂质壤土，下达隆系为粉壤土-壤土。

利用性能综述　草地，地形较陡，土体厚，养分含量高，植被盖度高，应防止过度放牧和水土流失。

发生学亚类　棕黑毡土。

代表性单个土体　位于海东市循化县道帏乡达里加垭口东北，35.57384°N，102.74417°E，海拔 3604 m，高山坡地下部，母质为黄土物质，草地，覆盖度>80%，50 cm 深度土温 3.3℃，野外调查采样日期为 2014 年 8 月 13 日，编号 63-13。

Ah1：0～13 cm，暗棕色（7.5YR 3/3，干），黑棕色（7.5YR 2/2，润），粉壤土，发育中等的粒状-小块状结构，松散-松软，多量草被根系，向下层波状渐变过渡。

Ah2：13～36 cm，暗棕色（7.5YR 3/3，干），黑棕色（7.5YR 2/2，润），粉壤土，发育中等的粒状-小块状结构，松软，中量草被根系，向下层波状渐变过渡。

AB：36～62 cm，暗棕色（7.5YR 3/3，干），黑棕色（7.5YR 2/2，润），粉壤土，发育中等的中块状结构，稍坚硬，少量草被根系，向下层波状渐变过渡。

Bw1：62～90 cm，暗棕色（7.5YR 3/3，干），黑棕色（7.5YR 2/2，润），粉壤土，发育弱的中块状结构，稍坚硬，向下层波状清晰过渡。

Bw2：90～120 cm，浊黄橙色（10YR 7/3，干），浊黄橙色（10YR 6/4，润），20%岩石碎屑，粉壤土，发育弱的中块状结构，坚硬。

达里加垭系代表性单个土体剖面

达里加垭系代表性单个土体物理性质

| 土层 | 深度 /cm | 砾石 (>2 mm,体积分数)/ % | 细土颗粒组成（粒径：mm)/(g/kg) | | | 质地 | 容重 /(g/cm³) |
			砂粒 2～0.05	粉粒 0.05～0.002	黏粒 <0.002		
Ah1	0～13	0	180	691	129	粉壤土	0.72
Ah2	13～36	0	193	674	133	粉壤土	0.94
AB	36～62	0	169	693	138	粉壤土	0.97
Bw1	62～90	0	203	669	128	粉壤土	1.10
Bw2	90～120	20	190	690	120	粉壤土	1.46

达里加垭系代表性单个土体化学性质

层次 /cm	pH	有机碳 /(g/kg)	全氮(N) /(g/kg)	全磷(P) /(g/kg)	全钾(K) /(g/kg)	CEC / [cmol(+)/kg]	碳酸钙 /(g/kg)
0～13	6.9	59.2	5.22	2.89	18.3	35.8	15.8
13～36	6.8	42.4	3.90	2.84	19.1	31.9	14.8
36～62	6.8	38.7	3.45	2.89	19.3	29.2	13.1
62～90	6.8	24.5	2.46	0.99	20.4	26.2	12.4
90～120	6.9	6.4	0.68	1.62	21.7	36.0	13.5

9.2.7 大三岔系（**Dasancha Series**）

土　族：壤质混合型非酸性-普通寒性干润均腐土

拟定者：李德成，赵　霞

分布与环境条件　分布于西宁市大通县宝库乡一带，山间谷地，海拔介于 3300～3700 m，母质上为黄土物质，下为基性岩风化冲积物，草地，高原大陆性气候，年均日照时数约 2553 h，年均气温约–1.3℃，年均降水量约 471 mm，无霜期约 61～133 d。

大三岔系典型景观

土系特征与变幅　诊断层包括暗沃表层和雏形层；诊断特性包括寒性土壤温度状况、半干润土壤水分状况和均腐殖质特性。地表有冻胀丘，土体厚度 1 m 以上，Rh 介于 0.24～0.28，C/N 介于 12.5～15.2，暗沃表层厚度介于 60～80 cm，有机碳含量介于 40～70 g/kg，之下为雏形层。通体无石灰反应，pH 介于 6.4～6.7，层次质地构型为粉壤土-砂质壤土，粉粒含量介于 330～620 g/kg，砂粒含量介于 230～610 g/kg。

对比土系　达里加垭系和下达隆系，同一土族。达里加垭系通体为粉壤土，下达隆系为粉壤土-壤土。

利用性能综述　草地，地形平缓，土体厚，养分含量高，植被盖度高，应防止过度放牧。

发生学亚类　黑毡土。

代表性单个土体　位于西宁市大通县宝库乡大三岔村北，37.33827°N，101.02950°E，海拔 3511 m，山间谷地，母质上为黄土物质，下为基性岩风化冲积物，草地，覆盖度>80%，50 cm 深度土温 2.2℃，野外调查采样日期为 2015 年 8 月 21 日，编号 BC-3。

Ah1: 0～10 cm，浊棕色（7.5YR 5/3，干），灰棕色（7.5YR 4/2，润），2%岩石碎屑，粉壤土，发育中等的粒状-小块状结构，松散-稍坚硬，多量草被根系，向下层波状渐变过渡。

Ah2: 10～46 cm，浊棕色（7.5YR 5/3，干），灰棕色（7.5YR 4/2，润），2%岩石碎屑，粉壤土，发育中等的粒状-中块状结构，稍坚硬，中量草被根系，向下层波状渐变过渡。

Bw1: 46～70 cm，灰棕色（7.5YR 4/2，干），黑棕色（7.5YR 3/1，润），2%岩石碎屑，粉壤土，发育弱的中块状结构，坚硬，少量草被根系，向下层波状渐变过渡。

Bw2: 70～85 cm，淡棕灰色（7.5YR 7/2，干），棕灰色（7.5YR 5/1，润），10%岩石碎屑，砂质壤土，发育弱的中块状结构，坚硬。

大三岔系代表性单个土体剖面

大三岔系代表性单个土体物理性质

| 土层 | 深度 /cm | 砾石 (>2 mm,体积分数)/ % | 细土颗粒组成（粒径：mm)/(g/kg) | | | 质地 | 容重 /(g/cm³) |
			砂粒 2～0.05	粉粒 0.05～0.002	黏粒 <0.002		
Ah1	0～10	2	259	580	161	粉壤土	1.16
Ah2	10～46	2	235	615	150	粉壤土	1.22
Bw1	46～70	2	338	531	131	粉壤土	1.31
Bw2	70～85	10	601	337	62	砂质壤土	1.33

大三岔系代表性单个土体化学性质

层次 /cm	pH	有机碳 /(g/kg)	全氮(N) /(g/kg)	全磷(P) /(g/kg)	全钾(K) /(g/kg)	CEC / [cmol(+)/kg]	碳酸钙 /(g/kg)
0～10	6.4	68.8	5.49	2.62	18.4	31.64	0
10～46	6.6	56.8	4.54	2.53	19.8	27.72	0
46～70	6.6	43.9	3.22	1.90	18.1	8.08	0
70～85	6.7	14.1	1.07	1.15	17.1	22.11	0

9.2.8 下达隆系（Xiadalong Series）

土　族：壤质混合型非酸性-普通寒性干润均腐土
拟定者：李德成，赵　霞

分布与环境条件　分布于海东市互助县南门峡镇一带，高山坡地，海拔介于 2700～3100 m，母质上为黄土物质，下为砂岩风化坡积物，草地，高原大陆性气候，年均日照时数约 2553 h，年均气温约 1.4℃，年均降水量约 500 mm，无霜期约 61～133 d。

下达隆系典型景观

土系特征与变幅　诊断层包括暗沃表层和雏形层；诊断特性包括寒性土壤温度状况、半干润土壤水分状况和均腐殖质特性。土体厚度 1 m 以上，Rh 介于 0.16～0.20，C/N 介于 14.1～15.2，暗沃表层厚度介于 50～60 cm，有机碳含量介于 40～55 g/kg，之下为雏形层。通体无石灰反应，pH 介于 6.1～7.2，层次质地构型为粉壤土-壤土，粉粒含量介于 420～630 g/kg。

对比土系　达里加垭系、大三岔系，同一土族。达里加垭系通体为粉壤土，大三岔系层次质地构型为粉壤土-砂质壤土。

利用性能综述　草地，地形较陡，土体厚，养分含量高，植被盖度高，应防止过度放牧和水土流失。

发生学亚类　淋溶黑钙土。

代表性单个土体　位于海东市互助县南门峡镇下达隆村东南，37.10703°N，101.82378°E，海拔 2910 m，中山坡地下部，母质上为黄土物质，下为砂岩风化坡积物，草地，覆盖度>80%，50 cm 深度土温 4.9℃，野外调查采样日期为 2015 年 8 月 17 日，编号 DX-14。

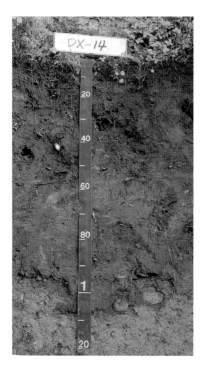

O：　　+4～0 cm，枯枝落叶层。

Ah1：　0～20 cm，灰棕色（7.5YR 4/2，干），黑棕色（7.5YR 3/1，润），粉壤土，发育中等的粒状-小块状结构，松散-稍坚硬，多量树灌根系，向下层波状渐变过渡。

Ah2：　20～53 cm，灰棕色（7.5YR 4/2，干），黑棕色（7.5YR 3/1，润），2%岩石碎屑，粉壤土，发育中等的粒状-中块状结构，稍坚硬，中量树灌根系，向下层波状渐变过渡。

Bw1：　53～100 cm，灰棕色（7.5YR 4/2，干），黑棕色（7.5YR 3/1，润），5%岩石碎屑，粉壤土，发育弱的中块状结构，坚硬，少量树根，向下层波状清晰过渡。

Bw2：　100～120 cm，橙色（7.5YR 6/6，干），浊棕色（7.5YR 5/4，润），10%岩石碎屑，壤土，发育弱的中块状结构，坚硬。

下达隆系代表性单个土体剖面

下达隆系代表性单个土体物理性质

土层	深度 /cm	砾石 (>2 mm,体积分数)/ %	细土颗粒组成（粒径：mm)/(g/kg)			质地	容重 /(g/cm³)
			砂粒 2～0.05	粉粒 0.05～0.002	黏粒 <0.002		
Ah1	0～20	0	259	593	148	粉壤土	—
Ah2	20～53	2	208	624	168	粉壤土	—
Bw1	53～100	5	248	602	150	粉壤土	1.30
Bw2	100～120	10	460	425	115	壤土	—

下达隆系代表性单个土体化学性质

层次 /cm	pH	有机碳 /(g/kg)	全氮(N) /(g/kg)	全磷(P) /(g/kg)	全钾(K) /(g/kg)	CEC / [cmol(+)/kg]	碳酸钙 /(g/kg)
0～20	6.4	53.3	3.77	1.70	18.06	22.1	0
20～53	6.1	47.0	3.16	1.90	18.08	20.4	0
53～100	6.9	42.3	2.79	1.66	18.25	17.0	0
100～120	7.2	3.6	0.36	1.16	18.38	12.1	10.8

9.3 钙积暗厚干润均腐土

9.3.1 达隆系（Dalong Series）

土　族：粗骨壤质混合型冷性-钙积暗厚干润均腐土
拟定者：李德成，赵　霞

分布与环境条件　分布于西宁市大通县向化乡一带，高山坡地，海拔介于 2800～3200 m，母质上为黄土物质，下为砂砾岩风化坡积物，草地，高原大陆性气候，年均日照时数约 2553 h，年均气温约 2.0℃，年均降水量约 499 mm，年均无霜期约 61～133 d。

达隆系典型景观

土系特征与变幅　诊断层包括暗沃表层；诊断特性包括冷性土壤温度状况、半干润土壤水分状况和均腐殖质特性。土体厚度 1 m 以上，Rh 介于 0.28～0.32，C/N 介于 10.9～13.0，暗沃表层厚度介于 50～70 cm，有机碳含量介于 40～65 g/kg，之下为钙积层，碳酸钙含量介于 170～180 g/kg，可见碳酸钙白色粉末，砾石含量 55%以上，通体 pH 介于 7.6～8.1，层次质地构型为粉壤土-壤土，粉粒含量介于 460～660 g/kg。

对比土系　韭菜沟系，同一亚类不同土族，颗粒大小级别为壤质。

利用性能综述　草地，地形略起伏，土体较薄，养分含量高，植被盖度高，应封境保育，防止砍伐和过度放牧。

发生学亚类　淋溶黑钙土。

代表性单个土体　位于西宁市大通县向化乡达隆村东北，37.11905°N，101.84335°E，海拔 3035 m，高山坡地下部，母质上为黄土物质，下为砂砾岩风化坡积物，草地，覆盖度>80%，50 cm 深度土温 5.5℃，野外调查采样日期为 2015 年 8 月 14 日，编号 DX-13。

O: 　+7～0 cm，枯枝落叶层。

Ah: 　0～20 cm，棕灰色（10YR 5/1，干），黑棕色（10YR 3/1，润），2%岩石碎屑，粉壤土，发育中等的粒状-小块状结构，松散-稍坚硬，多量草被根系，向下层波状渐变过渡。

AB: 　20～60 cm，棕灰色（10YR 5/1，干），黑棕色（10YR 3/1，润），20%岩石碎屑，粉壤土，发育中等的鳞片状-小块状结构，稍坚硬，多量草被根系，向下层平滑清晰过渡。

2Ck：60～125 cm，浊黄橙色（10YR 6/4，干），灰黄棕色（10YR 5/2，润），50%岩石碎屑，壤土，发育弱的鳞片状结构，稍坚硬，可见碳酸钙白色粉末，强石灰反应。

达隆系代表性单个土体剖面

达隆系代表性单个土体物理性质

土层	深度 /cm	砾石 (>2 mm,体积分数)/ %	细土颗粒组成 (粒径：mm)/(g/kg)			质地	容重 /(g/cm³)
			砂粒 2～0.05	粉粒 0.05～0.002	黏粒 <0.002		
Ah	0～20	2	205	658	137	粉壤土	1.14
AB	20～60	20	329	559	112	粉壤土	—
2Ck	60～125	55	394	460	146	壤土	—

达隆系代表性单个土体化学性质

层次 /cm	pH	有机碳 /(g/kg)	全氮(N) /(g/kg)	全磷(P) /(g/kg)	全钾(K) /(g/kg)	CEC / [cmol(+)/kg]	碳酸钙 /(g/kg)
0～20	7.9	63.1	4.86	1.68	17.85	23.3	0
20～60	7.6	42.1	3.88	2.14	19.48	27.2	0
60～125	8.1	11.7	0.85	1.16	14.96	12.4	172.5

9.3.2 上滩系（Shangtan Series）

土　族：壤质混合型冷性-钙积暗厚干润均腐土
拟定者：李德成，赵　霞

分布与环境条件　分布于西
宁市大通县向化乡一带，中
山坡地，海拔介于 2500～
3000 m，母质为坡积物，旱地，
高原大陆性气候，年均日照
时数约 2553 h，年均气温约
2.3 ℃ ，年 均 降 水 量 约
499 mm，年均无霜期约 61～
133 d。

上滩系典型景观

土系特征与变幅　诊断层包括暗沃表层和钙积层；诊断特性包括冷性土壤温度状况、半
干润土壤水分状况、均腐殖质特性和石灰性。土体厚度 1 m 以上，Rh 介于 0.20～0.24，
C/N 介于 12.5～12.6，暗沃表层厚度介于 50～70 cm，有机碳含量介于 10～20 g/kg，之
下为钙积层，碳酸钙含量介于 130～150 g/kg，可见碳酸钙白色粉末，通体 pH 介于 8.2～
8.8，通体为粉壤土，粉粒含量介于 630～690 g/kg。20～60 cm 人为扰动明显。

对比土系　韭菜沟系，同一土族，没有扰动的混合层，韭菜沟系为梯田旱地。下达隆系，
空间相近，同一土类不同亚类，为普通寒性干润均腐土。

利用性能综述　缓坡旱地，土体厚，养分含量低，易发生水土流失，应施用有机肥和秸
秆还田，培肥土壤，改建梯田，防止水土流失。

发生学亚类　黑钙土。

代表性单个土体　位于西宁市大通县向化乡上滩村南，37.15076°N，101.83157°E，海拔
2970 m，中山坡地下部，母质为坡积物，旱地，种植玛卡、马铃薯、青稞、燕麦、油菜
等，50 cm 深度土温 5.8℃，野外调查采样日期为 2015 年 8 月 15 日，编号 DX-7。

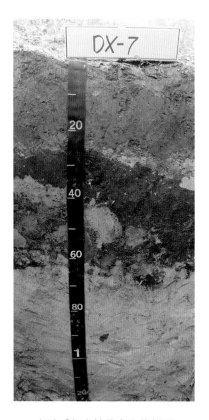

Ap: 0～20 cm，黄灰色（2.5Y 5/1，干），黑棕色（2.5Y 3/1，润），粉壤土，发育中等的粒状-小块状结构，松散-稍坚硬，中度石灰反应，向下层平滑清晰过渡。

Ab: 20～62 cm，黑棕色（2.5Y 3/1，干），黑色（2.5Y 2/1，润），粉壤土，发育中等的粒状-小块状结构，坚硬，轻度石灰反应，向下层波状渐变过渡。

Bk1: 62～94 cm，60%淡黄色（2.5Y 7/3，干）、暗灰黄色（2.5Y 5/2，润），40%淡黄色（2.5Y 7/3，干）、暗灰黄色（2.5Y 5/2，润），粉壤土，发育弱的小块状结构，坚硬，可见碳酸钙白色粉末，强石灰反应，向下层波状清晰过渡。

Bk2: 94～120 cm，淡黄色（2.5Y 7/3，干），暗灰黄色（2.5Y 5/2，润），粉壤土，发育弱小块状结构，坚硬，可见碳酸钙白色粉末，强石灰反应。

上滩系代表性单个土体剖面

上滩系代表性单个土体物理性质

土层	深度 /cm	砾石 (>2 mm,体积分数)/ %	细土颗粒组成 (粒径：mm)/(g/kg)			质地	容重 /(g/cm³)
			砂粒 2～0.05	粉粒 0.05～0.002	黏粒 <0.002		
Ap	0～20	0	179	690	131	粉壤土	1.31
Ab	20～62	0	217	671	112	粉壤土	1.37
Bk1	62～94	0	260	648	93	粉壤土	1.32
Bk2	94～120	0	272	634	94	粉壤土	1.33

上滩系代表性单个土体化学性质

层次 /cm	pH	有机碳 /(g/kg)	全氮(N) /(g/kg)	全磷(P) /(g/kg)	全钾(K) /(g/kg)	CEC / [cmol(+)/kg]	碳酸钙 /(g/kg)
0～20	8.2	19.4	1.55	1.87	17.40	17.1	36.9
20～62	8.3	12.0	0.95	1.28	18.95	17.3	19.4
62～94	8.7	2.0	0.25	1.18	16.82	8.4	147.5
94～120	8.8	1.9	0.25	1.45	16.53	9.9	139.0

9.3.3 韭菜沟系（Jiucaigou Series）

土　族：壤质混合型冷性-钙积暗厚干润均腐土
拟定者：李德成，赵　霞

分布与环境条件　分布于西宁市大通县塔尔镇一带，中山坡地，海拔介于 2400～2700 m，母质为黄土物质，梯田旱地，高原大陆性气候，年均日照时数约 2553 h，年均气温约 3.3℃，年均降水量约 499 mm，无霜期约 61～133 d。

韭菜沟系典型景观

土系特征与变幅　诊断层包括暗沃表层和钙积层；诊断特性包括冷性土壤温度状况、半干润土壤水分状况、均腐殖质特性和石灰性。土体厚度 1 m 以上，Rh 介于 0.19～0.23，C/N 介于 12.0～12.7，暗沃表层厚度介于 25～30 cm，有机碳含量介于 10～13 g/kg，之下为钙积层，碳酸钙含量介于 150～180 g/kg，可见碳酸钙白色粉末，pH 介于 8.6～8.9，通体为粉壤土，粉粒含量介于 570～670 g/kg。

对比土系　上滩系，同一土族，土体中有扰动的混合层。

利用性能综述　梯田旱地，土体厚，养分含量低，应该施用有机肥和秸秆还田，培肥土壤。

发生学亚类　棕黑毡土。

代表性单个土体　位于西宁市大通县塔尔镇韭菜沟村西南，36.98819°N，101.67263°E，海拔 2562 m，中山坡地中下部，母质为黄土物质，梯田旱地，种植玛卡、马铃薯、青稞等，50 cm 深度土温 6.8℃，野外调查采样日期为 2015 年 8 月 24 日，编号 BC-12。

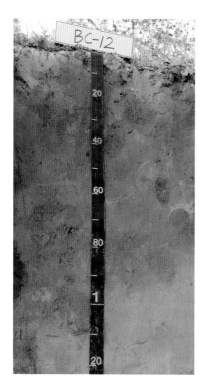

Ap: 0~10 cm，浊黄棕色（10YR 5/3，干），黑棕色（10YR 3/2，润），粉壤土，发育中等的粒状-小块状结构，松散-稍坚硬，强石灰反应，向下层波状渐变过渡。

AB: 10~28 cm，浊黄棕色（10YR 5/3，干），黑棕色（10YR 3/2，润），粉壤土，发育中等的中块状结构，坚硬，中度石灰反应，向下层波状渐变过渡。

ABk: 28~90 cm，浊黄橙色（10YR 6/3，干），灰黄棕色（10YR 4/2，润），粉壤土，发育中等的中块状结构，坚硬，可见碳酸钙白色粉末，强石灰反应，向下层波状渐变过渡。

Bk: 90~125 cm，亮黄棕色（10YR 6/6，干），棕色（10YR 4/4，润），粉壤土，发育弱中块状结构，坚硬，可见碳酸钙白色粉末，强石灰反应。

韭菜沟系代表性单个土体剖面

韭菜沟系代表性单个土体物理性质

土层	深度 /cm	砾石 (>2 mm,体积分数)/ %	细土颗粒组成 (粒径：mm)/(g/kg)			质地	容重 /(g/cm³)
			砂粒 2~0.05	粉粒 0.05~0.002	黏粒 <0.002		
Ap	0~10	0	249	629	122	粉壤土	1.14
AB	10~28	0	204	664	132	粉壤土	1.23
ABk	28~90	0	213	666	121	粉壤土	1.29
Bk	90~125	0	342	572	86	粉壤土	1.38

韭菜沟系代表性单个土体化学性质

层次 /cm	pH	有机碳 /(g/kg)	全氮(N) /(g/kg)	全磷(P) /(g/kg)	全钾(K) /(g/kg)	CEC / [cmol(+)/kg]	碳酸钙 /(g/kg)
0~10	8.6	12.4	0.98	1.67	16.7	11.56	107.3
10~28	8.7	11.3	0.90	1.43	17.2	12.93	88.5
28~90	8.9	7.9	0.66	1.65	16.6	8.96	157.9
90~125	8.7	3.6	0.32	1.16	17.0	5.04	178.3

9.4　普通暗厚干润均腐土

9.4.1　口子庄系（Kouzizhuang Series）

土　族：壤质混合型石灰性冷性–普通暗厚干润均腐土
拟定者：李德成，赵　霞

分布与环境条件　分布于西宁市大通县多林镇一带，沟谷阶地，海拔介于 2400～2800 m，母质为黄土物质，旱地，高原大陆性气候，年均日照时数约 2553 h，年均气温约 2.7℃，年均降水量约 524 mm，无霜期约 61～133 d。

口子庄系典型景观

土系特征与变幅　诊断层包括暗沃表层和雏形层；诊断特性包括冷性土壤温度状况、半干润土壤水分状况、均腐殖质特性和石灰性。土体厚度 1 m 以上，Rh 介于 0.22～0.26，C/N 介于 10.2～10.6，暗沃表层厚度介于 30～40 cm，有机碳含量介于 15～22 g/kg，之下为雏形层。碳酸钙含量介于 85～140 g/kg，pH 介于 8.5～8.9，通体为粉壤土，粉粒含量介于 530～620 g/kg。

对比土系　哈石扎系，同一亚纲不同土类，为寒性干润均腐土，地形为坡地，草地。

利用性能综述　旱地，地形平缓，土体厚，养分含量高，应施用有机肥和秸秆还田，培肥土壤。

发生学亚类　普通栗钙土。

代表性单个土体　位于西宁市大通县多林镇口子庄村东南，37.05217°N，101.47157°E，海拔 2652 m，沟谷阶地，母质为黄土物质，旱地，种植小麦和马铃薯，50 cm 深度土温 6.2℃，野外调查采样日期为 2014 年 8 月 4 日，编号 63-51。

口子庄系代表性单个土体剖面

Ap:　0～19 cm，棕色（7.5YR 4/3，干），黑棕色（7.5YR 3/1，润），粉壤土，发育中等的粒状-小块状结构，松散-稍坚硬，强石灰反应，向下层波状渐变过渡。

AB:　19～35 cm，棕色（7.5YR 4/3，干），黑棕色（7.5YR 3/1，润），2%岩石碎屑，粉壤土，发育中等的中块状结构，坚硬，强石灰反应，向下层波状渐变过渡。

Bw1:　35～65 cm，浊棕色（7.5YR 5/3，干），黑棕色（7.5YR 3/2，润），粉壤土，发育中等的中块状结构，坚硬，强石灰反应，向下层波状渐变过渡。

Bw2:　65～110 cm，浊棕色（7.5YR 5/3，干），黑棕色（7.5YR 3/2，润），2%岩石碎屑，粉壤土，发育中等的中块状结构，坚硬，强石灰反应，向下层波状渐变过渡。

Bw3:　110～120 cm，棕色（7.5YR 4/3，干），黑棕色（7.5YR 3/1，润），粉壤土，发育弱的中块状结构，坚硬，强石灰反应。

口子庄系代表性单个土体物理性质

土层	深度 /cm	砾石 (>2 mm,体积分数)/ %	细土颗粒组成 (粒径: mm)/(g/kg)			质地	容重 /(g/cm³)
			砂粒 2～0.05	粉粒 0.05～0.002	黏粒 <0.002		
Ap	0～19	0	378	534	88	粉壤土	1.24
AB	19～35	2	277	620	103	粉壤土	1.25
Bw1	35～65	0	273	617	110	粉壤土	1.31
Bw2	65～110	2	311	592	97	粉壤土	1.36
Bw3	110～120	0	307	595	98	粉壤土	1.35

口子庄系代表性单个土体化学性质

层次 /cm	pH	有机碳 /(g/kg)	全氮(N) /(g/kg)	全磷(P) /(g/kg)	全钾(K) /(g/kg)	CEC / [cmol(+)/kg]	碳酸钙 /(g/kg)
0～19	8.5	21.7	2.10	1.93	16.1	14.3	97.0
19～35	8.7	18.9	1.85	1.98	17.2	14.0	89.8
35～65	8.7	18.8	1.78	2.01	17.3	14.7	116.0
65～110	8.9	16.8	1.58	1.90	17.9	14.4	115.4
110～120	8.8	9.7	0.87	1.59	17.5	9.8	134.7

第10章 雏形土

10.1 普通永冻寒冻雏形土

10.1.1 喀贡玛系（Kagongma Series）

土　族：粗骨壤质混合型非酸性-普通永冻寒冻雏形土
拟定者：李德成，赵玉国

分布与环境条件　分布于玉
树州曲麻莱县巴干乡不冻
泉—清水河沿线一带，高山
坡麓，海拔介于 4400～
4800 m，母质为坡积物，草地，
高原高寒气候，年均日照时数
介于2536～2750 h，年均气温
约–3.3 ℃，年均降水量约
499 mm，无霜期低于 30 d。

喀贡玛系典型景观

土系特征与变幅　诊断层包括草毡表层和雏形层；诊断特性包括寒性土壤温度状况、潮湿土壤水分状况、冻融特征、永冻层次和氧化还原特征。地表可见石环和冻融丘，粗碎块面积为5%～10%，土体厚度 1 m 以上，草毡表层厚度为15～25 cm，有机碳含量介于100～120 g/kg，C/N 介于17～18，之下为雏形层，可见鳞片状结构和铁锰斑纹，永冻层出现上界在 1.4 m 左右。土体砾石含量介于10%～40%，碳酸钙含量低于 5 g/kg，无石灰反应，pH 介于 6.3～7.1，层次质地构型为壤土-粉壤土-壤土，粉粒含量介于 370～520 g/kg，砂粒含量介于 220～390 g/kg。

对比土系　哈尔松系，同一亚类不同土族，为石灰性。

利用性能综述　草地，地形平缓，土体厚，砾石多，草被盖度高，养分含量高，但海拔高，温度低，不宜农用，应封境。

发生学亚类　草毡土。

代表性单个土体　位于玉树州曲麻莱县巴干乡喀贡玛村西南，33.96644°N，96.59666°E，海拔 4672 m，高山坡麓中下部，母质坡积物，草地，覆盖度>80%，50 cm 深度土温 0.2℃，野外调查采样日期为 2011 年 8 月 5 日，编号 110805044。

喀贡玛系代表性单个土体剖面

Oo：　0～15 cm，浊橙色（7.5YR 6/4，润），灰棕色（7.5YR 4/2，润），10%岩石碎屑，壤土，发育中等的粒状结构，松散，多量草被根系，向下层波状渐变过渡。

AB：　15～38 cm，浊橙色（7.5YR 6/4，润），灰棕色（7.5YR 4/2，润），10%岩石碎屑，粉壤土，发育中等的粒状-小块状结构，稍坚硬，中量草被根系，向下层波状清晰过渡。

Br1：38～60 cm，棕灰色（7.5YR 6/1，干），棕灰色（7.5YR 5/1，润），35%岩石碎屑，壤土，发育弱的鳞片状-中块状结构，坚硬，中量铁锰斑纹，向下层波状清晰过渡。

Br2：60～82 cm，浊棕色（7.5YR 5/3，润），黑棕色（7.5YR 3/2，润），40%岩石碎屑，壤土，发育弱的鳞片状-中块状结构，坚硬，中量铁锰斑纹，向下层波状清晰过渡。

Br3：82～140 cm，棕灰色（7.5YR 6/1，干），棕灰色（7.5YR 5/1，润），20%岩石碎屑，壤土，发育弱的鳞片状-中块状结构，坚硬，中量铁锰斑纹，向下层波状清晰过渡。

Cf：　140～200 cm，棕灰色（7.5YR 6/1，干），棕灰色（7.5YR 5/1，润），50%岩石碎屑，壤土，单粒，无结构。

喀贡玛系代表性单个土体物理性质

土层	深度 /cm	砾石 (>2 mm,体积分数)/ %	细土颗粒组成 (粒径：mm)/(g/kg)			质地
			砂粒 2～0.05	粉粒 0.05～0.002	黏粒 <0.002	
Oo	0～15	10	371	420	208	壤土
AB	15～38	10	221	512	266	粉壤土
Br1	38～60	35	272	460	269	壤土
Br2	60～82	40	388	379	232	壤土

喀贡玛系代表性单个土体化学性质

层次 /cm	pH	有机碳 /(g/kg)	全氮(N) /(g/kg)	全磷(P) /(g/kg)	全钾(K) /(g/kg)	CEC / [cmol(+)/kg]	碳酸钙 /(g/kg)
0～15	6.3	117.6	6.64	2.08	17.1	44.4	2.0
15～38	6.4	101.4	5.54	1.67	21.0	37.1	1.2
38～60	6.6	29.9	2.07	0.59	22.9	17.5	1.5
60～82	7.1	35.3	2.70	2.01	24.3	25.9	1.4

10.1.2 哈尔松系（Ha'ersong Series）

土　族：粗骨壤质混合型石灰性-普通永冻寒冻雏形土

拟定者：李德成，赵玉国

分布与环境条件　分布于玉树州曲麻莱县叶格乡不冻泉—清水河沿线一带，高山洪积扇，海拔介于 4400～4800 m，母质为洪积物，草地，高原高寒气候，年均日照时数介于 2536～2750 h，年均气温约–3.3℃，年均降水量约 396 mm，无霜期低于 30 d。

哈尔松系典型景观

土系特征与变幅　诊断层包括草毡表层和钙积层；诊断特性包括寒性土壤温度状况、半干润土壤水分状况、冻融特征、永冻层次和石灰性。地表可见石环和冻融丘，粗碎块面积为 20%～30%，土体厚度 1 m 以上，草毡表层厚度介于 15～30 cm，有机碳含量介于 20～35 g/kg，C/N 介于 14～16，之下为钙积层，可见假菌丝体和鳞片状结构，砾石含量介于 0～60%，永冻层出现上界在 1 m 左右。土体碳酸钙含量介于 100～150 g/kg，强石灰反应，pH 介于 8.3～8.9，通体为壤土，粉粒含量介于 310～440 g/kg，砂粒含量介于 310～480 g/kg。

对比土系　喀贡玛系，同一亚类不同土族，为非酸性。

利用性能综述　草地，地形较平缓，土体厚，砾石多，草被盖度偏低，养分含量高，但海拔高，温度低，不宜农用，应封境。

发生学亚类　薄草毡土。

代表性单个土体　位于玉树州曲麻莱县叶格乡哈尔松村西北，34.68184°N，95.18719°E，海拔 4655 m，高山洪积扇，母质为洪积物，草地，覆盖度约 40%，50 cm 深度土温 0.2℃，野外调查采样日期为 2011 年 7 月 23 日，编号 110723022。

哈尔松系代表性单个土体剖面

Oo：　0～15 cm，浊橙色（7.5YR 6/4，润），灰棕色（7.5YR 4/2，润），壤土，发育中等的粒状结构，松散，多量草被根系，强石灰反应，向下层波状渐变过渡。

AB：　15～30 cm，浊橙色（7.5YR 6/4，润），灰棕色（7.5YR 4/2，润），壤土，发育中等的粒状-小块状结构，稍坚硬，少量草被根系，强石灰反应，向下层波状清晰过渡。

Bk1：30～55 cm，浊棕色（7.5YR 6/3，干），灰棕色（7.5YR 5/2，润），30%岩石碎屑，壤土，发育弱的鳞片状-中块状结构，坚硬，少量假菌丝体，强石灰反应，向下层波状渐变过渡。

Bk2：55～100 cm，浊棕色（7.5YR 6/3，干），灰棕色（7.5YR 5/2，润），30%岩石碎屑，壤土，发育弱的鳞片状-中块状结构，坚硬，少量假菌丝体，强石灰反应，向下层不规则清晰过渡。

Cf：　100～200 cm，50%棕灰色（7.5YR 4/1，干）、黑棕色（7.5YR 3/1，润），50%浊棕色（7.5YR 5/3，干）、灰棕色（7.5YR 4/2，润），60%岩石碎屑，壤土，发育弱的鳞片状-中块状结构，坚硬。

哈尔松系代表性单个土体物理性质

土层	深度 /cm	砾石 (>2 mm,体积分数)/ %	细土颗粒组成 (粒径：mm)/(g/kg)			质地
			砂粒 2～0.05	粉粒 0.05～0.002	黏粒 <0.002	
Oo	0～15	0	467	350	183	壤土
AB	15～30	0	465	352	183	壤土
Bk1	30～55	30	456	337	207	壤土
Bk2	55～100	30	475	319	206	壤土
Cf	100～200	60	311	431	258	壤土

哈尔松系代表性单个土体化学性质

层次 /cm	pH	有机碳 /(g/kg)	全氮(N) /(g/kg)	全磷(P) /(g/kg)	全钾(K) /(g/kg)	CEC / [cmol(+)/kg]	碳酸钙 /(g/kg)
0～15	8.3	30.2	2.00	1.22	17.9	11.6	109.0
15～30	8.5	20.4	1.41	1.14	16.8	9.3	135.9
30～55	8.8	9.7	0.86	1.22	18.2	6.5	126.9
55～100	8.9	5.3	0.54	1.30	19.7	4.9	141.3
100～200	8.9	4.9	0.41	1.19	24.3	4.1	126.9

10.1.3 拉智系（Lazhi Series）

土　族：砂质硅质混合型石灰性-普通永冻寒冻雏形土
拟定者：李德成，宋效东

分布与环境条件　分布于格尔木市唐古拉山镇一带，冲积平原，海拔介于 4500～4900 m，母质为冲积物，草地，高原高寒气候，年均日照时数介于 2468～2908 h，年均气温约–3.2℃，年均降水量约 273 mm，无霜期低于 30 d。

拉智系典型景观

土系特征与变幅　诊断层包括淡薄表层和雏形层；诊断特性包括寒性土壤温度状况、潮湿土壤水分状况、冻融特征、永冻层次、氧化还原特征和石灰性。地表可见冻融丘，土体厚度 1 m 以上，淡薄表层厚度介于 10～30 cm，之下为雏形层，可见铁锰斑纹。通体有石灰反应，碳酸钙含量介于 120～150 g/kg，pH 介于 8.8～9.0，层次质地构型为砂质壤土-壤土-砂质壤土，砂粒含量为 490～740 g/kg，粉粒含量介于 170～390 g/kg。

对比土系　安折龙系，同一土族，层次质地构型为砂质壤土-壤质砂土-砂质壤土-粉壤土。

利用性能综述　草地，地势较平缓，土体较厚，少量砾石，草被盖度高，养分含量高，应防止过度放牧。

发生学亚类　寒钙土。

代表性单个土体　位于格尔木市唐古拉山镇拉智村西，34.09895°N，92.33852°E，海拔 4781 m，冲积平原，母质为冲积物，草地，覆盖度>80%，50 cm 深度土温 0.1℃，野外调查采样日期为 2015 年 7 月 14 日，编号 63-003。

Ah1：0～15 cm，浊橙色（7.5YR 6/4，干），浊黄棕色（10YR 5/3，润），砂质壤土，发育中等的粒状-小块状结构，松散-稍坚硬，多量草被根系，强石灰反应，向下层波状渐变过渡。

Ah2：15～30 cm，浊橙色（7.5YR 6/4，干），浊黄棕色（10YR 5/3，润），壤土，发育中等的粒状-中块状结构，松散-坚硬，中量草被根系，强石灰反应，向下层波状渐变过渡。

Br1：30～60 cm，浊橙色（7.5YR 6/4，干），浊黄棕色（10YR 5/3，润），砂质壤土，发育弱的中块状结构，坚硬，少量铁锰斑纹，强石灰反应，向下层不规则清晰过渡。

Br2：60～100 cm，浊橙色（7.5YR 6/4，干），浊黄棕色（10YR 5/3，润），20%岩石碎屑，砂质壤土，发育弱的小块状结构，稍坚硬，中量铁锰斑纹，强石灰反应。

拉智系代表性单个土体剖面

拉智系代表性单个土体物理性质

土层	深度 /cm	砾石 (>2 mm,体积分数)/ %	细土颗粒组成 (粒径：mm)/(g/kg)			质地
			砂粒 2～0.05	粉粒 0.05～0.002	黏粒 <0.002	
Ah1	0～15	0	529	352	119	砂质壤土
Ah2	15～30	0	496	381	123	壤土
Br1	30～60	0	573	283	144	砂质壤土
Br2	60～100	20	732	177	91	砂质壤土

拉智系代表性单个土体化学性质

层次 /cm	pH	有机碳 /(g/kg)	全氮(N) /(g/kg)	全磷(P) /(g/kg)	全钾(K) /(g/kg)	CEC / [cmol(+)/kg]	碳酸钙 /(g/kg)
0～15	8.8	11.8	1.05	0.93	14.4	7.6	145.4
15～30	8.8	12.1	1.65	1.10	13.2	7.9	145.4
30～60	8.9	9.2	1.16	0.76	14.9	7.7	142.1
60～100	9.0	3.0	0.18	0.94	14.0	17.2	127.7

10.1.4 安折龙系（Anzhelong Series）

土　族：砂质硅质混合型石灰性-普通永冻寒冻雏形土
拟定者：李德成，杨　飞

分布与环境条件　分布于玉
树州治多县多彩乡一带，湖
沼平原，海拔介于 4300～
4700 m，母质为砂质湖积物，
草地，高原大陆性气候，年
均 日 照 时 数 约 2468 ～
2908 h，年均气温约–3.4℃，
年均降水量约 394 mm，无霜
期低于 30 d。

安折龙系典型景观

土系特征与变幅　诊断层包括淡薄表层和雏形层；诊断特性包括寒性土壤温度状况、潮
湿土壤水分状况、冻融特征、氧化还原特征和石灰性。地表可见冻融丘，土体厚度 1 m
以上，淡薄表层厚度介于 15～30 cm，之下为雏形层，可见铁锰斑纹。通体有石灰反应，
碳酸钙含量介于 70～120 g/kg，pH 介于 8.3～8.7，层次质地构型为砂质壤土-壤质砂土-
砂质壤土-粉壤土，砂粒含量介于 350～790 g/kg。

对比土系　拉智系，同一土族，层次质地构型为砂质壤土-壤土-砂质壤土。

利用性能综述　草地，地势较平缓，土体厚，植被盖度较高，已出现退化现象，但养分
含量低，应防止过度放牧。

发生学亚类　低位泥炭土。

代表性单个土体　位于玉树州治多县多彩乡安折龙村南，34.04283°N，95.22071°E，海
拔 4590 m，湖沼平原，母质为砂质湖积物，草地，覆盖度约 70%，50 cm 深度土温 0.1℃，
野外调查采样日期为 2015 年 7 月 23 日，编号 63-167。

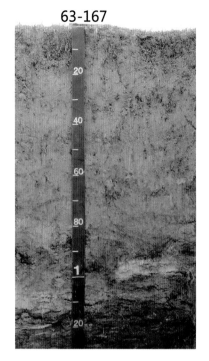

63-167

安折龙系代表性单个土体剖面

Ah1：　0~10 cm，浊棕色（7.5YR 6/3，干），棕灰色（7.5YR 4/1，润），砂质壤土，发育中等的粒状-小块状结构，松散-稍坚硬，多量草被根系，强石灰反应，向下层波状渐变过渡。

Ah2：　10~21 cm，浊棕色（7.5YR 6/3，干），棕灰色（7.5YR 4/1，润），壤质砂土，发育中等的粒状-小块状结构，松散-稍坚硬，中量草被根系，强石灰反应，向下层波状渐变过渡。

Br1：　21~60 cm，浊棕色（7.5YR 6/3，干），棕灰色（7.5YR 4/1，润），砂质壤土，发育弱的小块状结构，坚硬，中量草被根系，少量铁锰斑纹，强石灰反应，向下层波状清晰过渡。

Br2：　60~95 cm，灰棕色（7.5YR 6/2，干），棕灰色（7.5YR 4/1，润），砂质壤土，发育弱的小块状结构，坚硬，中量铁锰斑纹，强石灰反应，向下层平滑清晰过渡。

Cr：　95~125 cm，棕灰色（7.5YR 5/1，干），黑棕色（7.5YR 3/1，润），粉壤土，单粒，无结构，中量铁锰斑纹，强石灰反应。

安折龙系代表性单个土体物理性质

土层	深度/cm	砾石(>2 mm,体积分数)/%	细土颗粒组成（粒径：mm)/(g/kg) 砂粒 2~0.05	细土颗粒组成 粉粒 0.05~0.002	细土颗粒组成 黏粒 <0.002	质地	容重/(g/cm³)
Ah1	0~10	0	742	190	68	砂质壤土	—
Ah2	10~21	0	785	156	59	壤质砂土	—
Br1	21~60	0	729	212	59	砂质壤土	—
Br2	60~95	0	521	381	98	砂质壤土	1.31
Cr	95~125	0	351	522	127	粉壤土	1.25

安折龙系代表性单个土体化学性质

层次/cm	pH	有机碳/(g/kg)	全氮(N)/(g/kg)	全磷(P)/(g/kg)	全钾(K)/(g/kg)	CEC/[cmol(+)/kg]	碳酸钙/(g/kg)
0~10	8.6	16.5	1.41	0.78	10.1	5.6	76.5
10~21	8.7	9.9	0.85	0.77	9.6	4.5	85.4
21~60	8.6	15.3	1.29	0.83	10.8	6.4	81.8
60~95	8.3	24.4	2.00	1.02	12.9	14.2	116.1
95~125	8.5	27.3	2.07	1.30	14.5	32.0	92.1

10.1.5 康也巴玛系（Kangyebama Series）

土　　族：黏质混合型非酸性–普通永冻寒冻雏形土
拟定者：李德成，赵玉国

分布与环境条件　分布于玉树州曲麻莱县叶格乡不冻泉—清水河沿线一带，冲积平原，海拔介于 4200～4600 m，母质为冲积物，草地，高原高寒气候，年均日照时数介于 2536～2750 h，年均气温约–3.3℃，年均降水量约 213 mm，无霜期低于30 d。

康也巴玛系典型景观

土系特征与变幅　诊断层包括淡薄表层和雏形层；诊断特性包括寒性土壤温度状况、潮湿土壤水分状况、冻融特征、永冻层次和氧化还原特征。地表可见石环和冻融丘，粗碎块面积为 10%～20%，土体厚度 1 m 以上，淡薄表层厚度介于 15～20 cm，有机碳含量介于 10～15 g/kg，之下为雏形层，可见多量的铁锰斑纹，永冻层出现上界在 1.0 m 左右。土体碳酸钙含量介于 2～60 g/kg，pH 介于 7.0～8.2，层次质地构型为砂质壤土–粉质黏壤土–砂质壤土，粉粒含量介于 220～540 g/kg，砂粒含量介于 70～640 g/kg。

对比土系　本亚类中其他土系，不同土族，颗粒大小级别分别为粗骨壤质、砂质、壤质盖粗骨质和壤质。

利用性能综述　草地，地形平缓，土体厚，草被盖度偏低，养分含量高，但海拔高，温度低，不宜农用，应封境。

发生学亚类　淡寒钙土。

代表性单个土体　位于玉树州曲麻莱县叶格乡康也巴玛山北，35.17905°N，93.95214°E，海拔 4465 m，冲积平原，母质为冲积物，草地，覆盖度约 40%，50 cm 深度土温 0.2℃，野外调查采样日期为 2011 年 7 月 11 日，编号 20110711001。

Ah：　0～18 cm，浊橙色（7.5YR 6/4，润），灰棕色（7.5YR 4/2，润），5%岩石碎屑，砂质壤土，发育中等的粒状结构，松散，多量草被根系，中度石灰反应，向下层波状渐变过渡。

Br1：　18～70 cm，棕灰色（7.5YR 6/1，干），棕灰色（7.5YR 5/1，润），粉质黏壤土，发育弱的粒状-小块状结构，稍坚硬，中量草被根系，中量铁锰斑纹，向下层波状渐变过渡。

Br2：　70～110 cm，棕灰色（7.5YR 6/1，干），棕灰色（7.5YR 5/1，润），粉质黏壤土，发育弱的中块状结构，坚硬，多量铁锰斑纹，向下层波状清晰过渡。

Cfr：　110～200 cm，棕灰色（7.5YR 6/1，干），棕灰色（7.5YR 5/1，润），5%岩石碎屑，砂质壤土，单粒，无结构，少量铁锰斑纹，中度石灰反应。

康也巴玛系代表性单个土体剖面

康也巴玛系代表性单个土体物理性质

土层	深度 /cm	砾石 (>2 mm,体积分数)/ %	细土颗粒组成 (粒径: mm)/(g/kg)			质地	容重 /(g/cm³)
			砂粒 2～0.05	粉粒 0.05～0.002	黏粒 <0.002		
Ah	0～18	5	631	224	146	砂质壤土	—
Br1	18～70	0	160	514	326	粉质黏壤土	—
Br2	70～110	0	71	536	393	粉质黏壤土	1.44
Cfr	110～200	5	631	224	146	砂质壤土	1.43

康也巴玛系代表性单个土体化学性质

层次 /cm	pH	有机碳 /(g/kg)	全氮(N) /(g/kg)	全磷(P) /(g/kg)	全钾(K) /(g/kg)	CEC / [cmol(+)/kg]	碳酸钙 /(g/kg)
0～18	8.2	14.8	1.29	0.90	16.7	5.4	57.8
18～70	7.0	3.8	0.88	2.67	30.8	15.7	7.4
70～110	7.2	2.1	0.82	3.94	28.7	16.0	2.6
110～200	8.0	14.8	1.29	0.90	16.7	5.4	42.6

10.1.6 美其桑涨系（Meiqisangzhang Series）

土 族：壤质盖粗骨质混合型石灰性-普通永冻寒冻雏形土

拟定者：李德成，赵玉国

分布与环境条件 分布于玉树州曲麻莱县秋智乡不冻泉—清水河沿线一带，海拔介于4300～4700 m，高山垭口坡积裙地段，母质为砂岩风化坡积物，草地，高原高寒气候，年均日照时数介于2536～2750 h，年均气温约–3.3 ℃，年均降水量约438 mm，无霜期低于30 d。

美其桑涨系典型景观

土系特征与变幅 诊断层包括淡薄表层、雏形层和钙积层；诊断特性包括寒性土壤温度状况、半干润土壤水分状况、冻融特征、永冻层次、氧化还原特征和石灰性。地表可见石环和冻融丘，粗碎块面积为10%～20%，土体厚度1 m以上，淡薄表层厚度介于15～20 cm，有机碳含量介于10～15 g/kg，之下的雏形层厚约30 cm，钙积层出现上界约为40 cm，厚1 m以上，85%岩石碎屑，可见假菌丝体和铁锰斑纹，永冻层出现上界在1.9 m左右。通体有石灰反应，碳酸钙含量介于50～110 g/kg，pH介于7.8～8.8，层次质地构型为壤土-粉壤土，粉粒含量介于340～570 g/kg，砂粒含量介于200～460 g/kg。

对比土系 布卜日叉系，同一亚类不同土族，为非酸性。本亚类中其他土系，不同土族，颗粒大小级别分别为粗骨壤质、砂质、黏质和壤质。

利用性能综述 草地，地形略起伏，土体较薄，草被盖度较高，退化明显，砾石较多，养分含量高，但海拔高，温度低，不宜农用，应封境。

发生学亚类 薄草毡土。

代表性单个土体 位于玉树州曲麻莱县秋智乡美其桑涨东，34.36623°N，95.70051°E，海拔4594 m，高山垭口坡积裙，母质为砂岩风化坡积物，草地，覆盖度约60%，50 cm深度土温0.2℃，野外调查采样日期为2011年7月26日，编号110726030。

Ah:　　0～10 cm，浊橙色（7.5YR 6/4，润），灰棕色（7.5YR 4/2，润），壤土，发育中等的粒状结构，松散，多量草被根系，中度石灰反应，向下层平滑清晰过渡。

Bw:　　10～40 cm，浊橙色（7.5YR 6/4，润），灰棕色（7.5YR 4/2，润），5%岩石碎屑，壤土，发育中等的小块状结构，稍坚硬，中量草被根系，强石灰反应，向下层不规则清晰过渡。

Bkr1:　40～85 cm，棕灰色（7.5YR 6/1，干），棕灰色（7.5YR 5/1，润），85%岩石碎屑，壤土，发育弱的中块状结构，坚硬，中量铁锰斑纹，少量假菌丝体，中度石灰反应，向下层波状渐变过渡。

Bkr2:　85～190 cm，棕灰色（7.5YR 4/1，干），黑棕色（7.5YR 3/1，润），85%岩石碎屑，粉壤土，发育弱的中块状结构，坚硬，中量铁锰斑纹，少量假菌丝体，强石灰反应，向下层波状清晰过渡。

Cf:　　190～200 cm，棕灰色（7.5YR 4/1，干），黑棕色（7.5YR 3/1，润），粉壤土，单粒，无结构，少量铁锰斑纹，中度石灰反应。

美其桑涨系代表性单个土体剖面

美其桑涨系代表性单个土体物理性质

土层	深度 /cm	砾石 (>2 mm,体积分数)/ %	细土颗粒组成 (粒径：mm)/(g/kg)			质地
			砂粒 2～0.05	粉粒 0.05～0.002	黏粒 <0.002	
Ah	0～10	0	457	356	187	壤土
Bw	10～40	5	458	346	196	壤土
Bkr1	40～85	85	322	440	237	壤土
Bkr2	85～190	85	208	563	229	粉壤土

美其桑涨系代表性单个土体化学性质

层次 /cm	pH	有机碳 /(g/kg)	全氮(N) /(g/kg)	全磷(P) /(g/kg)	全钾(K) /(g/kg)	CEC / [cmol(+)/kg]	碳酸钙 /(g/kg)
0～10	7.8	61.3	3.97	1.81	19.0	18.3	50.0
10～40	8.5	12.6	1.28	1.50	20.4	8.2	83.9
40～85	8.7	4.6	0.86	1.04	33.1	3.9	62.2
85～190	8.8	6.6	1.01	2.33	37.1	3.2	105.2

10.1.7 俄好贡玛系（Ehaogongma Series）

土　族：壤质混合型石灰性-普通永冻寒冻雏形土
拟定者：李德成，赵玉国

分布与环境条件　分布于玉
树州曲麻莱县叶格乡不冻
泉—清水河沿线一带，高山
垭口坡麓，海拔介于 4400～
4800 m，母质为坡积物，草
地，高原高寒气候，年均日
照时数介于 2536～2750 h，
年均气温约 –3.3℃，年均降
水量约 442 mm，无霜期低于
30 d。

俄好贡玛系典型景观

土系特征与变幅　诊断层包括淡薄表层、钙积层和雏形层；诊断特性包括寒性土壤温度
状况、半干润土壤水分状况、冻融特征、永冻层次、氧化还原特征和石灰性。地表可见
石环和冻融丘，土体厚度 1 m 以上，淡薄表层厚度介于 5～15 cm，有机碳含量介于 70～
90 g/kg，之下为钙积层，厚度约 70～80 cm，可见假菌丝体，永冻层出现上界在 1.5 m 左
右。土体碳酸钙含量介于 10～120 g/kg，有石灰反应，pH 介于 7.7～8.6，通体为壤土，
粉粒含量介于 410～470 g/kg，砂粒含量介于 280～380 g/kg。

对比土系　布卜日叉系和布考系，同一亚类不同土族，为非酸性。本亚类中其他土系，
不同土族，颗粒大小级别分别为粗骨壤质、砂质、黏质和壤质盖粗骨质。

利用性能综述　草地，地形略起伏，土体厚，草被盖度较高，已出现退化现象，砾石较
多，养分含量高，但海拔高，温度低，不宜农用，应封境。

发生学亚类　寒冻土。

代表性单个土体　位于玉树州曲麻莱县叶格乡俄好贡玛山东南，34.45861°N，
95.60437°E，海拔 4613 m，高山垭口坡麓中下部，母质为坡积物，草地，覆盖度约 75%，
50 cm 深度土温 0.2℃，野外调查采样日期为 2011 年 7 月 26 日，编号 110726032。

Ah:　0～8 cm，浊橙色（7.5YR 6/4，润），灰棕色（7.5YR 4/2，润），壤土，发育中等的粒状结构，松散，多量草被根系，轻度石灰反应，向下层平滑渐变过渡。

Bk1：8～45 cm，50%浊橙色（7.5YR 6/4，润）、灰棕色（7.5YR 4/2，润），50%棕灰色（7.5YR 4/1，干）、黑棕色（7.5YR 3/1，润），5%岩石碎屑，壤土，发育弱的小块状结构，松软，中量草被根系，多量假菌丝体，强石灰反应，向下层平滑清晰过渡。

Bk2：45～80 cm，15%浊橙色（7.5YR 6/4，润）、灰棕色（7.5YR 4/2，润），85%棕灰色（7.5YR 4/1，干）、黑棕色（7.5YR 3/1，润），20%岩石碎屑，壤土，发育弱的小块状结构，松软，中量草被根系，多量假菌丝体，强石灰反应，向下层平滑清晰过渡。

Bw：　80～150 cm，浊橙色（7.5YR 6/4，润），灰棕色（7.5YR 4/2，润），10%岩石碎屑，壤土，发育弱的小块状结构，松软，向下层平滑清晰过渡。

Cfr：150～200 cm，棕灰色（7.5YR 4/1，干），黑棕色（7.5YR 3/1，润），壤土，无结构，少量铁锰斑纹，强石灰反应。

俄好贡玛系代表性单个土体剖面

俄好贡玛系代表性单个土体物理性质

土层	深度 /cm	砾石 (>2 mm,体积分数)/ %	细土颗粒组成 (粒径：mm)/(g/kg)			质地
			砂粒 2～0.05	粉粒 0.05～0.002	黏粒 <0.002	
Ah	0～8	0	378	416	206	壤土
Bk1	8～45	5	302	460	238	壤土
Bk2	45～80	20	288	470	243	壤土
Bw	80～150	10	324	438	238	壤土

俄好贡玛系代表性单个土体化学性质

层次 /cm	pH	有机碳 /(g/kg)	全氮(N) /(g/kg)	全磷(P) /(g/kg)	全钾(K) /(g/kg)	CEC / [cmol(+)/kg]	碳酸钙 /(g/kg)
0～8	7.7	84.1	7.93	1.55	18.1	29.6	19.2
8～45	8.4	18.4	1.75	1.36	20.7	11.8	94.8
45～80	8.5	9.7	1.06	1.41	21.3	8.3	119.3
80～150	8.6	9.1	1.02	1.31	20.4	8.8	78.6

10.1.8 布卜日叉系（**Buburicha Series**）

土　族：壤质混合型非酸性-普通永冻寒冻雏形土

拟定者：李德成，赵玉国

分布与环境条件　分布于玉树州曲麻莱县约改镇不冻泉—清水河沿线一带，高山洪积-冲积扇，海拔介于4500～4900 m，母质为冲积-洪积物，草地，高原高寒气候，年均日照时数介于2536～2750 h，年均气温约–3.3 ℃，年均降水量约436 mm，无霜期低于30 d。

布卜日叉系典型景观

土系特征与变幅　诊断层包括淡薄表层和雏形层；诊断特性包括寒性土壤温度状况、半干润土壤水分状况、冻融特征、永冻层次和氧化还原特征。地表可见石环和冻融丘，粗碎块面积为10%～20%，土体厚度1 m以上，淡薄表层厚度介于40～60 cm，有机碳含量介于35～90 g/kg，之下为雏形层，可见少量的铁锰斑纹，永冻层出现上界在90 cm左右。土体碳酸钙含量<5 g/kg，pH介于7.0～7.2，通体为壤土，粉粒含量介于330～450 g/kg，砂粒含量介于320～470 g/kg。

对比土系　布考系，同一土族，土体中基本没有岩石碎屑。

利用性能综述　草地，地形略起伏，土体厚，草被盖度较高，已出现退化现象，养分含量高，但海拔高，温度低，不宜农用，应封境。

发生学亚类　薄草毡土。

代表性单个土体　位于玉树州曲麻莱县约改镇布卜日叉阿动山东南，34.15940°N，95.97190°E，海拔4733 m，高山洪积-冲积扇，母质为冲积-洪积物，草地，覆盖度约80%，50 cm深度土温0.2℃，野外调查采样日期为2011年7月26日，编号110731037。

布卜日叉系代表性单个土体剖面

Ah1：0～30 cm，浊橙色（7.5YR 6/4，润），灰棕色（7.5YR 4/2，润），2%岩石碎屑，壤土，发育中等的粒状结构，松散，多量草被根系，向下层波状渐变过渡。

Ah2：30～52 cm，浊橙色（7.5YR 6/4，润），灰棕色（7.5YR 4/2，润），5%岩石碎屑，壤土，发育中等的粒状-小块状结构，稍坚硬，多量草被根系，少量铁锰斑纹，向下层平滑清晰过渡。

Bw：52～75 cm，橙色（7.5YR 6/6，干），浊棕色（7.5YR 5/4，润），10%岩石碎屑，壤土，发育弱的中块状结构，坚硬，向下层波状渐变过渡。

Br：75～90 cm，橙色（7.5YR 6/6，干），浊棕色（7.5YR 5/4，润），30%岩石碎屑，壤土，发育弱的中块状结构，坚硬，少量铁锰斑纹，向下层平滑清晰过渡。

Cfr：90～200 cm，橙色（7.5YR 7/6，干），浊棕色（7.5YR 5/4，润），壤土，无结构，少量铁锰斑纹。

布卜日叉系代表性单个土体物理性质

土层	深度/cm	砾石(>2 mm,体积分数)/%	细土颗粒组成 (粒径: mm)/(g/kg)			质地
			砂粒 2～0.05	粉粒 0.05～0.002	黏粒 <0.002	
Ah1	0～30	2	327	443	230	壤土
Ah2	30～52	5	420	372	208	壤土
Bw	52～75	10	440	360	200	壤土
Br	75～90	30	469	334	197	壤土

布卜日叉系代表性单个土体化学性质

层次/cm	pH	有机碳/(g/kg)	全氮(N)/(g/kg)	全磷(P)/(g/kg)	全钾(K)/(g/kg)	CEC/[cmol(+)/kg]	碳酸钙/(g/kg)
0～30	7.1	89.6	5.42	1.57	19.1	19.9	4.6
30～52	7.1	47.0	3.00	1.34	20.7	16.0	0.9
52～75	7.2	37.2	2.75	1.23	20.5	12.8	0.9
75～90	7.0	23.0	1.72	1.09	21.5	12.8	0.9

10.1.9 布考系（Bukao Series）

土　　族：壤质混合型非酸性-普通永冻寒冻雏形土
拟定者：李德成，赵玉国

分布与环境条件　分布于玉树州曲麻莱县约改镇不冻泉—清水河沿线一带，高山冲洪积扇地带，海拔介于4400～4800 m，母质为冲积-洪积物，草地，高原高寒气候，年均日照时数介于2536～2750 h，年均气温约–3.3 ℃，年均降水量约437 mm，无霜期低于30 d。

布考系典型景观

土系特征与变幅　诊断层包括暗沃表层和雏形层；诊断特性包括寒性土壤温度状况、潮湿土壤水分状况、冻融特征、永冻层次和氧化还原特征。地表可见冻融丘，土体厚度1 m以上，暗沃表层厚度介于50～70 cm，有机碳含量介于80～110 g/kg，可见铁锰斑纹，之下为雏形层和永冻层次，雏形层厚约30～40 cm。土体碳酸钙含量<2 g/kg，无石灰反应，pH介于7.6～7.8，通体为壤土，粉粒含量介于360～400 g/kg，砂粒含量介于410～450 g/kg。

对比土系　布卜日叉系，同一上族，土体中有较多岩石碎屑。

利用性能综述　草地，地形略起伏，土体厚，草被盖度较高，已出现退化现象，养分含量高，但海拔高，温度低，不宜农用，应封境。

发生学亚类　泥炭沼泽土。

代表性单个土体　位于玉树州曲麻莱县约改镇布考村北，34.15381°N，95.98257°E，海拔4678 m，高山冲洪积扇地带，母质为冲积-洪积物，草地，覆盖度约80%，50 cm深度土温0.2℃，野外调查采样日期为2011年8月1日，编号110801038。

Ah1：0~8 cm，浊棕色（7.5YR 5/4，润），黑棕色（7.5YR 3/2，润），壤土，发育中等的粒状结构，松散，多量草被根系，向下层平滑清晰过渡。

Ah2：8~45 cm，浊棕色（7.5YR 5/4，润），黑棕色（7.5YR 3/2，润），壤土，发育中等的粒状-小块状结构，松软，多量草被根系，中量铁锰斑纹，向下层波状渐变过渡。

Br：45~80 cm，浊棕色（7.5YR 5/4，润），黑棕色（7.5YR 3/2，润），壤土，发育中等的小块状结构，松软，少量草被根系，中量铁锰斑纹，向下层平滑清晰过渡。

Cfr：80~200 cm，棕色（7.5YR 4/4，干），暗棕色（7.5YR 3/3，润），壤土，无结构，少量铁锰斑纹。

布考系代表性单个土体剖面

布考系代表性单个土体物理性质

土层	深度 /cm	砾石 (>2 mm,体积分数)/ %	细土颗粒组成 (粒径：mm)/(g/kg)			质地
			砂粒 2~0.05	粉粒 0.05~0.002	黏粒 <0.002	
Ah1	0~8	0	410	399	191	壤土
Ah2	8~45	0	434	372	194	壤土
Br	45~80	0	444	364	192	壤土

布考系代表性单个土体化学性质

层次 /cm	pH	有机碳 /(g/kg)	全氮(N) /(g/kg)	全磷(P) /(g/kg)	全钾(K) /(g/kg)	CEC / [cmol(+)/kg]	碳酸钙 /(g/kg)
0~8	7.7	104.0	6.25	1.25	16.0	36.4	1.7
8~45	7.8	96.1	5.46	1.59	17.6	34.3	1.3
45~80	7.6	88.2	6.12	1.85	17.4	33.3	1.3

10.2　潜育潮湿寒冻雏形土

10.2.1　塔护木角系（Tahumujiao Series）

土　族：粗骨壤质盖粗骨质混合型石灰性-潜育潮湿寒冻雏形土
拟定者：李德成，赵玉国

分布与环境条件　分布于玉树州曲麻莱县曲麻河乡不冻泉—清水河沿线一带，洪积-冲积平原河漫滩，海拔介于4100～4500 m，母质为洪积-冲积物，草地，高原高寒气候，年均日照时数介于2536～2750 h，年均气温约–3.3 ℃，年均降水量约281 mm，无霜期低于30 d。

塔护木角系典型景观

土系特征与变幅　诊断层包括淡薄表层和雏形层；诊断特性包括寒性土壤温度状况、潮湿土壤水分状况、冻融特征、氧化还原特征、潜育特征和石灰性。地表可见石环和冻融丘，粗碎块面积为2%～5%，土体厚度介于50～60 cm，淡薄表层厚度介于20～35 cm，之下为雏形层，可见铁锰斑纹，潜育特征出现上界介于50～60 cm。通体有石灰反应，碳酸钙含量介于50～100 g/kg，pH介于8.6～8.8，通体为壤土，粉粒含量介于300～400 g/kg，砂粒含量介于360～520 g/kg。

对比土系　攻扎纳焦系，同一亚类不同土族，颗粒大小级别为壤质盖粗骨质。

利用性能综述　草地，地形略起伏，土体较薄，砾石较多，草被盖度偏低，养分含量偏低，海拔高，温度低，易滞水，不宜农用，应封境。

发生学亚类　暗寒钙土。

代表性单个土体　位于玉树州曲麻莱县曲麻河乡塔护木角柯村西，35.01452°N，94.42963°E，海拔4383 m，洪积-冲积平原河漫滩，母质为洪积-冲积物，草地，覆盖度约30%，50 cm深度土温0.2℃，野外调查采样日期为2011年7月16日，编号110716013。

塔护木角系代表性单个土体剖面

Ah1：0～20 cm，浊橙色（7.5YR 7/4，润），浊棕色（7.5YR 6/3，润），5%岩石碎屑，壤土，发育中等的粒状-小块状结构，松散-稍坚硬，多量草被根系，强石灰反应，向下层平滑清晰过渡。

Ah2：20～35 cm，浊橙色（7.5YR 7/4，润），浊棕色（7.5YR 6/3，润），30%岩石碎屑，壤土，发育中等的小块状结构，坚硬，中量草被根系，强石灰反应，向下层波状渐变过渡。

Br：　35～50 cm，淡棕灰色（7.5YR 7/2，润），浊棕色（7.5YR 5/3，润），80%岩石碎屑，壤土，发育弱的小块状结构，坚硬，少量草被根系，中量铁锰斑纹，强石灰反应，向下层平滑清晰过渡。

Cg：　50～200 cm，棕灰色（7.5YR 5/1，干），棕灰色（7.5YR 4/1，润），90%岩石碎屑，壤土，单粒，无结构，有亚铁反应，强石灰反应。

塔护木角系代表性单个土体物理性质

土层	深度 /cm	砾石 (>2 mm,体积分数)/ %	细土颗粒组成 (粒径：mm)/(g/kg)			质地
			砂粒 2～0.05	粉粒 0.05～0.002	黏粒 <0.002	
Ah1	0～20	5	516	301	184	壤土
Ah2	20～35	30	369	398	233	壤土
Br	35～50	80	435	370	195	壤土

塔护木角系代表性单个土体化学性质

层次 /cm	pH	有机碳 /(g/kg)	全氮(N) /(g/kg)	全磷(P) /(g/kg)	全钾(K) /(g/kg)	CEC / [cmol(+)/kg]	碳酸钙 /(g/kg)
0～20	8.6	11.7	0.99	1.31	20.1	5.6	87.3
20～35	8.8	5.1	0.51	1.29	23.0	6.1	93.5
35～50	8.7	4.3	0.38	1.32	24.3	5.3	51.5

10.2.2　攻扎纳焦系（Gongzhanajiao Series）

土　　族：壤质盖粗骨质混合型石灰性-潜育潮湿寒冻雏形土
拟定者：李德成，赵玉国

分布与环境条件　分布于玉树州曲麻莱县曲麻河乡不冻泉—清水河沿线一带，冲积平原近河道地带，海拔介于4100～4500 m，母质为冲积物，草地，高原高寒气候，年均日照时数介于2536～2750 h，年均气温约-3.3℃，年均降水量约291 mm，无霜期低于30 d。

攻扎纳焦系典型景观

土系特征与变幅　诊断层包括淡薄表层和雏形层；诊断特性包括寒性土壤温度状况、潮湿土壤水分状况、冻融特征、氧化还原特征、潜育特征和石灰性。地表可见石环和冻融丘，粗碎块面积为10%～20%，土体厚度约1 m，淡薄表层厚度介于30～40 cm，之下为雏形层，可见铁锰斑纹，潜育特征出现上界介于90～100 cm。通体有石灰反应，碳酸钙含量介于80～120 g/kg，pH介于8.6～9.0，层次质地构型为壤土-砂质壤土，粉粒含量介于200～360 g/kg，砂粒含量介于430～690 g/kg。

对比土系　塔护木角系，同一亚类不同土族，颗粒大小级别为粗骨壤质盖粗骨质。

利用性能综述　草地，地形略起伏，土体较厚，砾石较多，草被盖度偏低，养分含量偏低，海拔高，温度低，易滞水，不宜农用，应封境。

发生学亚类　暗寒钙土。

代表性单个土体　位于玉树州曲麻莱县曲麻河乡攻扎纳焦山西北，34.98229°N，94.57661°E，海拔4381 m，冲积平原近河道地带，母质为冲积物，草地，覆盖度约40%，50 cm深度土温0.2℃，野外调查采样日期为2011年7月17日，编号110717015。

Ah1: 0~11 cm，浊橙色（7.5YR 7/4，润），浊棕色（7.5YR 6/3，润），壤土，发育中等的粒状－小块状结构，松散－稍坚硬，多量草被根系，强石灰反应，向下层平滑清晰过渡。

Ah2: 11~40 cm，浊橙色（7.5YR 7/4，润），浊棕色（7.5YR 6/3，润），5%岩石碎屑，壤土，发育中等的小块状结构，坚硬，中量草被根系，强石灰反应，向下层平滑清晰过渡。

Br: 40~90 cm，淡棕灰色（7.5YR 7/2，润），棕灰色（7.5YR 5/1，润），90%岩石碎屑，砂质壤土，发育弱的小块状结构，坚硬，少量铁锰斑纹，强石灰反应，向下层波状渐变过渡。

Cg: 90~120 cm，淡棕灰色（7.5YR 7/2，润），棕灰色（7.5YR 5/1，润），90%岩石碎屑，砂质壤土，单粒，无结构，有亚铁反应，强石灰反应。

攻扎纳焦系代表性单个土体剖面

攻扎纳焦系代表性单个土体物理性质

土层	深度 /cm	砾石 (>2 mm,体积分数)/ %	细土颗粒组成（粒径：mm)/(g/kg)			质地	容重 /(g/cm³)
			砂粒 2~0.05	粉粒 0.05~0.002	黏粒 <0.002		
Ah1	0~11	0	446	315	239	壤土	—
Ah2	11~40	5	436	356	208	壤土	—
Br	40~90	90	685	200	116	砂质壤土	1.56

攻扎纳焦系代表性单个土体化学性质

层次 /cm	pH	有机碳 /(g/kg)	全氮(N) /(g/kg)	全磷(P) /(g/kg)	全钾(K) /(g/kg)	CEC / [cmol(+)/kg]	碳酸钙 /(g/kg)
0~11	8.6	11.7	1.19	1.24	23.1	7.7	85.7
11~40	8.6	5.8	0.42	0.91	22.7	5.4	112.2
40~90	9.0	4.6	0.20	1.04	20.7	2.4	92.0

10.3　普通潮湿寒冻雏形土

10.3.1　尕巴松多系（Gabasongduo Series）

土　　族：粗骨质硅质混合型石灰性-普通潮湿寒冻雏形土
拟定者：李德成，赵　霞

分布与环境条件　分布于海南州同德县巴沟乡一带，山间冲积平原河漫滩，海拔介于 3000～3200 m，母质为洪积-冲积物，草地，高原大陆性气候，年均日照时数约 2800 h，年均气温约 1.2℃，年均降水量约 430 mm，无霜期约 64 d。

尕巴松多系典型景观

土系特征与变幅　诊断层包括淡薄表层和雏形层；诊断特性包括寒性土壤温度状况、潮湿土壤水分状况、冻融特征、氧化还原特征和石灰性。地表粗碎块面积为 2%～5%，土体厚度 30 cm 左右，淡薄表层厚度介于 10～20 cm，之下为雏形层，可见鳞片状结构和铁锰斑纹。通体有石灰反应，碳酸钙含量介于 90～110 g/kg，pH 介于 9.1～9.3，层次质地构型为壤土-砂质壤土-壤质砂土，砂粒含量介于 510～780 g/kg。

对比土系　本亚类中其他土系，不同土族，颗粒大小级别分别为砂质和壤质。赛洛系，空间相近，不同土纲，为均腐土。

利用性能综述　草地，地势较平缓，土体薄，砾石多，草被盖度较低，养分含量低，应防止过度放牧。

发生学亚类　普通栗钙土。

代表性单个土体　位于海南州同德县巴沟乡尕巴松多村西南，35.25671°N，100.53700°E，海拔 3039 m，冲积平原河漫滩，母质为洪积-冲积物，草地，覆盖度约 50%，50 cm 深度土温 4.7℃，野外调查采样日期为 2015 年 7 月 19 日，编号 63-160。

Ah: 0～10 cm，棕灰色（10YR 6/1，干），棕灰色（10YR 4/1，润），5%岩石碎屑，壤土，发育中等的粒状-小块状结构，松散-稍坚硬，多量草被根系，强石灰反应，向下层平滑清晰过渡。

Br: 10～30 cm，灰黄棕色（10YR 6/2，干），棕灰色（10YR 4/1，润），50%岩石碎屑，砂质壤土，发育弱的鳞片状-小块状结构，稍坚硬，少量草被根系，少量铁锰斑纹，强石灰反应，向下层平滑清晰过渡。

Cr: 30～85 cm，灰黄棕色（10YR 6/2，干），棕灰色（10YR 4/1，润），80%岩石碎屑，壤质砂土，单粒，无结构，少量铁锰斑纹，强石灰反应。

尕巴松多系代表性单个土体剖面

尕巴松多系代表性单个土体物理性质

| 土层 | 深度 /cm | 砾石 (>2 mm,体积分数)/ % | 细土颗粒组成 (粒径：mm)/(g/kg) | | | 质地 | 容重 /(g/cm³) |
			砂粒 2～0.05	粉粒 0.05～0.002	黏粒 <0.002		
Ah	0～10	5	516	400	84	壤土	1.34
Br	10～30	50	543	382	75	砂质壤土	—
Cr	30～85	80	779	180	41	壤质砂土	—

尕巴松多系代表性单个土体化学性质

层次 /cm	pH	有机碳 /(g/kg)	全氮(N) /(g/kg)	全磷(P) /(g/kg)	全钾(K) /(g/kg)	CEC / [cmol(+)/kg]	碳酸钙 /(g/kg)
0～10	9.1	11.2	1.16	1.35	15.2	4.8	96.7
10～30	9.3	4.8	0.56	1.29	14.2	3.2	102.3
30～85	9.2	5.2	0.57	1.31	14.9	2.8	92.4

10.3.2 大东沟系（**Dadonggou Series**）

土　族：砂质硅质混合型石灰性-普通潮湿寒冻雏形土
拟定者：李德成，张甘霖，赵玉国

分布与环境条件　分布于海北州祁连县央隆乡一带，洪积-冲积平原，海拔介于 3200～3600 m，母质为砂质洪积-冲积物，草地，高山寒冷湿润气候，年均日照时数约 3900 h，年均气温约 −0.1 ℃，年均降水量约 312 mm，无霜期约 30 d。

大东沟系典型景观

土系特征与变幅　诊断层包括淡薄表层和雏形层；诊断特性包括寒性土壤温度状况、潮湿土壤水分状况、冻融特征、氧化还原特征和石灰性。地表可见冻融丘，粗碎块面积为 2%～5%，土体厚度 1 m 以上，淡薄表层厚度为 15～30 cm，之下为雏形层，可见鳞片状结构和铁锰斑纹。通体有石灰反应，碳酸钙含量介于 60～110 g/kg，pH 介于 7.8～8.2，层次质地构型为砂质壤土-砂质黏壤土，砂粒含量介于 610～800 g/kg。

对比土系　本亚类中其他土系，不同土族，颗粒大小级别分别为粗骨质和壤质。段家土曲系，空间相近，但靠近河边，不同土纲，为潜育土。

利用性能综述　草地，地势平缓，土体厚，草被盖度较高，已出现退化现象，养分含量偏低，应防止过度放牧。

发生学亚类　冷钙土。

代表性单个土体　位于海北州祁连县央隆乡大东沟山西，大龙孔村东南，野马泉东，38.82773°N，98.46634°E，海拔 3482 m，洪积-冲积平原，母质为砂质洪积-冲积物，草地，覆盖度约 60%，50 cm 深度土温 3.6℃，野外调查采样日期为 2012 年 8 月 5 日，编号 YG-009。

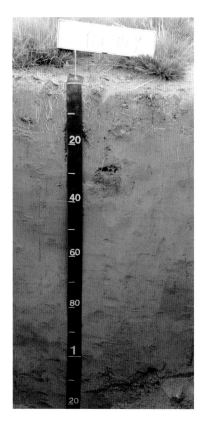

Ah：　0～14 cm，浊黄棕色（10YR 5/3，干），灰黄棕色（10YR 4/2，润），砂质壤土，发育中等的粒状结构，松散，多量草被根系，强石灰反应，向下层波状渐变过渡。

AB：14～22 cm，灰黄棕色（10YR 6/2，干），灰黄棕色（10YR 4/2，润），砂质壤土，发育中等的粒状-鳞片状结构，松散-松软，中量草被根系，强石灰反应，向下层波状渐变过渡。

Br1：22～65 cm，灰黄棕色（10YR 6/2，干），灰黄棕色（10YR 4/2，润），砂质黏壤土，发育弱的鳞片状-小块状结构，松软-稍坚硬，少量草被根系，少量铁锰斑纹，强石灰反应，向下层波状渐变过渡。

Br2：65～120 cm，灰黄棕色（10YR 6/2，干），灰黄棕色（10YR 4/2，润），砂质黏壤土，发育弱的鳞片状和小块状结构，松软-稍坚硬，中量铁锰斑纹，强石灰反应。

大东沟系代表性单个土体剖面

大东沟系代表性单个土体物理性质

土层	深度 /cm	砾石 (>2 mm,体积分数)/ %	细土颗粒组成（粒径：mm)/(g/kg)			质地	容重 /(g/cm³)
			砂粒 2～0.05	粉粒 0.05～0.002	黏粒 <0.002		
Ah	0～14	0	618	248	134	砂质壤土	1.22
AB	14～22	0	763	136	101	砂质壤土	1.33
Br1	22～65	0	799	95	106	砂质黏壤土	1.47
Br2	65～120	0	784	109	107	砂质黏壤土	1.61

大东沟系代表性单个土体化学性质

层次 /cm	pH	有机碳 /(g/kg)	全氮(N) /(g/kg)	全磷(P) /(g/kg)	全钾(K) /(g/kg)	CEC / [cmol(+)/kg]	碳酸钙 /(g/kg)
0～14	7.8	12.1	1.27	1.30	23.3	5.9	65.6
14～22	8.2	3.1	0.39	1.20	22.2	2.5	103.5
22～65	8.2	1.4	0.18	1.20	22.4	1.9	74.2
65～120	8.2	1.0	0.10	1.00	22.8	1.9	72.5

10.3.3　扎拉依尕系（Zhalayiga Series）

土　　族：壤质混合型石灰性-普通潮湿寒冻雏形土
拟定者：李德成，赵玉国

分布与环境条件　分布于玉
树州曲麻莱县曲麻河乡不冻
泉—清水河沿线一带，山间
谷地，海拔介于 4200～
4600 m，母质为沟谷堆积物，
草地，高原高寒气候，年均
日照时数介于 2536～
2750 h，年均气温约-3.3℃，
年均降水量约 315 mm，无霜
期低于 30 d。

扎拉依尕系典型景观

土系特征与变幅　诊断层包括淡薄表层和雏形层；诊断特性包括寒性土壤温度状况、潮
湿土壤水分状况、冻融特征、氧化还原特征和石灰性。地表可见冻胀丘，土体厚度 1 m
以上，淡薄表层厚度介于 20～30 cm，之下为雏形层，可见铁锰斑纹。通体有石灰反应，
碳酸钙含量介于 20～80 g/kg，pH 介于 7.7～8.7，层次质地构型为砂质壤土-壤土-砂质壤
土-壤土，粉粒含量介于 230～370 g/kg，砂粒含量介于 440～640 g/kg。

对比土系　本亚类中的尕巴松多系和大东沟系，不同土族，颗粒大小级别分别为粗骨质
和砂质。若学尔系，同一亚类不同土族，为非酸性。

利用性能综述　草地，地形较平缓，土体较薄，砾石较多，草被盖度偏低，养分含量偏
低，海拔高，温度低，易滞水，不宜农用，应封境。

发生学亚类　暗寒钙土。

代表性单个土体　位于玉树州曲麻莱县曲麻河乡扎拉依尕玛山东北，34.90331°N，
94.79040°E，海拔 4475 m，山间谷地，母质为沟谷堆积物，草地，覆盖度>80%，50 cm
深度土温 0.2℃，野外调查采样日期为 2011 年 7 月 18 日，编号 110718017。

Ah1： 0～11 cm，浊橙色（7.5YR 6/4，润），浊棕色（7.5YR 5/3，润），砂质壤土，发育中等的粒状-小块状结构，松散-稍坚硬，多量草被根系，轻度石灰反应，向下层平滑渐变过渡。

Ah2： 11～28 cm，浊橙色（7.5YR 6/4，润），浊棕色（7.5YR 5/3，润），10%岩石碎屑，壤土，发育中等的小块状结构，稍坚硬，多量草被根系，中度石灰反应，向下层波状渐变过渡。

Br1： 28～55 cm，浊橙色（7.5YR 7/4，润），亮棕色（7.5YR 5/6，润），5%岩石碎屑，砂质壤土，发育弱的小块状结构，稍坚硬，中量草被根系，少量铁锰斑纹，中度石灰反应，向下层波状渐变过渡。

Br2： 55～75 cm，浊橙色（7.5YR 7/4，润），亮棕色（7.5YR 5/6，润），5%岩石碎屑，壤土，发育弱的小块状结构，稍坚硬，少量草被根系，少量铁锰斑纹，中度石灰反应，向下层平滑清晰过渡。

扎拉依尕系代表性单个土体剖面

Br3： 75～90 cm，灰棕色（7.5YR 5/2，干），棕色（7.5YR 4/3，润），10%岩石碎屑，壤土，发育弱的小块状结构，稍坚硬，少量铁锰斑纹，中度石灰反应。

扎拉依尕系代表性单个土体物理性质

土层	深度 /cm	砾石 (>2 mm,体积分数)/ %	细土颗粒组成 (粒径：mm)/(g/kg)			质地	容重 /(g/cm³)
			砂粒 2～0.05	粉粒 0.05～0.002	黏粒 <0.002		
Ah1	0～11	0	637	236	127	砂质壤土	—
Ah2	11～28	10	442	366	192	壤土	—
Br1	28～55	5	567	264	168	砂质壤土	—
Br2	55～75	5	493	332	175	壤土	—
Br3	75～90	10	478	341	181	壤土	1.51

扎拉依尕系代表性单个土体化学性质

层次 /cm	pH	有机碳 /(g/kg)	全氮(N) /(g/kg)	全磷(P) /(g/kg)	全钾(K) /(g/kg)	CEC / [cmol(+)/kg]	碳酸钙 /(g/kg)
0～11	7.7	97.0	6.82	1.71	16.1	33.1	13.7
11～28	8.4	20.4	1.55	1.22	22.9	9.6	46.3
28～55	8.4	30.4	2.23	1.37	18.8	14.5	34.0
55～75	8.4	15.5	1.14	1.07	17.2	8.5	43.2
75～90	8.7	6.4	0.52	1.06	18.8	5.0	41.7

10.3.4　若学尔系（Ruoxue'er Series）

土　族：壤质混合型非酸性-普通潮湿寒冻雏形土

拟定者：李德成，张甘霖，赵玉国

分布与环境条件　分布于玛
沁县东倾沟乡一带，山间沟
谷，海拔介于 3600～4000 m，
母质为黄土物质，草地，高
原大陆性气候，年均日照时
数约 2085～2510 h，年均气
温约-1.7℃，年均降水量约
486 mm，无霜期低于 30 d。

若学尔系典型景观

土系特征与变幅　诊断层包括淡薄表层和雏形层；诊断特性包括寒性土壤温度状况、潮
湿土壤水分状况、冻融特征和氧化还原特征。土体厚度 1 m 以上，淡薄表层厚度介于 10～
20 cm，之下为雏形层，可见铁锰斑纹，约 60 cm 之下为黑色埋藏层。通体无石灰反应，
pH 介于 7.2～7.4，通体为粉壤土，粉粒含量介于 580～650 g/kg。

对比土系　本亚类中的尕巴松多系和大东沟系，不同土族，颗粒大小级别分别为粗骨质
和砂质。扎拉依尕系，同一亚类不同土族，为石灰性。

利用性能综述　草地，地形较平缓，土体较薄，砾石较多，草被盖度偏低，养分含量偏
低，海拔高，温度低，易滞水，不宜农用，应封境。

发生学亚类　黑草毡土。

代表性单个土体　位于果洛州玛沁县东倾沟乡若学尔山南，34.46438°N，99.91619°E，
海拔 3846 m，山间沟谷，母质为黄土物质，草地，覆盖度>80%，50 cm 深度土温 2.8℃，
野外调查采样日期为 2011 年 7 月 18 日，编号 63-28-1。

若学尔系代表性单个土体剖面

Ah：0～20 cm，浊橙色（7.5YR 6/4，润），浊棕色（7.5YR 5/3，润），粉壤土，发育中等的粒状-小块状结构，松散-稍坚硬，多量草被根系，向下层平滑清晰过渡。

Br1：20～40 cm，浊橙色（7.5YR 7/4，润），浊棕色（7.5YR 6/3，润），粉壤土，发育中等的小块状结构，坚硬，少量草被根系，少量铁锰斑纹，向下层平滑清晰过渡。

Br2：40～62 cm，浊橙色（7.5YR 6/4，润），浊棕色（7.5YR 5/3，润），粉壤土，发育弱的小块状结构，稍坚硬，少量铁锰斑纹，向下层平滑清晰过渡。

Br3：62～98 cm，棕灰色（7.5YR 4/1，润），黑棕色（7.5YR 3/1，润），粉壤土，发育弱的小块状结构，稍坚硬，少量铁锰斑纹，向下层平滑清晰过渡。

Ab：98～110 cm，棕灰色（7.5YR 5/1，干），黑棕色（7.5YR 3/1，润），粉壤土，发育弱的小块状结构，稍坚硬。

若学尔系代表性单个土体物理性质

土层	深度 /cm	砾石 (>2 mm,体积分数)/ %	细土颗粒组成 (粒径：mm)/(g/kg)			质地	容重 /(g/cm³)
			砂粒 2～0.05	粉粒 0.05～0.002	黏粒 <0.002		
Ah	0～20	0	241	630	129	粉壤土	—
Br1	20～40	0	240	642	118	粉壤土	1.21
Br2	40～62	0	333	582	85	粉壤土	1.27
Br3	62～98	0	277	627	96	粉壤土	1.31
Ab	98～110	0	254	630	116	粉壤土	1.14

若学尔系代表性单个土体化学性质

层次 /cm	pH	有机碳 /(g/kg)	全氮(N) /(g/kg)	全磷(P) /(g/kg)	全钾(K) /(g/kg)	CEC / [cmol(+)/kg]
0～20	7.4	42.3	3.36	2.01	18.2	21.3
20～40	7.3	19.5	1.86	1.40	17.4	13.5
40～62	7.3	9.8	1.37	1.26	18.3	13.8
62～98	7.2	18.5	1.92	1.67	19.0	15.3
98～110	7.4	42.3	3.36	2.01	18.2	21.3

10.4　钙积草毡寒冻雏形土

10.4.1　昂巴达琼系（Angbadaqiong Series）

土　族：粗骨砂质硅质混合型-钙积草毡寒冻雏形土

拟定者：李德成，杨　飞

分布与环境条件　分布于玉树州治多县多彩乡一带，高山坡地，海拔介于 4300～4700 m，母质为砂砾岩风化坡积物，草地，高原大陆性气候，年均日照时数约 2468～2908 h，年均气温约 –3.1 ℃，年均降水量约 394 mm，无霜期低于 30 d。

昂巴达琼系典型景观

土系特征与变幅　诊断层包括草毡表层和钙积层；诊断特性包括寒性土壤温度状况、半干润土壤水分状况、冻融特征和石灰性。地表可见石环和冻融丘，粗碎块面积为 10%～20%，土体厚度 1 m 以上，草毡表层厚度介于 15～25 cm，有机碳含量介于 30～40 g/kg，C/N 介于 14～17，之下为钙积层，可见碳酸钙白色粉末，砾石含量介于 30%～70%，强石灰反应，碳酸钙含量 120～160 g/kg，pH 8.8～9.0，层次质地构型为砂质壤土-壤质砂土-砂质壤土，砂粒含量介于 620～760 g/kg。

对比土系　本亚类中其他土系，不同土族，颗粒大小级别分别为粗骨壤质盖粗骨质、砂质、黏壤质盖粗骨质、黏壤质、壤质盖粗骨质和壤质。

利用性能综述　草地，海拔高，地形略起伏，土体略薄，砾石较多，草被盖度较高，养分含量高，应防止过度放牧。

发生学亚类　棕草毡土。

代表性单个土体　位于玉树州治多县多彩乡昂巴达琼山西，33.93209°N，95.32201°E，海拔 4503 m，高山缓坡下部，母质为砂砾岩风化坡积物，草地，覆盖度>80%，50 cm 深度土温 0.4℃，野外调查采样日期为 2015 年 7 月 23 日，编号 63-166。

Oo:　0～15 cm，浊棕色（7.5YR 5/4，润），灰棕色（7.5YR 4/2，润），5%岩石碎屑，砂质壤土，发育中等的粒状-小块状结构，松散-稍坚硬，多量草被根系，中度石灰反应，向下层波状渐变过渡。

ABk：15～35 cm，浊橙色（7.5YR 6/4，润），灰棕色（7.5YR 4/2，润），70%岩石碎屑，砂质壤土，发育弱的小块状结构，坚硬，中量草被根系，少量碳酸钙白色粉末，强石灰反应，中量孔穴，向下层波状渐变过渡。

Bk1：35～80 cm，浊橙色（7.5YR 6/4，润），灰棕色（7.5YR 4/2，润），50%岩石碎屑，壤质砂土，发育弱的小块状结构，坚硬，少量草被根系，中量碳酸钙白色粉末，强石灰反应，中量孔穴，向下层不规则清晰过渡。

Bk2：80～125 cm，亮棕色（7.5YR 5/6，润），棕色（7.5YR 4/4，润），30%岩石碎屑，砂质壤土，发育弱的小块状结构，坚硬，少量碳酸钙白色粉末，强石灰反应。

昂巴达琼系代表性单个土体剖面

昂巴达琼系代表性单个土体物理性质

土层	深度/cm	砾石(>2 mm,体积分数)/%	细土颗粒组成 (粒径: mm)/(g/kg)			质地
			砂粒 2～0.05	粉粒 0.05～0.002	黏粒 <0.002	
Oo	0～15	5	643	284	73	砂质壤土
ABk	15～35	70	688	238	74	砂质壤土
Bk1	35～80	50	760	185	55	壤质砂土
Bk2	80～125	30	623	288	89	砂质壤土

昂巴达琼系代表性单个土体化学性质

层次/cm	pH	有机碳/(g/kg)	全氮(N)/(g/kg)	全磷(P)/(g/kg)	全钾(K)/(g/kg)	CEC/[cmol(+)/kg]	碳酸钙/(g/kg)
0～15	8.2	37.9	2.28	1.02	13.5	10.6	34.4
15～35	8.8	7.4	0.80	0.81	11.6	4.6	146.0
35～80	9.0	2.4	0.29	0.68	12.1	3.4	155.2
80～125	8.9	2.4	0.28	0.72	13.0	4.7	128.5

10.4.2　将得日载系（Jiangderizai Series）

土　族：粗骨壤质盖粗骨质混合型-钙积草毡寒冻雏形土
拟定者：李德成，赵玉国

分布与环境条件　分布于玉树州曲麻莱县约改镇不冻泉—清水河沿线一带，高山垭口坡积裙，海拔介于4600～5000 m，母质为冰碛物，草地，高原高寒气候，年均日照时数介于 2536～2750 h，年均气温约–3.3℃，年均降水量约 436 mm，无霜期低于 30 d。

将得日载系典型景观

土系特征与变幅　诊断层包括草毡表层和钙积层；诊断特性包括寒性土壤温度状况、半干润土壤水分状况、冻融特征和石灰性。地表可见石环和冻融丘，粗碎块面积为10%～20%，土体厚度介于40～50 cm，草毡表层厚度介于10～15 cm，有机碳含量介于30～40 g/kg，C/N 介于 13～16，钙积层出现上界介于25～35 cm，可见假菌丝体。通体砾石含量介于 10%～90%。通体有石灰反应，碳酸钙含量介于30～80 g/kg，pH 介于8.5～8.7，为壤土，粉粒含量介于280～330 g/kg，砂粒含量介于480～520 g/kg。

对比土系　本亚类中其他土系，不同土族，颗粒大小级别分别为粗骨砂质、砂质、黏壤质盖粗骨质、黏壤质、壤质盖粗骨质和壤质。

利用性能综述　草地，地形较平缓，土体略薄，砾石较多，草被盖度较高，已出现退化现象，养分含量高，海拔高，气温低，应防止过度放牧。

发生学亚类　薄草毡土。

代表性单个土体　位于曲麻莱县约改镇将得日载西北，34.15220°N，95.95084°E，海拔4829 m，高山垭口坡积裙，母质为冰碛物，草地，覆盖度约70%，50 cm深度土温0.2℃，野外调查采样日期为 2011 年 7 月 31 日，编号 110731036。

Oo：　0～10 cm，浊橙色（7.5YR 6/4，润），浊棕色（7.5YR 5/3，润），10%岩石碎屑，壤土，发育中等的粒状结构，松散，多量草被根系，中度石灰反应，向下层波状渐变过渡。

Bk：　10～30 cm，浊橙色（7.5YR 6/4，润），浊棕色（7.5YR 5/3，润），30%岩石碎屑，壤土，发育中等的鳞片状-小块状结构，稍坚硬，中量草被根系，多量碳酸钙假菌丝体，中度石灰反应，向下层波状清晰过渡。

C：　30～120 cm，橙色（7.5YR 6/6，润），浊棕色（7.5YR 5/4，润），90%岩石碎屑，壤土，单粒，无结构，强石灰反应。

将得日载系代表性单个土体剖面

将得日载系代表性单个土体物理性质

土层	深度/cm	砾石(>2 mm,体积分数)/ %	细土颗粒组成 (粒径：mm)/(g/kg)			质地
			砂粒 2～0.05	粉粒 0.05～0.002	黏粒 <0.002	
Oo	0～10	10	482	321	197	壤土
Bk	10～30	30	515	284	200	壤土

将得日载系代表性单个土体化学性质

层次/cm	pH	有机碳/(g/kg)	全氮(N)/(g/kg)	全磷(P)/(g/kg)	全钾(K)/(g/kg)	CEC/ [cmol(+)/kg]	碳酸钙/(g/kg)
0～10	8.5	36.7	2.57	1.32	19.8	15.1	38.8
10～30	8.7	11.4	1.26	1.02	21.5	8.0	41.1

10.4.3　阿涌系（Ayong Series）

土　族：砂质硅质混合型非酸性-钙积草毡寒冻雏形土
拟定者：李德成，赵玉国

分布与环境条件　分布于玉树州杂多县阿多乡一带，高山坡地，海拔介于 4500～4900 m，母质为冰碛物，草地，高山寒冷湿润气候，年均日照时数约 2310 h，年均气温约 0.5℃，年均降水量约520 mm，无霜期约 93～126 d。

阿涌系典型景观

土系特征与变幅　诊断层包括草毡表层、雏形层和钙积层；诊断特性包括寒性土壤温度状况、半干润土壤水分状况、有机现象和冻融特征。地表可见石环和冻融丘，粗碎块面积介于 5%～10%，土体厚度 1 m 左右，0～15 cm 土层具有有机现象，草毡表层厚度介于 15～20 cm，有机碳含量介于 100～120 g/kg，C/N 介于 17～20，碳酸钙含量< 5 g/kg，pH 介于 6.6～6.9；钙积层出现上界介于 70 cm 左右，碳酸钙含量介于 180～200 g/kg，pH 介于 8.7～8.9；砾石含量介于 10%～50%。层次质地构型为砂质壤土-壤质砂土-砂质壤土，砂粒含量介于 520～870 g/kg。

对比土系　玛森曲系，同一土族，层次质地构型为壤土-砂质壤土-壤质砂土-砂质壤土。

利用性能综述　草地，地形平缓，草被盖度高，土体深厚，砾石较多，养分含量高，应防止过度放牧。

发生学亚类　泥炭沼泽土。

代表性单个土体　位于玉树州杂多县阿多乡阿涌村西，32.81779°N，94.39651°E，海拔4775 m，高山坡地中部，母质为冰碛物，草地，覆盖度>80%，50 cm 深度土温 3.0℃，野外调查采样日期为 2011 年 8 月 17 日，编号 110817056。

Oo:　0～15 cm，棕色（7.5YR 4/4，干），黑棕色（7.5YR 3/2，润），砂质壤土，发育中等的粒状结构，松散，多量草被根系，向下层波状渐变过渡。

AB:　15～40 cm，棕色（7.5YR 4/4，干），黑棕色（7.5YR 3/2，润），砂质壤土，发育中等的粒状-小块状结构，松散-稍坚硬，中量草被根系，向下层波状渐变过渡。

Bw:　40～70 cm，浊棕色（7.5YR 5/4，干），棕色（7.5YR 4/4，润），10%岩石碎屑，壤质砂土，发育弱的鳞片状-中块状结构，坚硬，少量草被根系，向下层波状清晰过渡。

Bk:　70～130 cm，橙色（7.5YR 6/6，干），浊棕色（7.5YR 5/4，润），50%岩石碎屑，底面有钙膜，砂质壤土，发育弱的中块状结构，坚硬，少量假菌丝体，强石灰反应。

阿涌系代表性单个土体剖面

阿涌系代表性单个土体物理性质

土层	深度/cm	砾石(>2 mm,体积分数)/ %	细土颗粒组成 (粒径: mm)/(g/kg)			质地
			砂粒2～0.05	粉粒0.05～0.002	黏粒<0.002	
Oo	0～15	0	524	284	191	砂质壤土
AB	15～40	0	662	173	165	砂质壤土
Bw	40～70	10	866	31	103	壤质砂土
Bk	70～130	50	658	173	169	砂质壤土

阿涌系代表性单个土体化学性质

层次/cm	pH	有机碳/(g/kg)	全氮(N)/(g/kg)	全磷(P)/(g/kg)	全钾(K)/(g/kg)	CEC/ [cmol(+)/kg]	碳酸钙/(g/kg)
0～15	6.6	115.2	5.92	1.44	19.4	30.4	2.3
15～40	6.8	47.4	3.27	1.11	20.7	22.8	1.9
40～70	6.9	5.8	0.68	0.66	21.0	6.7	1.2
70～130	8.8	1.3	0.17	0.76	13.7	5.3	188.9

10.4.4　玛森曲系（**Masenqu Series**）

土　　族：砂质硅质混合型非酸性-钙积草毡寒冻雏形土
拟定者：李德成，赵玉国

分布与环境条件　分布于玉树州杂多县阿多乡一带，高山坡积裙中部，海拔介于4500～4900 m，母质为冰碛物，草地，高山寒冷湿润气候，年均日照时数约 2310 h，年均气温约 0.5℃，年均降水量约 527 mm，无霜期约 93～126 d。

玛森曲系典型景观

土系特征与变幅　诊断层包括草毡表层、雏形层和钙积层；诊断特性包括寒性土壤温度状况、半干润土壤水分状况、有机现象和冻融特征。地表可见冻融丘，土体厚度 1 m 左右，0～18 cm 土层具有有机现象，草毡表层厚度介于 15～20 cm，有机碳含量介于 150～160 g/kg，C/N 介于 15～18，碳酸钙含量< 5 g/kg，pH 介于 6.7～7.1；钙积层出现上界介于 60～70 cm，碳酸钙含量介于 70～80 g/kg，pH 介于 8.3～8.6；砾石含量介于 5%～30%。层次质地构型为壤土-砂质壤土-壤质砂土-砂质壤土，砂粒含量介于 450～840 g/kg。

对比土系　阿涌系，同一土族，层次质地构型为砂质壤土-壤质砂土-砂质壤土。

利用性能综述　草地，地形较平缓，草被盖度高，土体深厚，养分含量高，应防止过度放牧。

发生学亚类　泥炭沼泽土。

代表性单个土体　位于玉树州杂多县阿多乡玛森曲东南，32.81647°N，94.39621°E，海拔 4760 m，高山坡积裙中部，母质为冰碛物，草地，覆盖度>80%，50 cm 深度土温 3.0℃，野外调查采样日期为 2011 年 8 月 18 日，编号 110818060。

Oo：　0～15 cm，棕色（7.5YR 4/4，干），黑棕色（7.5YR 3/2，润），壤土，发育中等的粒状结构，松散，多量草被根系，向下层波状渐变过渡。

AB：　15～40 cm，棕色（7.5YR 4/4，干），黑棕色（7.5YR 3/2，润），5%岩石碎屑，砂质壤土，发育中等的粒状-小块状结构，松散-稍坚硬，中量草被根系，向下层波状渐变过渡。

Bw：　40～70 cm，浊棕色（7.5YR 5/4，干），棕色（7.5YR 4/3，润），5%岩石碎屑，壤质砂土，发育弱的鳞片状-中块状结构，坚硬，少量草被根系，向下层波状清晰过渡。

Bk：　70～125 cm，橙色（7.5YR 6/6，干），浊棕色（7.5YR 5/4，润），30%岩石碎屑，底面有钙膜，砂质壤土，发育弱的鳞片状-小块状结构，稍坚硬，少量假菌丝体，强石灰反应。

玛森曲系代表性单个土体剖面

玛森曲系代表性单个土体物理性质

土层	深度/cm	砾石(>2 mm,体积分数)/ %	细土颗粒组成 (粒径：mm)/(g/kg)			质地
			砂粒2～0.05	粉粒0.05～0.002	黏粒<0.002	
Oo	0～15	0	450	338	212	壤土
AB	15～40	5	564	251	185	砂质壤土
Bw	40～70	5	831	55	115	壤质砂土
Bk	70～125	30	693	134	173	砂质壤土

玛森曲系代表性单个土体化学性质

层次/cm	pH	有机碳/(g/kg)	全氮(N)/(g/kg)	全磷(P)/(g/kg)	全钾(K)/(g/kg)	CEC/ [cmol(+)/kg]	碳酸钙/(g/kg)
0～15	6.7	153.9	8.79	1.65	16.7	45.0	1.5
15～40	7.1	69.7	4.43	1.41	18.8	47.6	1.8
40～70	8.3	6.8	0.70	0.74	19.7	5.6	16.9
70～125	8.6	1.4	0.25	0.94	19.9	7.9	79.3

10.4.5 葫芦沟系（**Hulugou Series**）

土 族：黏壤质盖粗骨壤质混合型–钙积草毡寒冻雏形土
拟定者：李德成，张甘霖，赵玉国

分布与环境条件 分布于海北州祁连县野牛沟乡一带，高山沟谷，海拔介于 3000～3300 m，母质为冰碛物，草地，高原大陆性气候，年均日照时数约 2780 h，年均气温约–0.4℃，年均降水量约 390 mm，无霜期约 50～100 d。

葫芦沟系典型景观

土系特征与变幅 诊断层包括草毡表层和钙积层；诊断特性包括寒性土壤温度状况、半干润土壤水分状况、冻融特征和石灰性。地表可见石环和冻融丘，岩石露头面积介于 2%～5%，粗碎块面积介于 2%～5%，土体厚度 1 m 以上，草毡表层厚度介于 20～40 cm，有机碳含量介于 40～55 g/kg，C/N 介于 14～16，碳酸钙含量介于 10～20 g/kg；钙积层出现上界介于 30～40 cm，碳酸钙含量介于 110～130 g/kg，可见碳酸钙粉末和鳞片状结构。通体砾石含量介于 2%～80%，有石灰反应，pH 介于 7.4～8.5，层次质地构型为粉壤土–壤土，粉粒含量介于 370～520 g/kg，砂粒含量介于 240～400 g/kg。

对比土系 本亚类中其他土系，不同土族，颗粒大小级别分别为粗骨砂质、粗骨壤质盖粗骨质混合型、砂质、黏壤质、壤质盖粗骨质和壤质。

利用性能综述 草地，海拔高，土体较薄，砾石较多，草被盖度高，养分含量高，应防止过度放牧。

发生学亚类 棕黑毡土。

代表性单个土体 位于海北州祁连县野牛沟乡红泥槽村东，38.26667°N，99.87806°E，海拔 3008 m，高山沟谷，母质为冰碛物，草地，覆盖度>80%，50 cm 深度土温 3.1℃，野外调查采样日期为 2012 年 7 月 30 日，编号 DC-001。

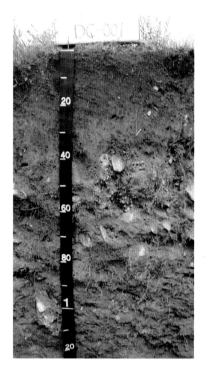

Oo：　0～18 cm，暗棕色（10YR 3/3，干），黑棕色（10YR 3/2，润），5%岩石碎屑，粉壤土，发育中等的粒状结构，松散，多量草被根系，轻度石灰反应，向下层波状渐变过渡。

AB：　18～35 cm，暗棕色（10YR 3/4，干），暗棕色（10YR 3/3，润），5%岩石碎屑，粉壤土，发育中等的粒状结构，松散，多量草被根系，轻度石灰反应，向下层波状渐变过渡。

Bk：　35～90 cm，浊黄棕色（10YR 5/3，干），浊黄棕色（10YR 4/3，润），60%岩石碎屑，壤土，发育弱的鳞片状结构，稍坚硬，中量草被根系，少量碳酸钙粉末，强石灰反应，向下层波状渐变过渡。

C：　90～140 cm，灰黄棕色（10YR 6/2，干），浊黄棕色（10YR 4/3，润），30%岩石碎屑，壤土，单粒，无结构，少量碳酸钙粉末，强石灰反应。

葫芦沟系代表性单个土体剖面

葫芦沟系代表性单个土体物理性质

土层	深度 /cm	砾石 (>2 mm,体积分数)/ %	细土颗粒组成 (粒径: mm)/(g/kg)			质地
			砂粒 2～0.05	粉粒 0.05～0.002	黏粒 <0.002	
Oo	0～18	5	267	503	231	粉壤土
AB	18～35	5	247	518	235	粉壤土
Bk	35～90	60	355	418	227	壤土
C	90～140	30	397	373	230	壤土

葫芦沟系代表性单个土体化学性质

层次 /cm	pH	有机碳 /(g/kg)	全氮(N) /(g/kg)	全磷(P) /(g/kg)	全钾(K) /(g/kg)	CEC / [cmol(+)/kg]	碳酸钙 /(g/kg)
0～18	7.4	52.7	3.49	1.7	23.7	40.8	14.5
18～35	7.9	44.1	3.04	1.4	22.1	30.2	40.1
35～90	8.5	20.9	1.49	1.2	20.0	11.8	120.2
90～140	8.5	6.7	0.42	1.3	20.4	3.9	118.2

10.4.6 大红沟系（**Dahonggou Series**）

土　族：黏壤质混合型-钙积草毡寒冻雏形土
拟定者：李德成，张甘霖，赵玉国

分布与环境条件　分布于海
北州祁连县峨堡镇一带，冲
积平原，海拔介于 3100～
3500 m，母质为黄土物质，
草地，高原大陆性气候，年
均日照时数约 2780 h，年均
气温约 0℃，年均降水量约
381 mm，无霜期约 50～
100 d。

大红沟系典型景观

土系特征与变幅　诊断层包括草毡表层、钙积层和雏形层；诊断特性包括寒性土壤温度
状况、半干润土壤水分状况、冻融特征和石灰性。地表可见冻融丘，粗碎块面积介于 2%～
5%，土体厚度 1 m 以上，草毡表层厚度介于 10～20 cm，有机碳含量介于 30～40 g/kg，
C/N 介于 13～15，碳酸钙含量介于 20～40 g/kg；钙积层出现上界介于 30～40 cm，碳酸
钙含量介于 140～470 g/kg，可见碳酸钙粉末，钙积层之下为埋藏土层。通体有石灰反应，
pH 介于 7.5～8.5，层次质地构型为壤土-粉质黏壤土-壤土，粉粒含量介于 420～560 g/kg。

对比土系　本亚类中其他土系，不同土族，颗粒大小级别分别为粗骨砂质、粗骨壤质盖
粗骨质、黏壤质盖粗骨质、壤质盖粗骨质和壤质。

利用性能综述　草地，地形平缓，土体厚，草被盖度高，养分含量高，应防止过度放牧。

发生学亚类　薄草毡土。

代表性单个土体　位于海北州祁连县峨堡镇西南，青泥沟村东，大红沟北，37.94255°N，
100.90813°E，海拔 3300 m，冲积平原，母质为黄土物质，草地，覆盖度>80%，50 cm
深度土温 3.5℃，野外调查采样日期为 2012 年 8 月 3 日，编号 GL-006。

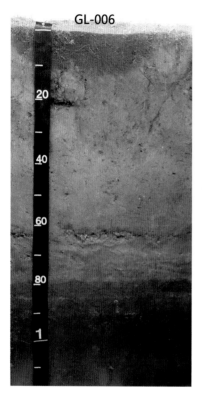

GL-006

大红沟系代表性单个土体剖面

Oo: 0～15 cm，浊棕色（7.5YR 5/3，干），黑棕色（7.5YR 3/2，润），壤土，发育中等的粒状结构，松散，多量草被根系，轻度石灰反应，向下层波状渐变过渡。

Bw: 15～33 cm，浊橙色（7.5YR 7/3，干），灰棕色（7.5YR 5/2，润），壤土，发育中等的鳞片状-小块状结构，稍坚硬-坚硬，中量草被根系，轻度石灰反应，向下层平滑清晰过渡。

Bk1: 33～60 cm，浊橙色（7.5YR 7/4，干），棕色（7.5YR 4/4，润），壤土，发育弱的中块状结构，稍坚硬，少量草被根系，少量碳酸钙粉末，强石灰反应，向下层平滑清晰过渡。

Bk2: 60～80 cm，浊橙色（7.5YR 7/4，干），浊棕色（7.4YR 5/4，润），2%砾石，粉质黏壤土，发育弱的中块状结构，坚硬，少量碳酸钙粉末，强石灰反应，向下层平滑清晰过渡。

Abk: 80～120 cm，灰黄棕色（10YR 6/2，干），暗棕色（10YR 3/3，润），埋藏表层，壤土，发育弱的中块状结构，坚硬，强石灰反应，向下层波状渐变过渡。

大红沟系代表性单个土体物理性质

土层	深度 /cm	砾石 (>2 mm,体积分数)/ %	细土颗粒组成（粒径：mm)/(g/kg)			质地	容重 /(g/cm³)
			砂粒 2～0.05	粉粒 0.05～0.002	黏粒 <0.002		
Oo	0～15	0	358	421	221	壤土	—
Bw	15～33	0	283	480	237	壤土	1.26
Bk1	33～60	0	247	495	258	壤土	1.28
Bk2	60～80	2	157	556	287	粉质黏壤土	1.34
Abk	80～120	0	309	451	240	壤土	1.24

大红沟系代表性单个土体化学性质

层次 /cm	pH	有机碳 /(g/kg)	全氮(N) /(g/kg)	全磷(P) /(g/kg)	全钾(K) /(g/kg)	CEC / [cmol(+)/kg]	碳酸钙 /(g/kg)
0～15	7.5	32.9	2.35	1.70	30.1	15.9	17.5
15～33	7.9	26.6	2.38	1.50	23.8	16.5	43.6
33～60	8.2	8.9	0.79	1.70	28.2	10.5	148.9
60～80	8.4	11.1	0.85	1.40	24.6	15.0	148.6
80～120	8.5	18.8	1.72	3.30	20.5	13.0	464.5

10.4.7　东沟口系（**Donggoukou Series**）

土　　族：壤质盖粗骨质混合型-钙积草毡寒冻雏形土
拟定者：李德成，张甘霖，赵玉国

分布与环境条件　分布于海
北州祁连县峨堡镇一带，高
山坡地，海拔介于 3300～
3700 m，母质为冰碛物，草
地，高原大陆性气候，年均
日照时数约 2780 h，年均气温
约 –3.4℃，年均降水量约
358 mm，无霜期约 50～
100 d。

东沟口系典型景观

土系特征与变幅　诊断层包括草毡表层和钙积层；诊断特性包括寒性土壤温度状况、半
干润土壤水分状况、冻融特征和石灰性。地表可见冻融丘，岩石露头面积介于 2%～5%，
粗碎块面积介于 2%～5%，土体厚度介于 40～50 cm，草毡表层厚度介于 15～30 cm，有
机碳含量介于 15～45 g/kg，C/N 介于 12～15，碳酸钙含量介于 20～30 g/kg；其之下为
钙积层，碳酸钙含量介于 170～180 g/kg，可见碳酸钙粉末、假菌丝体和鳞片状结构。通体
有石灰反应，pH 介于 7.9～8.9，层次质地构型为粉壤土-壤土，粉粒含量介于 390～600 g/kg。

对比土系　本亚类中其他土系，不同土族，颗粒大小级别分别为粗骨砂质、粗骨壤质盖
粗骨质、黏壤质盖粗骨质、黏壤质和壤质。

利用性能综述　草地，地形略起伏，海拔高，土体薄，砾石多，草被盖度高，养分含量
高，应防止过度放牧。

发生学亚类　薄草毡土。

代表性单个土体　位于海北州祁连县峨堡镇芒扎村南沟山东，东沟口南，38.00244°N，
100.90028°E，海拔 3575 m，高山中坡中上部，母质为冰碛物，草地，覆盖度>80%，50 cm
深度土温 0.1℃，野外调查采样日期为 2013 年 7 月 22 日，编号 YZ002。

Oo:　0～20 cm，灰黄棕色（10YR 4/2，干），黑棕色（10YR 3/2，润），粉壤土，发育中等的粒状结构，松散，多量草被根系，轻度石灰反应，向下层波状清晰过渡。

ABk: 20～42 cm，灰黄棕色（10YR 4/2，干），黑棕色（10YR 3/2，润），粉壤土，发育弱的鳞片状-小块状结构，松软-稍坚硬，中量草被根系，少量碳酸钙粉末，强石灰反应，向下层波状清晰过渡。

Bk:　42～50 cm，橙白色（10YR 8/2，干），浊黄橙色（10YR 6/4，润），壤土，发育弱的鳞片状-小块状结构，稍坚硬-坚硬，少量碳酸钙假菌丝体，强石灰反应，向下层不规则突变过渡。

C:　　50～110 cm，岩石碎屑。

东沟口系代表性单个土体剖面

东沟口系代表性单个土体物理性质

土层	深度 /cm	砾石 (>2 mm,体积分数)/ %	细土颗粒组成 (粒径：mm)/(g/kg)			质地
			砂粒 2～0.05	粉粒 0.05～0.002	黏粒 <0.002	
Oo	0～20	0	169	595	236	粉壤土
ABk	20～42	0	252	517	231	粉壤土
Bk	42～50	0	425	393	181	壤土

东沟口系代表性单个土体化学性质

层次 /cm	pH	有机碳 /(g/kg)	全氮(N) /(g/kg)	全磷(P) /(g/kg)	全钾(K) /(g/kg)	CEC / [cmol(+)/kg]	碳酸钙 /(g/kg)
0～20	7.9	43.2	3.01	0.48	16.7	25.6	23.8
20～42	8.4	17.0	1.36	0.50	16.1	12.7	170.5
42～50	8.9	8.2	0.71	0.47	17.3	8.1	176.5

10.4.8 加莫隆巴系（Jiamolongba Series）

土　族：壤质混合型-钙积草毡寒冻雏形土
拟定者：李德成，赵　霞

分布与环境条件　分布于玉树州曲麻莱县巴干乡不冻泉—清水河沿线一带，高山洪积扇，海拔介于 3900～4300 m，母质为洪积物，草地，高原高寒气候，年均日照时数介于 2536～2750 h，年均气温约–3.3℃，年均降水量约 495 mm，无霜期低于30 d。

加莫隆巴系典型景观

土系特征与变幅　诊断层包括草毡表层和钙积层；诊断特性包括寒性土壤温度状况、半干润土壤水分状况、冻融特征和石灰性。地表可见石环和冻融丘，粗碎块面积为 2%～5%，土体厚度 1 m 以上，草毡表层厚度介于 10～25 cm，有机碳含量介于 60～70 g/kg，C/N 介于 12～15，碳酸钙含量介于 10～30 g/kg，之下为钙积层，可见多量假菌丝体，砾石含量介于 10%～30%，碳酸钙含量介于 90～150 g/kg，通体 pH 介于 7.8～9.0，层次质地构型为砂质壤土与壤土交替，粉粒含量介于 290～360 g/kg，砂粒含量介于 430～540 g/kg。

对比土系　本亚类中其他土系，不同土族，颗粒大小级别分别为粗骨砂质、粗骨壤质盖粗骨质、黏壤质盖粗骨质、黏壤质和壤质。

利用性能综述　草地，地形较平缓，土体厚，草被盖度高，养分含量高，应防止过度放牧。

发生学亚类　棕草毡土。

代表性单个土体　位于曲麻莱县巴干乡加莫隆巴山南，33.93701°N，96.56499°E，海拔4196 m，高山洪积扇，母质为洪积物，草地，覆盖度>80%，50 cm 深度土温 0.2℃，野外调查采样日期为 2011 年 8 月 6 日，编号 110806049。

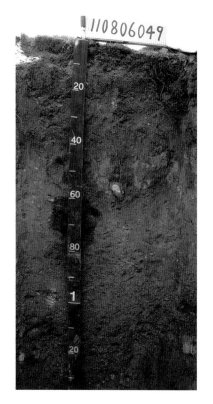

Oo:　0～20 cm，浊棕色（7.5YR 5/4，润），棕色（7.5YR 4/3，润），砂质壤土，发育中等的粒状-小块状结构，松散-稍坚硬，多量草被根系，轻度石灰反应，向下层波状渐变过渡。

ABk：20～60 cm，浊棕色（7.5YR 5/4，润），棕色（7.5YR 4/3，润），10%岩石碎屑，壤土，发育中等的粒状-小块状结构，坚硬，中量草被根系，中量假菌丝体，强石灰反应，向下层平滑不规则过渡。

Bk1：60～115 cm，浊橙色（7.5YR 6/4，润），浊棕色（7.5YR 5/3，润），20%岩石碎屑，砂质壤土，发育弱的中块状结构，坚硬，多量假菌丝体，强石灰反应，向下层波状清晰过渡。

Bk2：115～135 cm，浊棕色（7.5YR 5/4，润），棕色（7.5YR 4/3，润），30%岩石碎屑，壤土，发育弱的中块状结构，坚硬，多量假菌丝体，强石灰反应。

加莫隆巴系代表性单个土体剖面

加莫隆巴系代表性单个土体物理性质

土层	深度/cm	砾石(>2 mm,体积分数)/%	细土颗粒组成 (粒径：mm)/(g/kg)			质地
			砂粒 2～0.05	粉粒 0.05～0.002	黏粒 <0.002	
Oo	0～20	0	521	305	175	砂质壤土
ABk	20～60	10	433	355	213	壤土
Bk1	60～115	20	530	294	177	砂质壤土
Bk2	115～135	30	504	309	187	壤土

加莫隆巴系代表性单个土体化学性质

层次/cm	pH	有机碳/(g/kg)	全氮(N)/(g/kg)	全磷(P)/(g/kg)	全钾(K)/(g/kg)	CEC/[cmol(+)/kg]	碳酸钙/(g/kg)
0～20	7.8	68.6	4.82	1.63	24.0	26.9	13.6
20～60	8.5	19.0	2.14	1.29	23.9	12.1	94.6
60～115	8.9	4.4	0.67	1.07	25.4	4.3	141.4
115～135	9.0	2.8	0.40	1.31	22.5	4.0	121.8

10.5　石灰草毡寒冻雏形土

10.5.1　高大板系（Gaodaban Series）

土　族：黏壤质盖粗骨砂质混合型-石灰草毡寒冻雏形土
拟定者：李德成，张甘霖，赵玉国

分布与环境条件　分布于海北州祁连县扎麻什乡一带，高山坡地，海拔介于 3000～3300 m，母质为冰碛物，草地，高原大陆性气候，年均日照时数约 2780 h，年均气温约–0.9℃，年均降水量约 390 mm，无霜期约 50～100 d。

高大板系典型景观

土系特征与变幅　诊断层包括草毡表层和雏形层；诊断特性包括寒性土壤温度状况、半干润土壤水分状况、冻融特征和石灰性。地表可见冻融丘，岩石露头面积为 2%左右，粗碎块面积介于 2%～5%，土体厚度介于 30～50 cm，草毡表层厚度介于 20～40 cm，有机碳含量介于 15～70 g/kg，C/N 介于 12～18，之下为雏形层，厚度介于 10～20 cm，可见鳞片状结构。通体有石灰反应，碳酸钙含量介于 10～90 g/kg，pH 介于 7.7～8.3，层次质地构型为粉壤土-砂质壤土-壤土，粉粒含量介于 290～520 g/kg，砂粒含量介于 260～530 g/kg。

对比土系　扎尕该系，同一亚类不同土族，颗粒大小级别为壤质。

利用性能综述　草地，地形较陡，土体薄，砾石多，养分含量高，防止过度放牧。

发生学亚类　棕黑毡土。

代表性单个土体　位于海北州祁连县扎麻什乡夏塘村张大窑组南，高大板山西南，38.22838°N，99.89638°E，海拔 3119 m，高山中坡坡麓，母质为冰碛物，草地，覆盖度>80%，50 cm 深度土温 2.8℃，野外调查采样日期为 2012 年 7 月 31 日，编号 GL-001。

GL-001

Oo： 0～20 cm，黑棕色（10YR 3/2，干），黑棕色（10YR 2/2，润），2%岩石碎屑，粉壤土，发育中等的粒状结构，松散，多量草被根系，轻度石灰反应，向下层波状渐变过渡。

AB： 20～30 cm，黑棕色（10YR 3/2，干），黑棕色（10YR 2/2，润），10%岩石碎屑，砂质壤土，发育中等的粒状结构，松散，多量草被根系，中度石灰反应，向下层波状渐变过渡。

Bw： 30～45 cm，浊黄橙色（10YR 7/2，干），灰黄棕色（10YR 6/2，润），50%岩石碎屑，壤土，发育弱的鳞片状结构，稍坚硬，中量草被根系，中度石灰反应，向下层波状渐变过渡。

C： 45～110 cm，淡灰色（10YR 7/1，干），灰黄棕色（10YR 5/2，润），80%岩石碎屑，壤土，单粒，无结构，中度石灰反应。

高大板系代表性单个土体剖面

高大板系代表性单个土体物理性质

土层	深度 /cm	砾石 (>2 mm,体积分数)/ %	细土颗粒组成 (粒径：mm)/(g/kg)			质地
			砂粒 2～0.05	粉粒 0.05～0.002	黏粒 <0.002	
Oo	0～20	2	265	511	224	粉壤土
AB	20～30	10	526	291	183	砂质壤土
Bw	30～45	50	347	428	226	壤土
C	45～110	80	406	371	222	壤土

高大板系代表性单个土体化学性质

层次 /cm	pH	有机碳 /(g/kg)	全氮(N) /(g/kg)	全磷(P) /(g/kg)	全钾(K) /(g/kg)	CEC / [cmol(+)/kg]	碳酸钙 /(g/kg)
0～20	7.7	64.6	4.54	1.60	23.4	38.6	12.5
20～30	8.0	18.5	1.12	1.00	18.3	12.1	52.6
30～45	8.2	17.7	1.02	1.10	19.7	12.7	89.4
45～110	8.3	11.8	0.61	1.10	19.4	8.4	79.0

10.5.2 扎尕该系（Zhagagai Series）

土　族：壤质混合型-石灰草毡寒冻雏形土
拟定者：李德成，杨　飞

分布与环境条件　分布于玉树市上拉秀乡一带，高台地，海拔介于 4100～4500 m，母质为冲-洪积物，草地，高山高寒气候，年均日照时数介于 2468～2719 h，年均气温约 –0.9 ℃，年均降水量约 387 mm，无霜期介于 93～126 d。

扎尕该系典型景观

土系特征与变幅　诊断层包括草毡表层和雏形层；诊断特性包括寒性土壤温度状况、半干润土壤水分状况、冻融特征、氧化还原特征和石灰性。地表可见石环和冻融丘，粗碎块面积介于 2%～5%，土体厚度 1 m 左右，草毡表层厚度介于 10～30 cm，有机碳含量介于 40～50 g/kg，C/N 介于 13～15，之下为雏形层，可见铁锰斑纹。通体砾石含量介于 5%～30%，有石灰反应，碳酸钙含量介于 10～60 g/kg，pH 介于 8.2～8.5，层次质地构型为粉壤土-壤土，粉粒含量介于 480～620 g/kg，砂粒含量介于 200～330 g/kg。

对比土系　高大板系，同一亚类不同土族，颗粒大小级别为黏壤质盖粗骨砂质。

利用性能综述　草地，地形平缓，草被盖度高，土体较厚，砾石多，养分含量高，防止过度放牧。

发生学亚类　棕草毡土。

代表性单个土体　位于玉树市上拉秀乡扎尕该村西，32.95933°N，96.20100°E，海拔 4338 m，高台地，母质为冲-洪积物，草地，覆盖度>80%，50 cm 深度土温 2.6℃，野外调查采样日期为 2014 年 7 月 19 日，编号 63-164。

Oo:　0～10 cm，浊橙色（7.5YR 6/4，干），浊棕色（7.5YR 5/3，润），5%岩石碎屑，粉壤土，发育中等的粒状-小块状结构，松散-稍坚硬，多量草被根系，中度石灰反应，向下层波状渐变过渡。

ABr：10～25 cm，浊橙色（7.5YR 6/4，干），浊棕色（7.5YR 5/3，润），5%岩石碎屑，粉壤土，发育中等的粒状-小块状结构，松散-坚硬，中量草被根系，中度石灰反应，向下层平滑清晰过渡。

Abr：25～42 cm，浊橙色（7.5YR 6/4，干），浊棕色（7.5YR 5/3，润），20%岩石碎屑，粉壤土，发育中等的中块状结构，坚硬，中度石灰反应，向下层平滑清晰过渡。

Br：　42～80 cm，浊橙色（7.5YR 7/4，干），浊棕色（7.5YR 6/3，润），30%岩石碎屑，壤土，发育弱的中块状结构，坚硬，少量铁锰斑纹，中度石灰反应。

扎尕该系代表性单个土体剖面

扎尕该系代表性单个土体物理性质

土层	深度 /cm	砾石 (>2 mm,体积分数)/ %	细土颗粒组成 (粒径：mm)/(g/kg)			质地
			砂粒 2～0.05	粉粒 0.05～0.002	黏粒 <0.002	
Oo	0～10	5	220	610	170	粉壤土
ABr	10～25	5	205	614	181	粉壤土
Abr	25～42	20	238	574	188	粉壤土
Br	42～80	30	327	485	188	壤土

扎尕该系代表性单个土体化学性质

层次 /cm	pH	有机碳 /(g/kg)	全氮(N) /(g/kg)	全磷(P) /(g/kg)	全钾(K) /(g/kg)	CEC / [cmol(+)/kg]	碳酸钙 /(g/kg)
0～10	8.3	50.0	3.56	1.30	15.8	18.8	44.4
10～25	8.3	25.4	2.10	1.29	16.4	21.2	39.8
25～42	8.2	46.6	4.18	1.20	16.5	23.4	16.7
42～80	8.5	19.8	1.96	1.33	14.9	13.2	59.3

10.6　普通草毡寒冻雏形土

10.6.1　知扎系（**Zhizha Series**）

土　族：粗骨壤质混合型非酸性-普通草毡寒冻雏形土
拟定者：李德成，赵　霞

分布与环境条件　分布于果
洛州久治县哇尔依乡一带，
高山坡地，海拔介于 3900～
4300 m，母质为冰碛物，草
地，高原大陆性气候，年均
日照时数约 2085～2510 h，
年均气温约–1.7℃，年均降
水量约 693 mm，无霜期低于
30 d。

知扎系典型景观

土系特征与变幅　诊断层包括草毡表层和雏形层；诊断特性包括寒性土壤温度状况、半
干润土壤水分状况和冻融特征。地表可见石环和冻融丘，岩石露头面积介于 10%～20%，
粗碎块面积介于 10%～20%，土体厚度 1 m 以上，草毡表层厚度介于 20～30 cm，有机
碳含量约 60 g/kg，C/N 约 14，之下为雏形层，可见鳞片状结构。通体砾石含量介于 20%～
70%，有石灰反应，碳酸钙含量介于 0～30 g/kg，pH 介于 7.4～8.5，层次质地构型为粉
壤土-壤土-砂质壤土，粉粒含量介于 380～520 g/kg，砂粒含量介于 350～530 g/kg。

对比土系　玛益陇系，同一土族，层次质地构型为壤土-砂质壤土。

利用性能综述　草地，地形较平缓，草被盖度高，土体较厚，砾石多，养分含量高，防
止过度放牧。

发生学亚类　湿草毡土。

代表性单个土体　位于果洛州久治县哇尔依乡知扎村南，33.42336°N，100.66739°E，海
拔 4143 m，高山缓坡下部，母质为冰碛物，草地，覆盖度>80%，50 cm 深度土温 1.8℃，
野外调查采样日期为 2015 年 7 月 22，编号 63-4。

Oo：0～20 cm，浊黄棕色（10YR 5/4，干），浊黄棕色（10YR 4/3，润），20%岩石碎屑，粉壤土，发育中等的粒状结构，松散，多量草被根系，向下层波状渐变过渡。

Bw：20～50 cm，浊黄棕色（10YR 5/4，干），浊黄棕色（10YR 4/3，润），40%岩石碎屑，壤土，发育弱的鳞片状-小块状结构，稍坚硬，中量草被根系，向下层波状渐变过渡。

C：50～90 cm，浊黄棕色（10YR 5/3，干），灰黄棕色（10YR 4/2，润），70%岩石碎屑，砂质壤土，单粒，无结构，轻度石灰反应。

知扎系代表性单个土体剖面

知扎系代表性单个土体物理性质

土层	深度/cm	砾石(>2 mm,体积分数)/ %	细土颗粒组成 (粒径：mm)/(g/kg)			质地
			砂粒2～0.05	粉粒0.05～0.002	黏粒<0.002	
Oo	0～20	20	355	515	130	粉壤土
Bw	20～50	40	510	382	108	壤土
C	50～90	70	522	383	95	砂质壤土

知扎系代表性单个土体化学性质

层次/cm	pH	有机碳/(g/kg)	全氮(N)/(g/kg)	全磷(P)/(g/kg)	全钾(K)/(g/kg)	CEC/ [cmol(+)/kg]	碳酸钙/(g/kg)
0～20	7.4	57.9	4.10	2.61	20.6	11.2	0
20～50	8.2	27.5	3.06	1.54	18.6	8.1	7.3
50～90	8.5	18.3	2.15	1.07	18.7	12.1	24.6

10.6.2 珰益陇系（Dangyilong Series）

土　族：粗骨壤质混合型非酸性-普通草毡寒冻雏形土
拟定者：李德成，赵玉国

分布与环境条件　分布于玉树州称多县尕朵乡不冻泉—清水河沿岸一带，高山垭口坡积裙，海拔介于 4400～4800 m，母质为砂岩风化坡积物，草地，高山寒冷湿润气候，年均日照时数约 2310 h，年均气温约–1.6℃，年均降水量约 546 mm，无霜期约 93～126 d。

珰益陇系典型景观

土系特征与变幅　诊断层包括草毡表层和雏形层；诊断特性包括寒性土壤温度状况、半干润土壤水分状况和冻融特征。地表可见石环和冻融丘，粗碎块面积为 2%～5%，土体厚度 1 m 以上，草毡表层厚度介于 10～20 cm，有机碳含量约 60 g/kg，C/N 约 14，之下为雏形层。通体砾石含量介于 5%～70%，无石灰反应，碳酸钙含量低于 5 g/kg，pH 介于 6.3～7.4，层次质地构型为壤土-砂质壤土，粉粒含量介于 180～420 g/kg，砂粒含量介于 350～680 g/kg。

对比土系　知扎系，同一土族，层次质地构型为粉壤土-壤土-砂质壤土。

利用性能综述　草地，地形较平缓，草被盖度高，土体较厚，砾石多，养分含量高，海拔高，气温低，应防止过度放牧。

发生学亚类　棕草毡土。

代表性单个土体　位于玉树州称多县尕朵乡珰益陇村西南，33.77515°N，96.97757°E，海拔 4692 m，高山垭口坡积裙，母质为砂岩风化坡积物，草地，覆盖度>80%，50 cm 深度土温 2.0℃，野外调查采样日期为 2011 年 8 月 9 日，编号 110809051。

Oo:　0～12 cm，浊橙色（7.5YR 6/4，润），浊棕色（7.5YR 5/3，润），5%岩石碎屑，壤土，发育中等的粒状-小块状结构，松散-稍坚硬，多量草被根系，向下层波状清晰过渡。

Bw1：12～60 cm，浊橙色（7.5YR 6/4，润），浊棕色（7.5YR 5/3，润），30%岩石碎屑，壤土，发育中等的鳞片状-小块状结构，坚硬，少量草被根系，向下层波状清晰过渡。

Bw2：60～80 cm，浊橙色（7.5YR 7/3，润），灰棕色（7.5YR 6/2，润），30%岩石碎屑，壤土，发育弱的鳞片状-中块状结构，坚硬，向下层波状清晰过渡。

C：　80～105 cm，棕灰色（7.5YR 5/1，干），黑棕色（7.5YR 3/1，润），90%岩石碎屑，砂质壤土，单粒，无结构。

珰益陇系代表性单个土体剖面

珰益陇系代表性单个土体物理性质

土层	深度 /cm	砾石 (>2 mm,体积分数)/ %	细土颗粒组成 (粒径： mm)/(g/kg)			质地
			砂粒 2～0.05	粉粒 0.05～0.002	黏粒 <0.002	
Oo	0～12	5	408	358	233	壤土
Bw1	12～60	30	357	416	227	壤土
Bw2	60～80	30	363	403	234	壤土
C	80～105	90	680	180	140	砂质壤土

珰益陇系代表性单个土体化学性质

层次 /cm	pH	有机碳 /(g/kg)	全氮(N) /(g/kg)	全磷(P) /(g/kg)	全钾(K) /(g/kg)	CEC / [cmol(+)/kg]	碳酸钙 /(g/kg)
0～12	6.3	59.2	4.12	1.88	22.1	22.8	0
12～60	6.8	9.4	0.93	1.31	25.9	10.5	0.3
60～80	6.9	5.0	0.54	0.89	24.4	8.3	0.2
80～105	7.4	2.4	0.33	1.68	26.6	4.4	0.6

10.6.3　恰浪玛琼系（Qialangmaqiong Series）

土　族：砂质盖粗骨质硅质混合型非酸性–普通草毡寒冻雏形土
拟定者：李德成，张甘霖，赵玉国

分布与环境条件　分布于海北州祁连县野牛沟乡一带，高山坡地，海拔介于 3300～3700 m，母质为基性岩风化坡积物，草地，高原大陆性气候，年均日照时数约2780 h，年均气温约–2.9℃，年均降水量约 391 mm，无霜期约 50～100 d。

恰浪玛琼系典型景观

土系特征与变幅　诊断层包括草毡表层和雏形层；诊断特性包括寒性土壤温度状况、半干润土壤水分状况和冻融特征。地表可见石环和冻融丘，粗碎块面积介于 2%～5%，土体厚度 1 m 以上，草毡表层厚度介于 15～25 cm，有机碳含量约 50 g/kg，C/N 约 14，无石灰反应，之下为雏形层，可见鳞片状结构，有石灰反应，碳酸钙含量约 30 g/kg。通体砾石含量介于 10%～80%，pH 介于 7.3～7.8，层次质地构型为壤土–砂质壤土，砂粒含量介于 380～720 g/kg，粉粒含量介于 160～450 g/kg。

对比土系　本亚类中其他土系，不同土族，颗粒大小级别分别为粗骨壤质、黏壤质盖粗骨质、黏壤质盖粗骨壤质、黏壤质和壤质。

利用性能综述　草地，地形较平缓，草被盖度高，土体较薄，砾石较多，养分含量较高，应防止过度放牧。

发生学亚类　草毡土。

代表性单个土体　位于海北州祁连县野牛沟乡恰浪玛琼洼南，拉冬休玛东北，38.37852°N，99.32063°E，海拔 3585 m，高山缓坡坡麓，母质为基性岩风化坡积物，草地，覆盖度>80%，50 cm 深度土温 0.6℃，野外调查采样日期为 2012 年 8 月 4 日，编号YG-007。

Oo：　0～20 cm，棕色（7.5YR 4/4，干），黑棕色（7.5YR 3/2，润），10%岩石碎屑，壤土，发育中等的粒状结构，松散，多量草被根系，向下层平滑渐变过渡。

Bw：　20～47 cm，棕色（7.5YR 4/4，干），黑棕色（7.5YR 3/2，润），10%岩石碎屑，砂质壤土，发育弱的鳞片状-小块状结构，稍坚硬-坚硬，中量草被根系，3 个旱獭洞穴，向下层波状清晰过渡。

C：　47～100 cm，淡棕灰色（7.5YR 7/2，干），灰棕色（7.5YR 5/2，润），80%的岩石碎屑，砂质壤土，单粒，无结构，轻度石灰反应。

恰浪玛琼系代表性单个土体剖面

恰浪玛琼系代表性单个土体物理性质

| 土层 | 深度 /cm | 砾石 (>2 mm,体积分数)/ % | 细土颗粒组成 (粒径：mm)/(g/kg) | | | 质地 |
			砂粒 2～0.05	粉粒 0.05～0.002	黏粒 <0.002	
Oo	0～20	10	388	444	168	壤土
Bw	20～47	10	612	237	151	砂质壤土
C	47～100	80	712	166	122	砂质壤土

恰浪玛琼系代表性单个土体化学性质

层次 /cm	pH	有机碳 /(g/kg)	全氮(N) /(g/kg)	全磷(P) /(g/kg)	全钾(K) /(g/kg)	CEC / [cmol(+)/kg]	碳酸钙 /(g/kg)
0～20	7.3	46.7	3.33	1.80	24.7	17.8	2.4
20～47	7.6	17.4	1.49	1.70	24.6	10.5	5.6
47～100	7.8	4.1	0.30	1.90	24.4	4.9	23.7

10.6.4 张大窑南系（**Zhangdayaonan Series**）

土　族：黏壤质盖粗骨壤质混合型非酸性-普通草毡寒冻雏形土
拟定者：李德成，张甘霖，赵玉国

分布与环境条件　分布于海北州祁连县扎麻什乡一带，高山坡地，海拔介于 3400～3800 m，母质为黄土和冰碛物，草地，高原大陆性气候，年均日照时数约 2780 h，年均气温约−3.1℃，年均降水量约 390 mm，无霜期约 50～100 d。

张大窑南系典型景观

土系特征与变幅　诊断层包括草毡表层和雏形层；诊断特性包括寒性土壤温度状况、半干润土壤水分状况和冻融特征。地表可见冻融丘，岩石露头面积为 2%左右，粗碎块面积为 2%～5%，土体厚度 1 m 以上，草毡表层厚度介于 10～20 cm，有机碳含量介于 60～75 g/kg，C/N 介于 13～14，之下为雏形层，厚度介于 20～30 cm，可见鳞片状结构。通体无石灰反应，碳酸钙含量< 5 g/kg，pH 介于 6.0～7.5，层次质地构型为粉壤土-壤土，粉粒含量 410～590 g/kg。

对比土系　本亚类中其他土系，不同土族，颗粒大小级别分别为粗骨壤质、砂质盖粗骨质、黏壤质盖粗骨质和壤质。

利用性能综述　草地，地形较陡，草被盖度高，土体较薄，砾石较多，养分含量高，应防止过度放牧。

发生学亚类　棕草毡土。

代表性单个土体　位于海北州祁连县扎麻什乡夏塘村张大窑组南，38.23413°N，99.89186°E，海拔 3645 m，高山缓坡坡麓，母质为黄土和冰碛物，草地，覆盖度>80%，50 cm 深度土温 0.4℃，野外调查采样日期为 2012 年 7 月 31 日，编号 YG-003。

Oo：　0～14 cm，浊黄棕色（10YR 5/4，干），暗棕色（10YR 3/3，润），5%岩石碎屑，粉壤土，发育中等的粒状结构，松散，多量草被根系，向下层波状渐变过渡。

AB：　14～35 cm，浊黄棕色（10YR 5/4，干），暗棕色（10YR 3/3，润），5%岩石碎屑，粉壤土，发育中等的粒状结构，松散，多量草被根系，向下层波状清晰过渡。

Bw：　35～57 cm，浊黄橙色（10YR 6/4，干），浊黄棕色（10YR 4/3，润），30%岩石碎屑，壤土，发育弱的鳞片状-小块状结构，松软-稍坚硬，少量草被根系，向下层波状渐变过渡。

C：　57～100 cm，浊黄橙色（10YR 7/3，干），灰黄棕色（10YR 5/2，润），80%岩石碎屑，壤土，单粒，无结构，松散。

张大窑南系代表性单个土体剖面

张大窑南系代表性单个土体物理性质

| 土层 | 深度/cm | 砾石(>2 mm,体积分数)/% | 细土颗粒组成 (粒径：mm)/(g/kg) | | | 质地 | 容重/(g/cm³) |
			砂粒2～0.05	粉粒0.05～0.002	黏粒<0.002		
Oo	0～14	5	164	583	254	粉壤土	0.82
AB	14～35	5	145	590	265	粉壤土	0.86
Bw	35～57	30	380	414	206	壤土	1.29
C	57～100	80	348	412	240	壤土	1.36

张大窑南系代表性单个土体化学性质

层次/cm	pH	有机碳/(g/kg)	全氮(N)/(g/kg)	全磷(P)/(g/kg)	全钾(K)/(g/kg)	CEC/[cmol(+)/kg]	碳酸钙/(g/kg)
0～14	6.0	73.8	5.23	2.30	23.1	36.8	1.7
14～35	6.2	49.5	3.54	2.20	25.1	30.6	0.8
35～57	6.9	5.0	0.40	1.00	26.6	6.5	1.0
57～100	7.5	3.5	0.18	1.80	27.0	5.3	1.4

10.6.5 大陇同系（Dalongtong Series）

土　族：黏壤质混合型非酸性-普通草毡寒冻雏形土
拟定者：李德成，张甘霖，赵玉国

分布与环境条件　分布于海北州祁连县央隆乡一带，高山河谷，海拔介于 3500～3900 m，母质为黄土物质，草地，高原大陆性气候，年均日照时数约 2780 h，年均气温约-1.3℃，年均降水量约 390 mm，无霜期约 50～100 d。

大陇同系典型景观

土系特征与变幅　诊断层包括草毡表层和雏形层；诊断特性包括寒性土壤温度状况、半干润土壤水分状况和冻融特征。地表可见石环和冻融丘，岩石露头面积约 2%，粗碎块面积约 2%，土体厚度 1 m 以上，草毡表层厚度介于 15～20 cm，有机碳含量介于 100～120 g/kg，C/N 介于 11～15，之下为雏形层，可见鳞片状结构。通体无石灰反应，碳酸钙含量< 10 g/kg，pH 介于 6.8～7.4，层次质地构型为粉质黏壤土-粉壤土，粉粒含量为 530～570 g/kg。

对比土系　十八盘系，同一土族，通体为粉壤土。

利用性能综述　草地，地形较陡，草被盖度高，土体较薄，养分含量高，应防止过度放牧。

发生学亚类　棕黑毡土。

代表性单个土体　位于海北州祁连县央隆乡大陇同村东南，38.70440°N，98.47000°E，海拔 3783 m，高山河谷，母质为黄土物质，草地，覆盖度>80%，50 cm 深度土温 2.2℃，野外调查采样日期为 2013 年 8 月 3 日，编号 HH009。

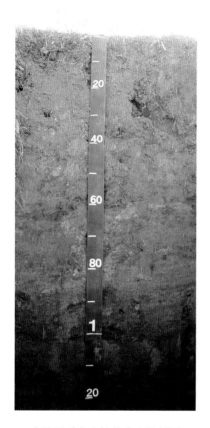

Oo：　0～15 cm，灰棕色（7.5YR 4/2，干），黑棕色（7.5YR 3/2，润），2%岩石碎屑，粉质黏壤土，发育中等的粒状结构，松散，多量草被根系，向下层平滑渐变过渡。

AB：　15～40 cm，灰棕色（7.5YR 4/2，干），黑棕色（7.5YR 3/2，润），2%岩石碎屑，粉质黏壤土，发育弱的鳞片状-小块状结构，松软-稍坚硬，中量草被根系，向下层平滑清晰过渡。

Bw1：40～86 cm，灰棕色（7.5YR 5/2，干），灰棕色（7.5YR 4/2，润），粉壤土，发育弱的鳞片状-小块状结构，松软-稍坚硬，少量草被根系，向下层波状渐变过渡。

Bw2：86～140 cm，黑棕色（7.5YR 3/1，干），黑色（7.5YR 2/1，润），粉壤土，发育弱的鳞片状-小块状结构。

大陇同系代表性单个土体剖面

大陇同系代表性单个土体物理性质

土层	深度 /cm	砾石 (>2 mm,体积分数)/ %	细土颗粒组成 (粒径：mm)/(g/kg)			质地	容重 /(g/cm³)
			砂粒 2～0.05	粉粒 0.05～0.002	黏粒 <0.002		
Oo	0～15	2	172	546	282	粉质黏壤土	—
AB	15～40	2	155	567	278	粉质黏壤土	—
Bw1	40～86	0	218	550	232	粉壤土	1.25
Bw2	86～140	0	235	531	234	粉壤土	1.29

大陇同系代表性单个土体化学性质

层次 /cm	pH	有机碳 /(g/kg)	全氮(N) /(g/kg)	全磷(P) /(g/kg)	全钾(K) /(g/kg)	CEC / [cmol(+)/kg]	碳酸钙 /(g/kg)
0～15	6.8	118.6	8.50	0.80	15.9	47.2	3.5
15～40	7.0	74.6	5.63	0.89	17.9	36.8	1.5
40～86	7.4	52.0	3.96	0.63	16.6	35.6	7.9
86～140	7.4	67.0	5.07	0.78	17.2	41.5	6.0

10.6.6　十八盘系（**Shibapan Series**）

土　族：黏壤质混合型非酸性-普通草毡寒冻雏形土
拟定者：李德成，张甘霖，赵玉国

分布与环境条件　分布于海
北州祁连县八宝镇一带，高
山坡地，海拔介于 3500～
3900 m，母质为黄土物质和
冰碛物，草地，高原大陆性
气候，年均日照时数约
2780 h，年均气温约–3.2℃，
年均降水量约 413 mm，无霜
期约 50～100 d。

十八盘系典型景观

土系特征与变幅　诊断层包括草毡表层和雏形层；诊断特性包括寒性土壤温度状况、半
干润土壤水分状况、冻融特征和石质接触面。地表可见石环和冻融丘，地表岩石露头面
积介于 5%～10%，粗碎块面积介于 2%～5%，土体厚度介于 60～70 cm，草毡表层厚度
介于 20～40 cm，有机碳含量介于 60～70 g/kg，C/N 介于 11～13，之下为雏形层，可见
鳞片状结构。通体砾石含量介于 10%～30%，无石灰反应，碳酸钙含量<10 g/kg，pH 介
于 6.7～7.0，通体质地为粉壤土，粉粒含量为 550～610 g/kg。

对比土系　大陇同系，同一土族，层次质地构型为粉质黏壤土-粉壤土。

利用性能综述　草地，地形较陡，草被盖度高，土体薄，砾石多，养分含量高，应防止
过度放牧。

发生学亚类　草毡土。

代表性单个土体　位于海北州祁连县八宝镇十八盘村西，38.04855°N，100.22299°E，海
拔 3709 m，高山陡坡上部，母质为黄土物质和冰碛物，草地，覆盖度约 80%，50 cm 深
度土温 0.2℃，野外调查采样日期为 2013 年 7 月 23 日，编号 YZ004。

十八盘系代表性单个土体剖面

Oo： 0～13 cm，浊黄橙色（10YR 6/3，干），浊黄棕色（10YR 5/3，润），10%岩石碎屑，粉壤土，发育中等的粒状结构，松散，多量草被根系，少量斑纹，向下层波状渐变过渡。

AB： 13～39 cm，浊黄橙色（10YR 6/3，干），浊黄棕色（10YR 5/3，润），20%岩石碎屑，粉壤土，发育中等的粒状结构，松散-松软，多量草被根系，少量斑纹，向下层波状渐变过渡。

Bw1：39～50 cm，浊黄橙色（10YR 6/3，干），浊黄棕色（10YR 5/3，润），20%岩石碎屑，粉壤土，发育弱的鳞片状结构，松软，中量草被根系，少量斑纹，向下层波状渐变过渡。

Bw2：50～72 cm，浊黄橙色（10YR 6/3，干），浊黄棕色（10YR 5/3，润），30%岩石碎屑，粉壤土，发育弱的鳞片状结构，松软，少量草被根系，向下层波状突变过渡。

R： 72～85 cm，基岩。

十八盘系代表性单个土体物理性质

土层	深度 /cm	砾石 (>2 mm,体积分数)/ %	细土颗粒组成 (粒径：mm)/(g/kg)			质地
			砂粒 2～0.05	粉粒 0.05～0.002	黏粒 <0.002	
Oo	0～13	10	228	554	218	粉壤土
AB	13～39	20	146	597	257	粉壤土
Bw1	39～50	20	145	601	254	粉壤土
Bw2	50～72	30	144	595	261	粉壤土

十八盘系代表性单个土体化学性质

层次 /(cm)	pH	有机碳 /(g/kg)	全氮(N) /(g/kg)	全磷(P) /(g/kg)	全钾(K) /(g/kg)	CEC / [cmol(+)/kg]	碳酸钙 /(g/kg)
0～13	6.7	65.0	4.92	0.82	18.5	28.3	6.0
13～39	6.8	56.8	4.32	0.75	18.2	27.4	6.8
39～50	7.0	37.0	2.84	0.55	16.6	21.8	6.0
50～72	7.0	13.9	1.14	0.42	17.8	26.0	6.8

10.6.7　草日更系（Caorigeng Series）

土　族：壤质混合型非酸性–普通草毡寒冻雏形土
拟定者：李德成，赵　霞

分布与环境条件　分布于黄
南州泽库县泽曲镇一带，冲
积平原，海拔介于 3700～
4000 m，母质为黄土物质，
草地，高原亚寒带湿润气候，
年均日照时数约 2566～
2675 h，年均气温约–1.2℃，
年均降水量约 509 mm，无霜
期低于 30 d。

草日更系典型景观

土系特征与变幅　诊断层包括草毡表层和雏形层；诊断特性包括寒性土壤温度状况、半
干润土壤水分状况和冻融特征。地表可见冻融丘，土体厚度 1 m 以上，草毡表层厚度介
于 10～30 cm，有机碳含量介于 15～35 g/kg，C/N 介于 12～15，约 80 cm 之下为埋藏土
层，之上土体无石灰反应，之下土体有石灰反应，pH 介于 7.1～8.4，层次质地构型为壤
土–粉壤土，粉粒含量介于 480～560 g/kg，砂粒含量介于 330～410 g/kg。

对比土系　隆仁玛系，同一亚纲不同土类，土体中有少量砾石，通体为粉壤土。

利用性能综述　草地，地形较平缓，草被盖度高，土体较厚，养分含量较高，应防止过
度放牧。

发生学亚类　棕毡土。

代表性单个土体　位于黄南州泽库县泽曲镇草日更村东北，35.08448°N，101.63446°E，
海拔 3801 m，冲积平原，母质为黄土物质，草地，覆盖度>80%，50 cm 深度土温 2.3℃，
野外调查采样日期为 2015 年 7 月 24 日，编号 63-18。

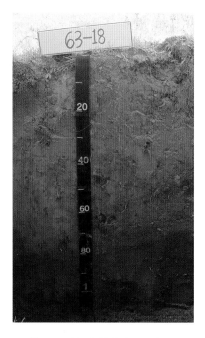

草日更系代表性单个土体剖面

Oo： 0～15 cm，浊棕色（7.5YR 6/3，干），灰棕色（7.5YR 5/2，润），壤土，发育中等的粒状-小块状结构，松散-稍坚硬，多量草被根系，向下层波状渐变过渡。

AB： 15～30 cm，浊棕色（7.5YR 6/3，干），灰棕色（7.5YR 5/2，润），粉壤土，发育中等的粒状-小块状结构，松散-稍坚硬，多量草被根系，向下层波状渐变过渡。

Bw1： 30～60 cm，浊棕色（7.5YR 6/3，干），灰棕色（7.5YR 5/2，润），粉壤土，发育中等的鳞片状-小块状结构，稍坚硬，中量草被根系，向下层波状渐变过渡。

Bw2： 60～80 cm，灰棕色（7.5YR 6/2，干），棕灰色（7.5YR 5/1，润），粉壤土，发育中等的鳞片状-小块状结构，稍坚硬，少量草被根系，向下层平滑清晰过渡。

Bw3： 80～115 cm，棕灰色（7.5YR 5/1，干），棕灰色（7.5YR 4/1，润），粉壤土，发育中等的中块状结构，稍坚硬，轻度石灰反应。

草日更系代表性单个土体物理性质

| 土层 | 深度/cm | 砾石（>2 mm,体积分数）/ % | 细土颗粒组成（粒径：mm）/(g/kg) | | | 质地 | 容重/(g/cm³) |
			砂粒 2～0.05	粉粒 0.05～0.002	黏粒 <0.002		
Oo	0～15	0	406	482	112	壤土	0.83
AB	15～30	0	364	513	123	粉壤土	1.08
Bw1	30～60	0	333	543	124	粉壤土	1.19
Bw2	60～80	0	332	543	125	粉壤土	1.44
Bw3	80～115	0	338	551	111	粉壤土	1.62

草日更系代表性单个土体化学性质

层次/cm	pH	有机碳/(g/kg)	全氮(N)/(g/kg)	全磷(P)/(g/kg)	全钾(K)/(g/kg)	CEC/[cmol(+)/kg]	碳酸钙/(g/kg)
0～15	7.1	34.1	2.39	1.52	16.5	17.6	0
15～30	7.4	27.9	2.23	1.25	16.1	15.0	0
30～60	7.4	7.6	0.89	1.33	17.8	10.6	0
60～80	7.9	5.3	0.78	1.49	18.4	8.8	6.4
80～115	8.4	4.1	0.50	1.30	17.2	8.3	12.0

10.7 钙积暗沃寒冻雏形土

10.7.1 下吊沟系（**Xiadiaogou Series**）

土　　族：壤质盖粗骨质混合型寒性-钙积暗沃寒冻雏形土
拟定者：李德成，赵　霞

分布与环境条件　分布于海北州门源县青石嘴镇一带，冲积平原，海拔介于 2700～3200 m，母质上为黄土物质，下为砂岩风化坡积物，草地为主，少量旱地，高原大陆性气候，年均日照时数约 2265～2740 h，年均气温约 0.9 ℃，年均降水量约 498 mm，无霜期低于 30 d。

下吊沟系典型景观

土系特征与变幅　诊断层包括暗沃表层和钙积层；诊断特性包括寒性土壤温度状况、半干润土壤水分状况和石灰性。土体厚度 1 m 左右，暗沃表层厚度介于 25～30 cm，碳酸钙含量介于 40～60 g/kg，之下为钙积层，碳酸钙含量介于 110～150 g/kg，可见碳酸钙白色粉末。通体有石灰反应，pH 介于 8.2～9.2，层次质地构型为粉壤土-砂质壤土，粉粒含量介于 240～600 g/kg，砂粒含量介于 300～700 g/kg。

对比土系　深水槽系和草达坂系，同一土类不同亚类，为普通暗沃寒冻雏形土。

利用性能综述　草地，地形平缓，土体较薄，砾石多，养分含量较高，防止水土流失。

发生学亚类　黑钙土。

代表性单个土体　位于海北州门源县青石嘴镇下吊沟村西，37.48186°N，101.33782°E，海拔 2990 m，洪积平原，母质上为黄土物质，下为砂岩风化坡积物，草地，覆盖度 90%以上，50 cm 深度土温 4.6℃，野外调查采样日期为 2014 年 8 月 4 日，编号 63-33。

Ah1：0～12 cm，暗棕色（7.5YR 3/4，干），黑棕色（7.5YR 2/2，润），粉壤土，发育中等的粒状结构，松散，中度石灰反应，向下层波状渐变过渡。

Ah2：12～26 cm，暗棕色（7.5YR 3/4，干），黑棕色（7.5YR 2/2，润），2%岩石碎屑，粉壤土，发育中等的粒状-小块状结构，松散-稍坚硬，中度石灰反应，向下层渐变清晰过渡。

Bk：26～42 cm，浊棕色（7.5YR 5/4，干），棕色（7.5YR 4/3，润），粉壤土，发育弱的鳞片状-中块状结构，坚硬，中量碳酸钙白色粉末，强石灰反应，向下层波状清晰过渡。

C：42～85 cm，橙色（7.5YR 6/6，干），浊棕色（7.5YR 5/4，润），80%岩石碎屑，砂质壤土，单粒，无结构，少量碳酸钙白色粉末，强石灰反应。

下吊沟系代表性单个土体剖面

下吊沟系代表性单个土体物理性质

土层	深度/cm	砾石(>2 mm,体积分数)/ %	细土颗粒组成 (粒径：mm)/(g/kg)			质地
			砂粒2～0.05	粉粒0.05～0.002	黏粒<0.002	
Ah1	0～12	0	303	594	103	粉壤土
Ah2	12～26	2	370	535	95	粉壤土
Bk	26～42	0	320	587	93	粉壤土
C	42～85	80	697	247	56	砂质壤土

下吊沟系代表性单个土体化学性质

层次/cm	pH	有机碳/(g/kg)	全氮(N)/(g/kg)	全磷(P)/(g/kg)	全钾(K)/(g/kg)	CEC/ [cmol(+)/kg]	碳酸钙/(g/kg)
0～12	8.2	56.4	5.38	1.89	18.1	29.5	48.7
12～26	8.2	55.3	5.17	4.73	17.5	28.8	55.4
26～42	8.6	16.7	1.81	1.22	18.3	13.3	149.8
42～85	9.2	4.4	0.59	1.87	22.4	5.6	114.4

10.8 普通暗沃寒冻雏形土

10.8.1 深水槽系（Shenshuicao Series）

土　族：黏壤质盖粗骨壤质混合型非酸性-普通暗沃寒冻雏形土
拟定者：李德成，张甘霖，赵玉国

分布与环境条件　分布于海北州祁连县扎麻什乡一带，高山坡地，海拔介于 3300～3700 m，母质上为黄土物质，下为冰碛物，草地，高原大陆性气候，年均日照时数约 2780 h，年均气温约–2.4℃，年均降水量约 390 mm，无霜期约 50～100 d。

深水槽系典型景观

土系特征与变幅　诊断层包括暗沃表层和雏形层；诊断特性包括寒性土壤温度状况、半干润土壤水分状况和冻融特征。地表可见冻融丘，岩石露头面积介于 2%～5%，粗碎块面积介于 2%～5%，土体厚度介于 60～70 cm，暗沃表层厚度介于 30～50 cm，之下为雏形层，厚度介于 20～30 cm，可见鳞片状结构。通体砾石含量介于 5%～50%，无石灰反应，pH 介于 6.5～7.8，层次质地构型为粉壤土-壤土，粉粒含量为 310～590 g/kg。

对比土系　草达坂系，同一亚类不同土族，颗粒大小级别为壤质盖粗骨壤质。

利用性能综述　草地，地形较陡，草被盖度高，土体较薄，砾石较多，养分含量高，应防止过度放牧。

发生学亚类　棕草毡土。

代表性单个土体　位于海北州祁连县扎麻什乡深水槽村西，38.23992°N，99.88897°E，海拔 3523 m，高山中坡中下部，母质上为黄土物质，下为冰碛物，草地，覆盖度>80%，50 cm 深度土温 1.1℃，野外调查采样日期为 2012 年 7 月 31 日，编号 YG-001。

Ah1：0～20 cm，暗棕色（10YR 3/3，干），黑棕色（10YR 3/2，润），5%岩石碎屑，粉壤土，发育中等的粒状结构，松散，多量草被根系，向下层波状渐变过渡。

Ah2：20～45 cm，暗棕色（10YR 3/3，干），黑棕色（10YR 3/2，润），5%岩石碎屑，粉壤土，发育中等的粒状-中块状结构，松散-松软，中量草被根系，向下层波状清晰过渡。

Bw：45～65 cm，浊黄橙色（10YR 7/3，干），灰黄棕色（10YR 5/2，润），50%岩石碎屑，壤土，发育弱的鳞片状-小块状结构，松软-稍坚硬，少量草被根系，向下层波状渐变过渡。

C：65～110 cm，暗棕色（10YR 3/3，干），黑棕色（10YR 3/2，润），80%砾石，壤土，单粒，无结构。

深水槽系代表性单个土体剖面

深水槽系代表性单个土体物理性质

土层	深度 /cm	砾石 (>2 mm,体积分数)/ %	细土颗粒组成 (粒径：mm)/(g/kg)			质地
			砂粒 2～0.05	粉粒 0.05～0.002	黏粒 <0.002	
Ah1	0～20	5	189	583	229	粉壤土
Ah2	20～45	5	195	577	228	粉壤土
Bw	45～65	50	367	427	206	壤土
C	65～110	50	515	317	168	壤土

深水槽系代表性单个土体化学性质

层次 /cm	pH	有机碳 /(g/kg)	全氮(N) /(g/kg)	全磷(P) /(g/kg)	全钾(K) /(g/kg)	CEC / [cmol(+)/kg]	碳酸钙 /(g/kg)
0～20	6.5	65.8	5.23	2.00	25.2	36.0	0.9
20～45	6.8	35.3	2.69	1.90	27.0	28.4	1.4
45～65	7.2	6.3	0.52	0.90	25.1	8.6	0.6
65～110	7.8	2.8	0.15	1.60	24.8	4.7	1.2

10.8.2　草达坂系（Caodaban Series）

土　族：壤质盖粗骨壤质混合型非酸性–普通暗沃寒冻雏形土

拟定者：李德成，张甘霖，赵玉国

分布与环境条件　分布于海北州祁连县阿柔乡一带，高山坡地，海拔介于 3100～3500 m，母质上为黄土物质，下为砂岩风化坡积物，草地，高原大陆性气候，年均日照时数约 2780 h，年均气温约 –1.1℃，年均降水量约406 mm，无霜期约 50～100 d。

草达坂系典型景观

土系特征与变幅　诊断层包括暗沃表层和雏形层；诊断特性包括寒性土壤温度状况、半干润土壤水分状况、冻融特征和石质接触面。地表可见石环和冻融丘，地表岩石露头面积介于 2%～5%，粗碎块面积介于 2%～5%，土体厚度介于 60～80 cm，暗沃表层厚度介于 45～55 cm，之下为雏形层，可见鳞片状结构。通体砾石含量介于 5%～50%，无石灰反应，碳酸钙含量<10 g/kg，pH 介于 6.4～6.7，层次质地构型为粉壤土–壤土，粉粒含量为 400～670 g/kg。

对比土系　深水槽系，同一亚类不同土族，颗粒大小级别为黏壤质盖粗骨壤质。

利用性能综述　草地，地形较陡，草被盖度高，土体较薄，养分含量高，应防止过度放牧。

发生学亚类　薄黑毡土。

代表性单个土体　位于海北州祁连县阿柔乡草达坂村东北，金洞沟村西南，阿力克寺西北，38.08369°N，100.42748°E，海拔 3372 m，高山缓坡坡麓，母质上为黄土物质，下为砂岩风化坡积物，草地，覆盖度>80%，50 cm 深度土温 2.4℃，野外调查采样日期为 2012 年 8 月 3 日，编号 LF-006。

Ah: 0～14 cm，灰棕色（7.5YR 5/2，干），黑棕色（10YR 3/2，润），粉壤土，发育中等的粒状结构，松散，多量草被根系，向下层波状渐变过渡。

AB: 14～25 cm，灰棕色（7.5YR 5/2，干），黑棕色（10YR 3/2，润），5%岩石碎屑，粉壤土，发育中等的粒状结构，松散，多量草被根系，向下层波状渐变过渡。

Bw1: 25～48 cm，灰棕色（7.5YR 5/2，干），黑棕色（10YR 3/2，润），5%岩石碎屑，粉壤土，发育中等的粒状-鳞片状结构，松散-松软，中量草被根系，向下层平滑清晰过渡。

Bw2: 48～50 cm，浊黄棕色（10YR 5/3，干），灰棕色（7.5YR 4/2，润），5%岩石碎屑，粉壤土，发育弱的鳞片状结构，松软，中量草被根系，向下层波状渐变过渡。

Bw3: 50～70 cm，浊黄棕色（10YR 5/3，干），灰棕色（7.5YR 4/2，润），50%岩石碎屑，壤土，发育弱的鳞片状-小块状结构，稍坚硬，中量草被根系。

草达坂系代表性单个土体剖面

C: 70～80 cm，岩石碎屑。

草达坂系代表性单个土体物理性质

土层	深度 /cm	砾石 (>2 mm,体积分数)/ %	细土颗粒组成 (粒径: mm)/(g/kg)			质地
			砂粒 2～0.05	粉粒 0.05～0.002	黏粒 <0.002	
Ah	0～14	0	143	590	266	粉壤土
AB	14～25	5	96	665	240	粉壤土
Bw1	25～48	5	128	626	245	粉壤土
Bw2	48～50	5	222	602	176	粉壤土
Bw3	50～70	50	448	409	143	壤土

草达坂系代表性单个土体化学性质

层次 /cm	pH	有机碳 /(g/kg)	全氮(N) /(g/kg)	全磷(P) /(g/kg)	全钾(K) /(g/kg)	CEC / [cmol(+)/kg]	碳酸钙 /(g/kg)
0～14	6.7	100.0	6.60	2.00	22.2	42.1	1.2
14～25	6.4	55.8	3.95	2.20	25.5	36.7	8.5
25～48	6.5	54.7	4.08	2.10	24.6	30.6	1.1
48～50	6.7	20.3	1.32	1.20	28.6	20.1	2.4
50～70	6.7	3.1	0.30	1.30	28.6	7.6	1.9

10.9 钙积简育寒冻雏形土

10.9.1 冬龙贡玛系（Donglonggongma Series）

土　族：粗骨质硅质混合型-钙积简育寒冻雏形土
拟定者：李德成，赵玉国

分布与环境条件　分布于玉树州曲麻莱县约改镇不冻泉—清水河沿线一带，高山冲-洪积扇,海拔介于4400～4800 m，母质为冲-洪积物，草地，高山高寒气候，年均日照时数介于 2468 ～ 2719 h，年均气温约–3.3℃，年均降水量约 438 mm，无霜期介于 93～126 d。

冬龙贡玛系典型景观

土系特征与变幅　诊断层包括淡薄表层和钙积层；诊断特性包括寒性土壤温度状况、半干润土壤水分状况、冻融特征和石灰性。地表可见石环和冻融丘，地表粗碎块面积介于10%～20%，土体厚度介于 20～40 cm，淡薄表层厚度介于 10～15 cm，碳酸钙含量介于20～40 g/kg，之下为钙积层，厚度介于 10～20 cm，碳酸钙含量介于 60～70 g/kg，可见鳞片状结构和碳酸钙粉末假菌丝体。通体砾石含量介于 5%～85%，有石灰反应，pH 介于 8.1～8.9，层次质地构型为砂质壤土-壤质砂土，砂粒含量介于 560～880 g/kg。

对比土系　本亚类中其他土系，不同土族，颗粒大小级别分别为粗骨砂质、粗骨壤质、砂质盖粗骨质、砂质、黏壤质盖粗骨质、黏壤质盖粗骨壤质、黏壤质、壤质盖粗骨壤质和壤质。

利用性能综述　草地，地形平缓，草被盖度较高，但已出现退化现象，土体薄，砾石多，养分含量较高，应防止过度放牧。

发生学亚类　棕草毡土。

代表性单个土体　位于玉树州曲麻莱县约改镇冬龙贡玛南，34.13542°N，96.01340°E，海拔 4626 m，高山冲-洪积扇，母质为冲-洪积物，草地，覆盖度约 70%，50 cm 深度土温 0.2℃，野外调查采样日期为 2011 年 8 月 1 日，编号 110801039。

Ah：0～12 cm，亮棕色（7.5YR 5/6，干），棕色（7.5YR 4/4，润），5%岩石碎屑，砂质壤土，发育中等的粒状结构，松散，多量草被根系，中度石灰反应，向下层平滑清晰过渡。

Bk：12～30 cm，橙色（7.5YR 7/6，干），浊棕色（7.5YR 5/4，润），75%岩石碎屑，砂质壤土，发育弱的粒状-鳞片状结构，松散-坚硬，少量草被根系，可见假菌丝体，中度石灰反应，向下层平滑清晰过渡。

C：30～120 cm，亮棕色（7.5YR 5/6，干），棕色（7.5YR 4/4，润），85%岩石碎屑，底面可见钙膜，壤质砂土，单粒，无结构，中度石灰反应。

冬龙贡玛系代表性单个土体剖面

冬龙贡玛系代表性单个土体物理性质

土层	深度 /cm	砾石 (>2 mm,体积分数)/ %	细土颗粒组成 (粒径：mm)/(g/kg)			质地
			砂粒 2～0.05	粉粒 0.05～0.002	黏粒 <0.002	
Ah	0～12	5	564	254	182	砂质壤土
Bk	12～30	75	811	66	123	砂质壤土
C	30～120	85	874	31	95	壤质砂土

冬龙贡玛系代表性单个土体化学性质

层次 /cm	pH	有机碳 /(g/kg)	全氮(N) /(g/kg)	全磷(P) /(g/kg)	全钾(K) /(g/kg)	CEC / [cmol(+)/kg]	碳酸钙 /(g/kg)
0～12	8.1	28.2	2.25	1.24	19.4	13.4	32.7
12～30	8.5	5.9	0.68	0.94	19.5	6.9	67.8
30～120	8.9	2.5	0.29	1.09	18.2	2.9	76.7

10.9.2　小驹里沟系（**Xiaojuligou Series**）

土　　族：粗骨砂质硅质混合型-钙积简育寒冻雏形土
拟定者：李德成，张甘霖，赵玉国

分布与环境条件　分布于海
北州祁连县野牛沟乡一带，
洪积平原，海拔介于 3300～
3700 m，母质为洪积物，草
地，高原大陆性气候，年均
日照时数约 2780 h，年均气
温–2.8℃，年均降水量约
297 mm，无霜期约 50～
100 d。

小驹里沟系典型景观

土系特征与变幅　诊断层包括淡薄表层、钙积层和雏形层；诊断特性包括寒性土壤温度
状况、半干润土壤水分状况、冻融特征和石灰性。地表可见石环和冻融丘，地表粗碎块
面积介于 2%～5%，土体厚度 1 m 以上，淡薄表层厚度介于 15～25 cm，碳酸钙含量介
于 90～140 g/kg，钙积层出现上界介于 40～50 cm，厚度介于 15～20 cm，碳酸钙含量介
于 160～170 g/kg，可见碳酸钙粉末。通体砾石含量介于 5%～50%，有石灰反应，pH 介
于 8.3～9.1，层次质地构型为壤土-砂质壤土，砂粒含量 420～670 g/kg，粉粒含量介于 210～
400 g/kg。

对比土系　抄青卡系，同一亚类不同土族，成土母质为坡积物，土族矿物类型为混合型，
层次质地构型为壤土-粉壤土。

利用性能综述　草地，地形平缓，草被盖度高，土体薄，砾石多，应防止过度放牧。

发生学亚类　薄黑毡土。

代表性单个土体　位于海北州祁连县野牛沟乡小驹里沟东南，白沙沟村东北，阳山岔沟
村东南，38.71711°N，99.20508°E，海拔 3504 m，洪积平原，母质为洪积物，草地，覆
盖度>80%，50 cm 深度土温 0.7℃，野外调查采样日期为 2013 年 8 月 5 日，编号 YZ010。

小驹里沟系代表性单个土体剖面

Ah1： 0~8 cm，浊棕色（7.5YR 5/4，干），棕色（7.5YR 4/3，润），5%岩石碎屑，壤土，发育中等的粒状结构，松散，多量草被根系，中度石灰反应，向下层波状平滑过渡。

Ah2： 8~20 cm，浊棕色（7.5YR 5/4，干），棕色（7.5YR 4/3，润），5%岩石碎屑，壤土，发育中等的粒状-小块状结构，松散-稍坚硬，中量草被根系，强石灰反应，向下层波状渐变过渡。

Bw1： 20~42 cm，浊橙色（7.5YR 7/3，干），灰棕色（7.5YR 4/2，润），30%岩石碎屑，砂质壤土，发育弱的鳞片状-中块状结构，稍坚硬-坚硬，少量草被根系，1 个旱獭洞穴，强石灰反应，向下层波状渐变过渡。

Bk： 42~60 cm，浊橙色（7.5YR 7/3，干），灰棕色（7.5YR 4/2，润），50%岩石碎屑，砂质壤土，发育弱的鳞片状-中块状结构，稍坚硬-坚硬，少量草被根系，少量碳酸钙粉末，强石灰反应，向下层波状渐变过渡。

Bw2： 60~105 cm，浊棕色（7.5YR 5/4，干），棕色（7.5YR 4/3，润），50%岩石碎屑，砂质壤土，发育弱的鳞片状-中块状结构，稍坚硬-坚硬，强石灰反应。

小驹里沟系代表性单个土体物理性质

土层	深度 /cm	砾石 (>2 mm,体积分数)/ %	细土颗粒组成 (粒径：mm)/(g/kg)			质地
			砂粒 2~0.05	粉粒 0.05~0.002	黏粒 <0.002	
Ah1	0~8	5	422	399	179	壤土
Ah2	8~20	5	462	359	179	壤土
Bw1	20~42	30	638	212	150	砂质壤土
Bk	42~60	50	642	216	143	砂质壤土
Bw2	60~105	50	664	220	116	砂质壤土

小驹里沟系代表性单个土体化学性质

层次 /cm	pH	有机碳 /(g/kg)	全氮(N) /(g/kg)	全磷(P) /(g/kg)	全钾(K) /(g/kg)	CEC / [cmol(+)/kg]	碳酸钙 /(g/kg)
0~8	8.5	30.0	2.33	0.53	16.3	11.9	82.3
8~20	8.4	15.4	1.25	0.50	17.0	10.0	132.3
20~42	8.3	2.7	0.30	0.27	16.3	6.7	106.9
42~60	9.0	6.3	0.57	0.31	16.0	3.4	161.2
60~105	9.1	1.9	0.24	0.42	16.1	2.2	112.0

10.9.3　抄青卡系（**Chaoqingka Series**）

土　族：粗骨壤质硅质混合型-钙积简育寒冻雏形土
拟定者：李德成，杨　飞

分布与环境条件　分布于玉树市下拉秀镇一带，高山坡地，海拔介于 3900～4300 m，母质为红砂岩风化坡积物，草地，高山高寒气候，年均日照时数约 2468～2719 h，年均气温约 0.5℃，年均降水量约 520 mm，无霜期约 93～126 d。

抄青卡系典型景观

土系特征与变幅　诊断层包括淡薄表层和钙积层；诊断特性包括寒性土壤温度状况、半干润土壤水分状况、冻融特征和石灰性。地表可见冻融丘，粗碎块面积介于 2%～5%，土体厚度 1 m 左右，淡薄表层厚度介于 5～25 cm，碳酸钙含量介于 20～30 g/kg，之下为钙积层，碳酸钙含量介于 180～200 g/kg，可见碳酸钙假菌丝体和鳞片状结构。通体有石灰反应，pH 介于 7.7～8.9，层次质地构型为壤土-粉壤土，粉粒含量介于 480～660 g/kg。

对比土系　小驹里沟系，同一亚类不同土族，成土母质为洪积物，土族矿物类型为硅质混合型，层次质地构型为壤土-砂质壤土。

利用性能综述　草地，坡度较陡，土体较厚，砾石较多，草被盖度高，养分含量高，应防止过度放牧。

发生学亚类　薄草毡土。

代表性单个土体　位于玉树市下拉秀镇抄青卡村东北，32.54908°N，96.47993°E，海拔 4174 m，高山坡地下部，母质为红砂岩风化坡积物，草地，覆盖度>80%，50 cm 深度土温 4.0℃，野外调查采样日期为 2015 年 7 月 23 日，编号 63-024。

Ah1: 0～10 cm，浊棕色（7.5YR 5/4，干），棕色（7.5YR 4/3，润），5%岩石碎屑，壤土，发育中等的粒状结构，松散，多量草被根系，轻度石灰反应，向下层波状渐变过渡。

Ah2: 10～23 cm，浊棕色（7.5YR 5/4，干），棕色（7.5YR 4/3，润），10%岩石碎屑，粉壤土，发育中等的粒状-小块状结构，松散-稍坚硬，中量草被根系，轻度石灰反应，向下层不规则清晰过渡。

Bk1: 23～60 cm，橙色（7.5YR 6/6，干），浊棕色（7.5YR 5/4，润），30%岩石碎屑，粉壤土，发育弱的鳞片状-中块状结构，坚硬，中量碳酸钙假菌丝体，强石灰反应，向下层波状渐变过渡。

Bk2: 60～130 cm，橙色（7.5YR 6/6，干），浊棕色（7.5YR 5/4，润），30%岩石碎屑，粉壤土，发育弱的中块状结构，坚硬，少量碳酸钙假菌丝体，强石灰反应。

抄青卡系代表性单个土体剖面

抄青卡系代表性单个土体物理性质

| 土层 | 深度/cm | 砾石(>2 mm,体积分数)/ % | 细土颗粒组成 (粒径：mm)/(g/kg) | | | 质地 |
			砂粒 2～0.05	粉粒 0.05～0.002	黏粒 <0.002	
Ah1	0～10	5	387	481	132	壤土
Ah2	10～23	10	257	552	191	粉壤土
Bk1	23～60	30	195	585	220	粉壤土
Bk2	60～130	30	108	651	241	粉壤土

抄青卡系代表性单个土体化学性质

层次/cm	pH	有机碳/(g/kg)	全氮(N)/(g/kg)	全磷(P)/(g/kg)	全钾(K)/(g/kg)	CEC/ [cmol(+)/kg]	碳酸钙/(g/kg)
0～10	7.7	52.3	3.65	1.45	16.3	29.2	24.0
10～23	8.2	27.4	1.94	1.31	16.5	22.7	20.3
23～60	8.6	7.5	0.97	1.17	15.0	14.6	188.8
60～130	8.9	1.6	0.48	1.24	16.6	11.3	191.9

10.9.4 红山咀南系（**Hongshanzuinan Series**）

土　族：粗骨壤质混合型-钙积简育寒冻雏形土
拟定者：李德成，张甘霖，赵玉国

分布与环境条件　分布于海北州祁连县央隆乡一带，高山坡地，海拔介于 3600～4000 m，母质为超基性岩风化坡积物，草地，高山寒冷湿润气候，年均日照时数约 3900 h，年均气温约–3.3℃，年均降水量约 307 mm，无霜期约 30 d。

红山咀南系典型景观

土系特征与变幅　诊断层包括淡薄表层和钙积层；诊断特性包括寒性土壤温度状况、半干润土壤水分状况、冻融特征和石灰性。地表可见石环和冻融丘，岩石露头面积介于2%～5%，粗碎块面积为4%～40%，土体厚度约80 cm，淡薄表层厚度介于10～15 cm，碳酸钙含量介于10～20 g/kg，之下为钙积层，碳酸钙含量介于80～160 g/kg，可见鳞片状结构和碳酸钙白色粉末。通体砾石含量介于15%～60%，有石灰反应，pH 7.7～8.0，质地为壤土，粉粒含量介于440～460 g/kg。

对比土系　瓦乎寺系，同一土族，地形部位为高山坡麓。

利用性能综述　草地，海拔高，地形较陡，土体较厚，砾石较多，草被盖度较高，养分含量高，应防止过度放牧。

发生学亚类　暗寒钙土。

代表性单个土体　位于海北州祁连县央隆乡红山咀沟西南，三岔村东北，38.76606°N，98.23507°E，海拔3851 m，高山陡坡中上部，母质为超基性岩风化坡积物，草地，覆盖度约50%，50 cm深度土温0.2℃，野外调查采样日期为2012年8月5日，编号LF-010。

Ah： 0～13 cm，浊黄棕色（10YR 4/3，干），黑棕色（10YR 3/2，润），15%岩石碎屑，壤土，发育中等的粒状结构，松散，多量草被根系，轻度石灰反应，向下层波状渐变过渡。

Bk1： 13～25 cm，灰黄棕色（10YR 6/2，干），棕灰色（10YR 5/1，润），35%岩石碎屑，壤土，发育中等的鳞片状-小块状结构，松散-稍坚硬，中量草被根系，少量碳酸钙白色粉末，中度石灰反应，向下层波状渐变过渡。

Bk2： 25～80 cm，橙白色（10YR 8/2，干），棕灰色（10YR 6/1，润），60%岩石碎屑，壤土，发育弱的鳞片状-小块状结构，坚硬，中量碳酸钙白色粉末，强石灰反应。

红山咀南系代表性单个土体剖面

红山咀南系代表性单个土体物理性质

土层	深度 /cm	砾石 (>2 mm,体积分数)/ %	细土颗粒组成 （粒径：mm)/(g/kg)			质地
			砂粒 2～0.05	粉粒 0.05～0.002	黏粒 <0.002	
Ah	0～13	15	319	446	236	壤土
Bk1	13～25	35	300	443	257	壤土
Bk2	25～80	60	328	456	216	壤土

红山咀南系代表性单个土体化学性质

层次 /cm	pH	有机碳 /(g/kg)	全氮(N) /(g/kg)	全磷(P) /(g/kg)	全钾(K) /(g/kg)	CEC / [cmol(+)/kg]	碳酸钙 /(g/kg)
0～13	7.7	44.7	3.17	1.5	28.1	21.1	17.9
13～25	7.9	17.5	2.18	1.2	27.3	15.2	89.6
25～80	8.0	13.6	0.79	0.9	28.9	10.0	151.1

10.9.5　瓦乎寺系（Wahusi Series）

土　　族：粗骨壤质混合型-钙积简育寒冻雏形土
拟定者：李德成，张甘霖，赵玉国

分布与环境条件　分布于海北州祁连县央隆乡一带，高山坡麓，海拔介于 3200～3600 m，母质为坡积物，草地，高原大陆性气候，年均日照时数约 2780 h，年均气温约-2.0℃，年均降水量约311 mm，无霜期约 50～100 d。

瓦乎寺系典型景观

土系特征与变幅　诊断层包括淡薄表层和钙积层；诊断特性包括寒性土壤温度状况、半干润土壤水分状况、冻融特征和石灰性。地表可见石环和冻融丘，粗碎块面积介于 5%～10%，土体厚度 1 m 以上，淡薄表层厚度介于 10～20 cm，碳酸钙含量介于 240～250 g/kg，之下为钙积层，碳酸钙含量介于 320～380 g/kg，可见碳酸钙粉末。通体砾石含量介于5%～30%，有石灰反应，pH 介于 8.0～8.7，通体质地为壤土，粉粒含量介于 400～440 g/kg，砂粒含量介于 320～430 g/kg。

对比土系　红山咀南系，同一土族，地形部位为高山陡坡中上部。

利用性能综述　草地，地形平缓，草被盖度较高，土体较厚，砾石较多，养分含量低，应防止过度放牧。

发生学亚类　冷钙土。

代表性单个土体　位于海北州祁连县央隆乡瓦乎寺西南，38.79302°N，98.33190°E，海拔 3403 m，高山缓坡坡麓下部，母质为坡积物，草地，覆盖度约 70%，50 cm 深度土温1.5℃，野外调查采样日期为 2012 年 8 月 5 日，编号 YG-010。

Ah：　0～13 cm，灰黄棕色（10YR 6/2，干），灰黄棕色（10YR 4/2，润），2%岩石碎屑，壤土，发育中等的粒状结构，松散，多量草被根系，强石灰反应，向下层平滑清晰过渡。

Bk1：13～23 cm，灰黄棕色（10YR 6/2，干），灰黄棕色（10YR 4/2，润），5%岩石碎屑，壤土，发育中等的鳞片状-小块状结构，稍坚硬-坚硬，少量草被根系，少量碳酸钙粉末，强石灰反应，向下层平滑清晰过渡。

Bk2：23～52 cm，浊黄橙色（10YR 7/2，干），灰黄棕色（10YR 5/2，润），30%岩石碎屑，壤土，发育弱的鳞片状结构，稍坚硬，少量草被根系，中量碳酸钙粉末，强石灰反应，向下层波状清晰过渡。

Bk3：52～110 cm，浊黄橙色（10YR 7/2，干），灰黄棕色（10YR 4/2，润），30%岩石碎屑，壤土，发育弱的鳞片状-小块状结构，少量碳酸钙粉末，稍坚硬-坚硬，强石灰反应。

瓦乎寺系代表性单个土体剖面

瓦乎寺系代表性单个土体物理性质

土层	深度/cm	砾石(>2 mm,体积分数)/ %	细土颗粒组成（粒径：mm)/(g/kg)			质地
			砂粒 2～0.05	粉粒 0.05～0.002	黏粒 <0.002	
Ah	0～13	2	341	439	219	壤土
Bk1	13～23	5	425	402	173	壤土
Bk2	23～52	30	391	409	200	壤土
Bk3	52～110	30	328	427	245	壤土

瓦乎寺系代表性单个土体化学性质

层次/cm	pH	有机碳/(g/kg)	全氮(N)/(g/kg)	全磷(P)/(g/kg)	全钾(K)/(g/kg)	CEC/ [cmol(+)/kg]	碳酸钙/(g/kg)
0～13	8.0	18.9	2.23	1.30	23.1	8.0	248.4
13～23	8.7	6.6	0.98	1.00	21.2	3.6	377.8
23～52	8.5	3.4	0.56	1.00	22.7	3.6	320.8
52～110	8.6	6.0	0.82	0.90	22.9	11.0	346.4

10.9.6 巴地陇仁系（Badilongren Series）

土　族：砂质盖粗骨质硅质混合型-钙积简育寒冻雏形土
拟定者：李德成，赵玉国

分布与环境条件　分布于玉
树州曲麻莱县叶格乡不冻
泉—清水河沿线一带，高山
冲-洪积扇，海拔介于 4400～
4800 m，母质为冲-洪积物，
草地，高山高寒气候，年均
日照时数介于 2468 ～
2719 h，年均气温约-3.3℃，
年均降水量约 442 mm，无霜
期介于 93～126 d。

巴地陇仁系典型景观

土系特征与变幅　诊断层包括淡薄表层和钙积层；诊断特性包括寒性土壤温度状况、半
干润土壤水分状况、冻融特征和石灰性。地表可见石环和冻融丘，地表粗碎块面积介于
4%～40%，土体厚度 1 m 以上，淡薄表层厚度介于 10～20 cm，之下为钙积层，可见假
菌丝体。通体砾石含量介于 5%～80%，碳酸钙含量介于 70～120 g/kg，有石灰反应，pH
介于 8.3～9.1，层次质地构型为壤土-砂质壤土-壤质砂土，砂粒含量介于 510～860 g/kg。

对比土系　毛能南果系，同一土族，层次质地构型为壤土-砂质黏壤土-砂质壤土。

利用性能综述　草地，地形平缓，草被盖度较高，已出现退化现象，土体较薄，砾石较
多，养分含量较高，应封境保育，提高草被盖度。

发生学亚类　石灰性草甸土。

代表性单个土体　位于玉树州曲麻莱县叶格乡巴地陇仁村南，34.45861°N，95.60437°E，
海拔 4613 m，高山冲-洪积扇，母质为冲-洪积物，草地，覆盖度约 70%，50 cm 深度土
温 0.2℃，野外调查采样日期为 2011 年 7 月 26 日，编号 110726031。

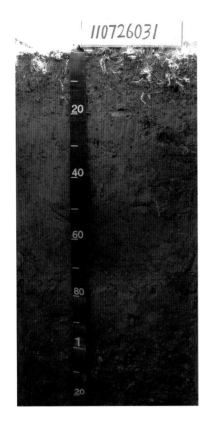

Ah:　0～12 cm，橙色（7.5YR 6/6，干），浊棕色（7.5YR 5/4，润），5%岩石碎屑，壤土，发育中等的粒状-鳞片状结构，松散-坚硬，多量草被根系，强石灰反应，向下层平滑清晰过渡。

Bk1：12～30 cm，橙色（7.5YR 6/6，干），浊棕色（7.5YR 5/4，润），5%岩石碎屑，砂质壤土，发育中等的鳞片状-中块状结构，坚硬，少量草被根系，多量碳酸钙假菌丝体，强石灰反应，向下层平滑清晰过渡。

Bk2：30～90 cm，浊橙色（7.5YR 6/4，干），浊棕色（7.5YR 5/3，润），5%岩石碎屑，砂质壤土，发育弱的鳞片状-中块状结构，坚硬，多量碳酸钙假菌丝体，强石灰反应，向下层平滑清晰过渡。

C：　90～125 cm，浊橙色（7.5YR 6/4，干），浊棕色（7.5YR 5/3，润），80%岩石碎屑，壤质砂土，单粒，无结构，强石灰反应。

巴地陇仁系代表性单个土体剖面

巴地陇仁系代表性单个土体物理性质

土层	深度 /cm	砾石 (>2 mm,体积分数)/ %	细土颗粒组成 (粒径：mm)/(g/kg)			质地	容重 /(g/cm³)
			砂粒 2～0.05	粉粒 0.05～0.002	黏粒 <0.002		
Ah	0～12	5	516	303	182	壤土	—
Bk1	12～30	5	703	157	140	砂质壤土	—
Bk2	30～90	5	656	190	154	砂质壤土	1.43
C	90～125	80	853	47	100	壤质砂土	—

巴地陇仁系代表性单个土体化学性质

层次 /cm	pH	有机碳 /(g/kg)	全氮(N) /(g/kg)	全磷(P) /(g/kg)	全钾(K) /(g/kg)	CEC / [cmol(+)/kg]	碳酸钙 /(g/kg)
0～12	8.3	25.4	2.11	1.20	17.8	10.6	75.4
12～30	8.8	5.1	0.60	1.11	17.4	4.0	116.0
30～90	9.0	2.9	0.31	1.11	16.7	3.5	103.0
90～125	9.1	1.7	0.24	0.99	17.6	2.8	101.3

10.9.7　毛能南果系（**Maonengnanguo Series**）

土　族：砂质盖粗骨质硅质混合型-钙积简育寒冻雏形土
拟定者：李德成，赵玉国

分布与环境条件　分布于玉树州曲麻莱县约改镇不冻泉—清水河沿线一带，高山冲-洪积扇，海拔介于 4200～4600 m，母质为冲-洪积物，草地，高山高寒气候，年均日照时数介于 2468～2719 h，年均气温约-3.3℃，年均降水量约 446 mm，无霜期介于 93～126 d。

毛能南果系典型景观

土系特征与变幅　诊断层包括淡薄表层和钙积层；诊断特性包括寒性土壤温度状况、半干润土壤水分状况、冻融特征和石灰性。地表可见石环和冻融丘，地表粗碎块面积介于 4%～40%，土体厚度 1 m 以上，淡薄表层厚度介于 8～15 cm，之下为钙积层，可见假菌丝体。通体砾石含量介于 5%～90%，碳酸钙含量介于 50～110 g/kg，有石灰反应，pH 介于 8.1～9.0，层次质地构型为壤土-砂质黏壤土-质壤砂土，砂粒含量介于 510～810 g/kg。

对比土系　巴地陇仁系，同一土族，层次质地构型为壤土-砂质壤土-壤质砂土。

利用性能综述　草地，地形较平缓，草被盖度较低，土体较厚，砾石较多，养分含量较高，应封境保育，提高草被盖度。

发生学亚类　石灰性草甸土。

代表性单个土体　位于玉树州曲麻莱县约改镇毛能南果山西，34.09559°N，96.14801°E，海拔 4434 m，高山冲-洪积扇，母质为冲-洪积物，草地，覆盖度约 45%，50 cm 深度土温 0.2℃，野外调查采样日期为 2011 年 8 月 1 日，编号 110801040。

Ah:　0～10 cm，橙色（7.5YR 6/6，干），浊棕色（7.5YR 5/4，润），5%岩石碎屑，壤土，发育中等的粒状-鳞片状结构，松散-坚硬，多量草被根系，中度石灰反应，向下层平滑清晰过渡。

Bk1：10～30 cm，橙色（7.5YR 6/6，干），浊棕色（7.5YR 5/4，润），10%岩石碎屑，砂质黏壤土，发育中等的鳞片状-中块状结构，坚硬，中量草被根系，多量碳酸钙假菌丝体，强石灰反应，向下层波状渐变过渡。

Bk2：30～48 cm，橙色（7.5YR 6/6，干），浊棕色（7.5YR 5/4，润），20%岩石碎屑，砂质黏壤土，发育弱的鳞片状-中块状结构，坚硬，少量草被根系，多量碳酸钙假菌丝体，强石灰反应，向下层波状清晰过渡。

C：　48～100 cm，浊棕色（7.5YR 5/3，干），灰棕色（7.5YR 4/2，润），90%岩石碎屑，砂质壤土，单粒，无结构，强石灰反应。

毛能南果系代表性单个土体剖面

毛能南果系代表性单个土体物理性质

土层	深度 /cm	砾石 (>2 mm,体积分数)/ %	细土颗粒组成 (粒径：mm)/(g/kg)			质地
			砂粒 2～0.05	粉粒 0.05～0.002	黏粒 <0.002	
Ah	0～10	5	513	302	185	壤土
Bk1	10～30	10	523	274	202	砂质黏壤土
Bk2	30～48	20	551	242	206	砂质黏壤土
C	48～100	90	801	91	108	砂质壤土

毛能南果系代表性单个土体化学性质

层次 /cm	pH	有机碳 /(g/kg)	全氮(N) /(g/kg)	全磷(P) /(g/kg)	全钾(K) /(g/kg)	CEC / [cmol(+)/kg]	碳酸钙 /(g/kg)
0～10	8.1	45.0	3.11	1.22	19.1	13.5	57.0
10～30	8.5	12.7	1.27	1.32	20.4	7.7	100.3
30～48	8.7	7.0	0.86	1.33	20.8	7.4	102.0
48～100	9.0	3.4	0.52	1.10	22.6	3.7	88.9

10.9.8 鄂阿毛盖系（E'amaogai Series）

土　族：砂质硅质混合型-钙积简育寒冻雏形土
拟定者：李德成，赵玉国

分布与环境条件　分布于玉
树州曲麻莱县叶格乡不冻
泉—清水河沿线一带，高山
冲-洪积扇，海拔介于 4200～
4600 m，母质为冲-洪积物，
草地，高山高寒气候，年均
日照时数介于 2468～
2719 h，年均气温约-3.3℃，
年均降水量约 422 mm，无霜
期介于 93～126 d。

鄂阿毛盖系典型景观

土系特征与变幅　诊断层包括淡薄表层和钙积层；诊断特性包括寒性土壤温度状况、半
干润土壤水分状况、冻融特征和石灰性。地表可见石环和冻融丘，地表粗碎块面积介于
10%～20%，土体厚度 1 m 以上，淡薄表层厚度介于 5～15 m，之下为钙积层，可见假菌
丝体。通体砾石含量介于 5%～70%，碳酸钙含量介于 70～120 g/kg，有石灰反应，pH
介于 8.7～9.1，通体质地为砂质壤土，砂粒含量介于 670～720 g/kg。

对比土系　拉木多都系和直达峡木系，同一土族，层次质地构型分别为砂质壤土-壤质砂
土、壤质砂土-砂质黏壤土-砂质壤土。

利用性能综述　草地，地形较平缓，草被盖度较低，土体较厚，砾石较多，养分含量较
高，应封境保育，提高草被盖度。

发生学亚类　寒钙土。

代表性单个土体　位于玉树州曲麻莱县叶格乡鄂阿毛盖库西北，34.64508°N，
95.24196°E，海拔 4484 m，高山冲-洪积扇，母质为冲-洪积物，草地，覆盖度约 70%，
50 cm 深度土温 0.2℃，野外调查采样日期为 2011 年 7 月 24 日，编号 110724025。

Ah： 0～10 cm，浊棕色（7.5YR 5/4，干），棕色（7.5YR 4/3，润），10%岩石碎屑，砂质壤土，发育中等的粒状-鳞片状结构，松散-坚硬，多量草被根系，中度石灰反应，向下层平滑清晰过渡。

Bk1： 10～70 cm，浊橙色（7.5YR 6/4，干），浊棕色（7.5YR 5/3，润），20%岩石碎屑，砂质壤土，发育中等的中块状结构，坚硬，少量草被根系，多量碳酸钙假菌丝体，中度石灰反应，向下层平滑清晰过渡。

Bk2： 70～100 cm，浊橙色（7.5YR 6/4，干），浊棕色（7.5YR 5/3，润），5%岩石碎屑，砂质壤土，发育弱的中块状结构，坚硬，中量碳酸钙假菌丝体，强石灰反应，向下层平滑清晰过渡。

C： 100～130 cm，灰棕色（7.5YR 5/2，干），棕灰色（7.5YR 4/1，润），70%岩石碎屑，砂质壤土，发育弱的小块状结构，坚硬，少量碳酸钙假菌丝体，强石灰反应。

鄂阿毛盖系代表性单个土体剖面

鄂阿毛盖系代表性单个土体物理性质

土层	深度 /cm	砾石 (>2 mm,体积分数)/ %	细土颗粒组成 (粒径：mm)/(g/kg)			质地	容重 /(g/cm³)
			砂粒 2～0.05	粉粒 0.05～0.002	黏粒 <0.002		
Ah	0～10	10	709	162	129	砂质壤土	—
Bk1	10～70	20	714	161	125	砂质壤土	—
Bk2	70～100	5	670	187	143	砂质壤土	1.46
C	100～130	70	693	173	134	砂质壤土	—

鄂阿毛盖系代表性单个土体化学性质

层次 /cm	pH	有机碳 /(g/kg)	全氮(N) /(g/kg)	全磷(P) /(g/kg)	全钾(K) /(g/kg)	CEC / [cmol(+)/kg]	碳酸钙 /(g/kg)
0～10	8.7	9.1	0.74	1.06	19.6	4.7	70.5
10～70	8.9	4.9	0.46	0.88	18.5	3.5	74.0
70～100	8.9	2.7	0.25	0.89	16.3	2.7	113.9
100～130	9.1	2.4	0.26	1.09	18.4	1.8	115.7

10.9.9　拉木多都系（Lamuduodu Series）

土　　族：砂质硅质混合型-钙积简育寒冻雏形土

拟定者：李德成，赵玉国

分布与环境条件　分布于玉树州曲麻莱县叶格乡不冻泉—清水河沿线一带，高山冲积平原，海拔介于 4200～4600 m，母质为冲积物，草地，高山高寒气候，年均日照时数介于 2468～2719 h，年均气温约–3.3℃，年均降水量约 214 mm，无霜期介于 93～126 d。

拉木多都系典型景观

土系特征与变幅　诊断层包括淡薄表层和钙积层；诊断特性包括寒性土壤温度状况、半干润土壤水分状况、冻融特征和石灰性。地表可见石环和冻融丘，地表粗碎块面积介于 5%～15%，土体厚度 1 m 以上，淡薄表层厚度介于 10～25 cm，之下为钙积层，可见假菌丝体。通体砾石含量低于 5%，碳酸钙含量介于 60～110 g/kg，有石灰反应，pH 介于 8.4～9.0，层次质地构型为砂质壤土-壤质砂土，砂粒含量介于 700～880 g/kg。

对比土系　鄂阿毛盖系和直达峡木系，同一土族，层次质地构型分别为通体砂质壤土和壤质砂土-砂质黏壤土-砂质壤土。

利用性能综述　草地，地形平缓，草被盖度中等，土体厚，砾石少，养分含量较低，应封境保育，提高草被盖度。

发生学亚类　淡寒钙土。

代表性单个土体　位于玉树州曲麻莱县叶格乡多都拉木西北，35.17427°N，93.94714°E，海拔 4449 m，高山冲积平原，母质为冲积物，草地，覆盖度约 70%，50 cm 深度土温 0.2℃，野外调查采样日期为 2011 年 7 月 12 日，编号 110712003。

Ah1：0～15 cm，浊棕色（7.5YR 5/4，干），棕色（7.5YR 4/3，润），3%岩石碎屑，砂质壤土，发育中等的粒状-鳞片状结构，松散-坚硬，多量草被根系，中度石灰反应，向下层波状渐变过渡。

Ah2：15～30 cm，浊棕色（7.5YR 5/4，干），棕色（7.5YR 4/3，润），5%岩石碎屑，砂质壤土，发育中等的粒状-鳞片状结构，松散-坚硬，多量草被根系，强石灰反应，向下层平滑清晰过渡。

Bk1：30～90 cm，浊橙色（7.5YR 6/4，干），浊棕色（7.5YR 5/3，润），3%岩石碎屑，砂质壤土，发育中块状结构，坚硬，少量草被根系，多量碳酸钙假菌丝体，强石灰反应，向下层波状渐变过渡。

Bk2：90～135 cm，灰棕色（7.5YR 5/2，干），棕灰色（7.5YR 4/1，润），壤质砂土，发育弱的中块状结构，坚硬，中量碳酸钙假菌丝体，中度石灰反应。

拉木多都系代表性单个土体剖面

拉木多都系代表性单个土体物理性质

土层	深度 /cm	砾石 (>2 mm,体积分数)/ %	细土颗粒组成 (粒径：mm)/(g/kg)			质地	容重 /(g/cm³)
			砂粒 2～0.05	粉粒 0.05～0.002	黏粒 <0.002		
Ah1	0～15	3	701	172	127	砂质壤土	—
Ah2	15～30	5	731	113	156	砂质壤土	—
Bk1	30～90	3	759	114	128	砂质壤土	1.44
Bk2	90～135	0	879	30	90	壤质砂土	1.54

拉木多都系代表性单个土体化学性质

层次 /cm	pH	有机碳 /(g/kg)	全氮(N) /(g/kg)	全磷(P) /(g/kg)	全钾(K) /(g/kg)	CEC / [cmol(+)/kg]	碳酸钙 /(g/kg)
0～15	8.4	21.7	1.79	0.72	15.6	4.5	63.0
15～30	8.7	11.3	1.46	0.57	15.0	6.2	105.2
30～90	9.0	2.4	0.30	0.38	14.5	2.7	102.1
90～135	9.0	1.6	0.21	0.73	16.8	1.9	67.3

10.9.10 直达峡木系（**Zhidaxiamu Series**）

土　族：砂质硅质混合型-钙积简育寒冻雏形土
拟定者：李德成，张甘霖，赵玉国

分布与环境条件　分布于玉树州曲麻莱县叶格乡不冻泉—清水河沿线一带，冲-洪积平原，海拔介于 4200～4600 m，母质为冲-洪积物，草地，高山高寒气候，年均日照时数介于 2468～2719 h，年均气温约-3.3℃，年均降水量约 214 mm，无霜期介于 93～126 d。

直达峡木系典型景观

土系特征与变幅　诊断层包括淡薄表层和钙积层；诊断特性包括寒性土壤温度状况、半干润土壤水分状况、冻融特征和石灰性。地表可见石环和冻融丘，地表粗碎块面积介于 40%～60%，土体厚度 1 m 以上，淡薄表层厚度介于 15～20 cm，之下为钙积层，可见假菌丝体。通体砾石含量介于 5%～20%，碳酸钙含量介于 100～170 g/kg，有石灰反应，pH 介于 8.7～8.9，层次质地构型为壤质砂土-砂质黏壤土-砂质壤土，砂粒含量介于 660～880 g/kg。

对比土系　鄂阿毛盖系和拉木多都系，同一土族，层次质地构型分别为通体砂质壤土和砂质壤土-壤质砂土。

利用性能综述　草地，地形平缓，草被盖度低，土体厚，砾石较多，养分含量低，应封境保育，提高草被盖度。

发生学亚类　石灰性草甸土。

代表性单个土体　位于玉树州曲麻莱县叶格乡直达峡木窝东北，35.23679°N，93.91029°E，海拔 4449 m，冲-洪积平原，母质为冲-洪积物，草地，覆盖度约 15%，50 cm 深度土温 0.2℃，野外调查采样日期为 2011 年 7 月 13 日，编号 110713007。

110713007

Ah: 0～18 cm，浊橙色（5YR 7/4，干），浊黄橙色（5YR 6/3，润），5%岩石碎屑，壤质砂土，发育中等的粒状-小块状结构，松散-稍坚硬，多量草被根系，强石灰反应，向下层波状渐变过渡。

Bk1: 18～38 cm，浊橙色（5YR 7/4，干），浊黄橙色（5YR 6/3，润），15%岩石碎屑，砂质黏壤土，发育中等的鳞片状-中块状结构，坚硬，多量假菌丝体，中量草被根系，强石灰反应，向下层波状清晰过渡。

Bk2: 38～102 cm，浊橙色（5YR 7/4，干），浊黄橙色（5YR 6/3，润），20%岩石碎屑，砂质壤土，发育弱的中块状结构，坚硬，少量碳酸钙假菌丝体，强石灰反应，向下层波状渐变过渡。

Bk3: 102～125 cm，浊黄橙色（5YR 6/3，干），灰棕色（5YR 5/2，润），5%岩石碎屑，砂质壤土，发育弱的中块状结构，坚硬，少量假菌丝体，强石灰反应。

直达峡木系代表性单个土体剖面

直达峡木系代表性单个土体物理性质

土层	深度 /cm	砾石 (>2 mm,体积分数)/ %	细土颗粒组成 (粒径：mm)/(g/kg)			质地
			砂粒 2～0.05	粉粒 0.05～0.002	黏粒 <0.002	
Ah	0～18	5	871	17	112	壤质砂土
Bk1	18～38	15	666	125	209	砂质黏壤土
Bk2	38～102	20	771	96	133	砂质壤土
Bk3	102～125	5	805	83	112	砂质壤土

直达峡木系代表性单个土体化学性质

层次 /cm	pH	有机碳 /(g/kg)	全氮(N) /(g/kg)	全磷(P) /(g/kg)	全钾(K) /(g/kg)	CEC / [cmol(+)/kg]	碳酸钙 /(g/kg)
0～18	8.9	3.3	0.35	0.53	13.6	2.8	105.2
18～38	8.7	1.0	0.49	0.66	20.4	6.8	135.2
38～102	8.8	1.9	0.18	0.65	13.9	2.6	166.8
102～125	8.9	2.9	0.07	0.65	13.6	2.4	113.8

10.9.11　柯柯里系（Kekeli Series）

土　族：黏壤质盖粗骨质混合型–钙积简育寒冻雏形土
拟定者：李德成，张甘霖，赵玉国

分布与环境条件　分布于海北州祁连县野牛沟乡一带，高山台地，海拔介于 3200～3600 m，母质为洪积物，草地，高原大陆性气候，年均日照时数约 2780 h，年均气温约–2.4℃，年均降水量约 402 mm，无霜期约 50～100 d。

柯柯里系典型景观

土系特征与变幅　诊断层包括淡薄表层和钙积层；诊断特性包括寒性土壤温度状况、半干润土壤水分状况和冻融特征。地表可见石环和冻融丘，地表粗碎块面积介于 30%～50%，土体厚度介于 70～90 cm，淡薄表层厚度介于 20～35 cm，碳酸钙含量介于 2～30 g/kg，之下为钙积层，厚度介于 40～50 cm，碳酸钙含量介于 150～160 g/kg，可见碳酸钙粉末和鳞片状结构。通体有石灰反应，pH 介于 7.7～8.5，通体质地为壤土，粉粒含量介于 340～430 g/kg，砂粒含量介于 350～470 g/kg。

对比土系　本亚类中其他土系，不同土族，颗粒大小级别分别为粗骨质、粗骨砂质、粗骨壤质、砂质盖粗骨质、砂质、黏壤质盖粗骨壤质、黏壤质、壤质盖粗骨质和壤质。

利用性能综述　草地，地形略陡，草被盖度较高，土体较薄，砾石多，养分含量中等，应防止过度放牧。

发生学亚类　草毡土。

代表性单个土体　位于海北州祁连县野牛沟乡柯柯里村西，沙龙村西北，岗墩贡玛村西北，38.35641°N，99.39027°E，海拔 3480 m，高山台地下部，母质为洪积物，草地，覆盖度约 70%，50 cm 深度土温 1.1℃，野外调查采样日期为 2012 年 8 月 4 日，编号 QL-005。

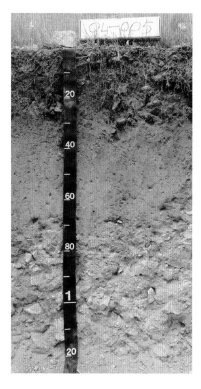

Ah1：0～18 cm，浊黄棕色（10YR 5/3，干），灰黄棕色（10YR 4/2，润），20%岩石碎屑，壤土，发育中等的粒状结构，松散，多量草被根系，向下层波状渐变过渡。

Ah2：18～30 cm，浊黄棕色（10YR 5/3，干），灰黄棕色（10YR 4/2，润），20%岩石碎屑，壤土，发育中等的粒状-小块状结构，松散-稍坚硬，中量草被根系，轻度石灰反应，向下层不规则渐变过渡。

Bk：30～67 cm，浊黄橙色（10YR 7/2，干），灰黄棕色（10YR 5/2，润），壤土，发育鳞片状-小块状结构，稍坚硬-坚硬，少量草被根系，少量碳酸钙粉末，强石灰反应，向下层不规则渐变过渡。

Ck：67～120 cm，橙白色（10YR 8/2，干），灰黄棕色（10YR 6/2，润），90%岩石碎屑，壤土，单粒，无结构，中量碳酸钙粉末，强石灰反应。

柯柯里系代表性单个土体剖面

柯柯里系代表性单个土体物理性质

土层	深度 /cm	砾石 (>2 mm,体积分数)/ %	细土颗粒组成 (粒径：mm)/(g/kg)			质地	容重 /(g/cm³)
			砂粒 2～0.05	粉粒 0.05～0.002	黏粒 <0.002		
Ah1	0～18	20	465	349	186	壤土	—
Ah2	18～30	20	359	422	219	壤土	—
Bk	30～67	0	380	394	226	壤土	1.37

柯柯里系代表性单个土体化学性质

层次 /cm	pH	有机碳 /(g/kg)	全氮(N) /(g/kg)	全磷(P) /(g/kg)	全钾(K) /(g/kg)	CEC / [cmol(+)/kg]	碳酸钙 /(g/kg)
0～18	7.7	28.7	2.49	1.40	24.7	11.1	2.5
18～30	8.0	18.5	1.76	1.40	22.0	15.0	26.3
30～67	8.5	9.5	0.81	1.30	26.0	8.8	155.3

10.9.12 上香子沟系（**Shangxiangzigou Series**）

土　族：黏壤质盖粗骨壤质混合型-钙积简育寒冻雏形土
拟定者：李德成，张甘霖，赵玉国

分布与环境条件 分布于海北州祁连县野牛沟乡一带，高山坡地，海拔介于 2900～3300 m，母质为混有基性岩的黄土物质，草地，高原大陆性气候，年均日照时数约 2780 h，年均气温约−1.1℃，年均降水量约 389 mm，无霜期约 50～100 d。

上香子沟系典型景观

土系特征与变幅 诊断层包括淡薄表层和钙积层；诊断特性包括寒性土壤温度状况、半干润土壤水分状况、冻融特征和石灰性。地表可见石环和冻融丘，粗碎块面积介于 15%～25%，土体厚度 1 m 左右，淡薄表层厚度介于 15～25 cm，碳酸钙含量介于 20～50 g/kg，钙积层出现上界介于 40～60 cm，碳酸钙含量介于 150～170 g/kg，可见碳酸钙粉末和鳞片状结构。之下为基岩，通体有石灰反应，pH 介于 8.0～8.9，质地为粉壤土，粉粒含量介于 550～610 g/kg。

对比土系 本亚类中其他土系，不同土族，颗粒大小级别分别为粗骨质、粗骨砂质、粗骨壤质、砂质盖粗骨质、砂质、黏壤质盖粗骨质、黏壤质、壤质盖粗骨质和壤质。

利用性能综述 草地，缓坡，海拔高，土体较厚，砾石较多，草被盖度高，养分含量高，应防止过度放牧。

发生学亚类 冷钙土。

代表性单个土体 位于海北州祁连县野牛沟乡边麻村桌子台东，磷火沟西北，上香子沟东南，石头沟南，38.27669°N，99.89361°E，海拔 3176 m，高山中坡中上部，母质为混有基性岩的黄土物质，草地，覆盖度>80%，50 cm 深度土温 2.4℃，野外调查采样日期为 2012 年 8 月 1 日，编号 DC-003。

Ah: 0～18 cm，浊黄棕色（10YR 4/3，干），黑棕色（10YR 3/2，润），10%岩石碎屑，粉壤土，发育中等的粒状结构，松散，多量草被根系，中度石灰反应，向下层波状渐变过渡。

AB: 18～50 cm，浊黄棕色（10YR 4/3，干），黑棕色（10YR 3/2，润），10%岩石碎屑，粉壤土，发育中等的粒状结构，松散，中量草被根系，强石灰反应，向下层波状渐变过渡。

Bk: 50～80 cm，浊黄橙色（10YR 7/2，干），黑棕色（10YR 3/2，润），10%岩石碎屑，粉壤土，发育弱的鳞片状结构，松软，少量草被根系，可见碳酸钙粉末，强石灰反应，向下层波状渐变过渡。

Ck: 80～120 cm，浊黄橙色（10YR 7/2，干），浊黄橙色（10YR 6/3，润），70%岩石碎屑，粉壤土，发育弱的小块状结构，稍坚硬，可见碳酸钙粉末，强石灰反应。

上香子沟系代表性单个土体剖面

上香子沟系代表性单个土体物理性质

土层	深度 /cm	砾石 (>2 mm,体积分数)/ %	细土颗粒组成 (粒径: mm)/(g/kg)			质地
			砂粒 2～0.05	粉粒 0.05～0.002	黏粒 <0.002	
Ah	0～18	10	202	560	238	粉壤土
AB	18～50	10	172	601	226	粉壤土
Bk	50～80	10	216	573	211	粉壤土
Ck	80～120	70	262	553	185	粉壤土

上香子沟系代表性单个土体化学性质

层次 /cm	pH	有机碳 /(g/kg)	全氮(N) /(g/kg)	全磷(P) /(g/kg)	全钾(K) /(g/kg)	CEC / [cmol(+)/kg]	碳酸钙 /(g/kg)
0～18	8.0	45.7	3.27	1.5	25.9	25.7	21.3
18～50	8.3	29.2	2.73	1.3	25.1	20.0	56.3
50～80	8.6	9.5	0.82	1.3	22.7	9.2	164.4
80～120	8.9	3.9	0.34	1.2	21.4	5.0	150.0

10.9.13　郭米系（**Guomi Series**）

土　族：黏壤质混合型-钙积简育寒冻雏形土
拟定者：李德成，张甘霖，赵玉国

分布与环境条件　分布于海北州祁连县扎麻什乡一带，高山坡地，海拔介于 2600～3000 m，母质为混有泥岩的黄土物质，草地，高原大陆性气候，年均日照时数约 2780 h，年均气温约 0.7℃，年均降水量约 403 mm，无霜期约 50～100 d。

郭米系典型景观

土系特征与变幅　诊断层包括淡薄表层和钙积层；诊断特性包括寒性土壤温度状况、半干润土壤水分状况、冻融特征和石灰性。地表可见冻融丘，地表岩石露头面积为 2%左右，地表粗碎块面积介于 5%～10%，土体厚度 1 m 左右，淡薄表层厚度介于 20～40 cm，碳酸钙含量介于 80～100 g/kg，之下为钙积层，碳酸钙含量介于 110～210 g/kg 左右，可见碳酸钙假菌丝体。通体有石灰反应，pH 介于 7.9～8.8，通体质地为粉壤土，粉粒含量介于 500～570 g/kg。

对比土系　磨石沟系，同一土族，层次质地构型为砂质壤土-壤土-砂质壤土。

利用性能综述　草地，地形较陡，草被盖度较低，土体薄，砾石较多，养分含量高，应防止过度放牧。

发生学亚类　暗冷钙土。

代表性单个土体　位于海北州祁连县扎麻什乡郭米村西，38.22806°N，100.04694°E，海拔 2842 m，高山中坡中上部，母质为混有泥岩的黄土物质，草地，覆盖度约 30%，50 cm 深度土温 4.2℃，野外调查采样日期为 2013 年 7 月 23 日，编号 YZ006。

郭米系代表性单个土体剖面

Ah1: 0～15 cm，亮黄棕色（10YR 6/6，干），棕色（10YR 4/4，润），粉壤土，发育中等的粒状结构，松散，多量草被根系，强石灰反应，向下层波状渐变过渡。

Ah2: 15～30 cm，亮黄棕色（10YR 6/6，干），棕色（10YR 4/4，润），5%岩石碎屑，粉壤土，发育中等的粒状-小块状结构，松散-稍坚硬，多量草被根系，强石灰反应，向下层波状清晰过渡。

Bk1: 30～70 cm，浊黄橙色（10YR 7/3，干），灰黄棕色（10YR 5/2，润），10%岩石碎屑，粉壤土，发育中等的中块状结构，坚硬，少量草被根系，强石灰反应，向下层波状渐变过渡。

Bk2: 70～100 cm，灰黄棕色（10YR 6/2，干），灰黄棕色（10YR 4/2，润），10%岩石碎屑，粉壤土，发育弱的中块状结构，坚硬，中量碳酸钙假菌丝体，强石灰反应，向下层波状渐变过渡。

Bk3: 100～120 cm，浊黄橙色（10YR 7/2，干），灰黄棕色（10YR 5/2，润），5%岩石碎屑，粉壤土，发育弱的中块状结构，坚硬，中量碳酸钙假菌丝体，强石灰反应。

郭米系代表性单个土体物理性质

土层	深度 /cm	砾石 (>2 mm,体积分数)/ %	细土颗粒组成（粒径：mm)/(g/kg)			质地	容重 /(g/cm³)
			砂粒 2～0.05	粉粒 0.05～0.002	黏粒<0.002		
Ah1	0～15	0	294	520	186	粉壤土	—
Ah2	15～30	5	297	507	197	粉壤土	—
Bk1	30～70	10	245	524	231	粉壤土	1.34
Bk2	70～100	10	214	564	222	粉壤土	1.37
Bk3	100～120	5	206	561	234	粉壤土	1.38

郭米系代表性单个土体化学性质

层次 /cm	pH	有机碳 /(g/kg)	全氮(N) /(g/kg)	全磷(P) /(g/kg)	全钾(K) /(g/kg)	CEC / [cmol(+)/kg]	碳酸钙 /(g/kg)
0～15	7.9	31.3	2.42	0.73	14.9	12.6	85.1
15～30	8.2	24.4	1.91	0.68	15.2	12.9	99.6
30～70	8.5	11.6	0.96	0.58	15.8	19.0	202.2
70～100	8.4	3.3	0.35	0.52	18.6	16.7	110.9
100～120	8.8	4.5	0.44	0.63	16.9	12.8	123.8

10.9.14　磨石沟系（**Moshigou Series**）

土　　族：黏壤质混合型-钙积简育寒冻雏形土
拟定者：李德成，张甘霖，赵玉国

分布与环境条件　分布于海
北州祁连县央隆乡一带，洪
积平原，海拔介于 3300～
3700 m，母质为洪积物，草
地，高原大陆性气候，年均
日照时数约 2780 h，年均气
温约-2.4℃，年均降水量约
307 mm，无霜期约 50～
100 d。

磨石沟系典型景观

土系特征与变幅　诊断层包括淡薄表层和钙积层；诊断特性包括寒性土壤温度状况、半
干润土壤水分状况、冻融特征和石灰性。地表可见石环和冻融丘，粗碎块面积介于 2%～
5%，土体厚度 1 m 以上，淡薄表层厚度介于 20～35 cm，碳酸钙含量介于 10～120 g/kg，
之下为钙积层，厚度介于 50～60 cm，碳酸钙含量介于 150～160 g/kg，可见鳞片状结构
和碳酸钙粉末。通体砾石含量介于 10%～20%，pH 介于 7.7～8.4，层次质地构型为砂质
壤土-壤土-砂质壤土，粉粒含量介于 270～430 g/kg，砂粒含量介于 400～580 g/kg。

对比土系　郭米系，同一土族，通体为粉壤土。

利用性能综述　草地，地势较为平缓，草被盖度高，土体较厚，砾石较多，养分含量高，
应防止过度放牧。

发生学亚类　冷钙土。

代表性单个土体　位于海北州祁连县央隆乡磨石沟西北，38.73713°N，98.59045°E，海
拔 3500 m，洪积平原，母质为洪积物，草地，覆盖度>80%，50 cm 深度土温 1.1℃，野
外调查采样日期为 2013 年 8 月 3 日，编号 YZ012。

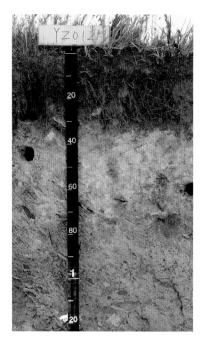

Ah1：0～11 cm，浊黄棕色（10YR 5/3，干），黑棕色（10YR 3/2，润），10%岩石碎屑，砂质壤土，发育中等的粒状结构，松散，多量草被根系，轻度石灰反应，向下层波状清晰过渡。

Ah2：11～29 cm，浊黄棕色（10YR 5/3，干），黑棕色（10YR 3/2，润），20%岩石碎屑，壤土，发育中等的粒状-小块状结构，松散-稍坚硬，多量草被根系，1个旱獭洞穴，强石灰反应，向下层波状清晰过渡。

Bk1：29～75 cm，橙白色（10YR 8/2，干），灰黄棕色（10YR 6/2，润），20%岩石碎屑，壤土，发育弱的鳞片状-中块状结构，稍坚硬-坚硬，少量草被根系，多量碳酸钙粉末，2个旱獭洞穴，强石灰反应，向下层波状渐变过渡。

Bk2：75～130 cm，浊黄橙色（10YR 7/3，干），灰黄棕色（10YR 5/2，润），20%岩石碎屑，砂质壤土，发育弱的鳞片状-小块状结构，稍坚硬-坚硬，1个旱獭洞穴，强石灰反应。

磨石沟系代表性单个土体剖面

磨石沟系代表性单个土体物理性质

土层	深度 /cm	砾石 (>2 mm,体积分数)/ %	细土颗粒组成 (粒径：mm)/(g/kg)			质地
			砂粒 2～0.05	粉粒 0.05～0.002	黏粒 <0.002	
Ah1	0～11	10	576	290	134	砂质壤土
Ah2	11～29	20	402	429	169	壤土
Bk1	29～75	20	485	282	233	壤土
Bk2	75～130	20	540	271	209	砂质壤土

磨石沟系代表性单个土体化学性质

层次 /cm	pH	有机碳 /(g/kg)	全氮(N) /(g/kg)	全磷(P) /(g/kg)	全钾(K) /(g/kg)	CEC / [cmol(+)/kg]	碳酸钙 /(g/kg)
0～11	8.0	41.1	3.15	0.73	18.4	14.4	18.7
11～29	7.7	24.6	1.93	0.50	15.2	13.0	18.8
29～75	8.1	7.2	0.64	0.40	17.6	13.3	153.4
75～130	8.4	4.5	0.44	0.36	16.6	6.0	79.7

10.9.15　朝龙弄系（Chaolongnong Series）

土　族：壤质盖粗骨质混合型-钙积简育寒冻雏形土
拟定者：李德成，杨　飞

分布与环境条件　分布于玉树州杂多县萨呼腾镇一带，高山坡地，海拔介于 4200～4600 m，母质为冰碛物，草地，高山寒冷湿润气候，年均日照时数约 2310 h，年均气温约-1.7℃，年均降水量约 512 mm，无霜期约 93～126 d。

朝龙弄系典型景观

土系特征与变幅　诊断层包括淡薄表层、钙积层和雏形层；诊断特性包括寒性土壤温度状况、半干润土壤水分状况、冻融特征和石灰性。地表可见冻融丘，土体厚度 1 m 以上，淡薄表层厚度介于 10～25 cm，碳酸钙含量介于 40～60 g/kg，钙积层出现上界介于 35～50 cm，厚度 20～30 cm，碳酸钙含量介于 180～200 g/kg，可见碳酸钙假菌丝体和粉末。通体有石灰反应，pH 介于 7.8～8.4，通体为粉壤土，粉粒含量介于 500～570 g/kg。

对比土系　野马泉系和角什科秀系，同一土族，层次质地构型分别为壤土-砂质壤土-黏壤土和壤土-粉壤土-壤土-砂质壤土。

利用性能综述　草地，地形较陡，土体较厚，砾石较多，草被盖度较高，已出现退化现象，养分含量高，应防止过度放牧。

发生学亚类　薄草毡土。

代表性单个土体　位于玉树州杂多县萨呼腾镇朝龙弄东南，32.962811°N，95.893456°E，海拔 4413 m，高山坡地下部，母质为冰碛物，草地，覆盖度>80%，50 cm 深度土温 2.8℃，野外调查采样日期为 2015 年 7 月 19 日，编号 63-007。

Ah： 0～15 cm，浊橙色（7.5YR 6/4，干），浊棕色（7.5YR 5/3，润），粉壤土，发育中等的粒状结构-小块状，松散-稍坚硬，多量草被根系，中度石灰反应，向下层波状渐变过渡。

Bw： 15～37 cm，浊橙色（7.5YR 6/4，干），浊棕色（7.5YR 5/3，润），5%岩石碎屑，粉壤土，发育弱的中块状结构，坚硬，中量草被根系，中度石灰反应，向下层波状渐变过渡。

Bk： 37～60 cm，浊橙色（7.5YR 7/3，干），灰棕色（7.5YR 6/2，润），40%岩石碎屑，粉壤土，发育弱的中块状结构，坚硬，中量碳酸钙假菌丝体和粉末，强石灰反应，向下层波状清晰过渡。

C： 60～85 cm，淡棕灰色（7.5YR 7/2，干），棕灰色（7.5YR 5/1，润），90%岩石碎屑，粉壤土，单粒，无结构，中度石灰反应。

朝龙弄系代表性单个土体剖面

朝龙弄系代表性单个土体物理性质

土层	深度 /cm	砾石 (>2 mm,体积分数)/ %	细土颗粒组成（粒径：mm)/(g/kg)			质地
			砂粒 2～0.05	粉粒 0.05～0.002	黏粒 <0.002	
Ah	0～15	0	346	502	152	粉壤土
Bw	15～37	5	243	568	189	粉壤土
Bk	37～60	40	257	562	181	粉壤土

朝龙弄系代表性单个土体化学性质

层次 /cm	pH	有机碳 /(g/kg)	全氮(N) /(g/kg)	全磷(P) /(g/kg)	全钾(K) /(g/kg)	CEC / [cmol(+)/kg]	碳酸钙 /(g/kg)
0～15	7.8	105.1	7.40	1.37	15.7	31.0	41.5
15～37	8.2	32.4	3.28	1.20	17.6	20.4	52.3
37～60	8.4	5.1	0.60	0.87	15.0	9.6	199.8

10.9.16 角什科秀系（Jiaoshikexiu Series）

土　　族：壤质盖粗骨质混合型-钙积简育寒冻雏形土
拟定者：李德成，赵　霞

分布与环境条件　分布于海北州刚察县泉吉乡一带，冲积-洪积平原，海拔介于 3000～3400 m，母质为黄土物质，草地，高原大陆性气候，年均日照时数约 3037 h，年均气温约-0.2℃，年均降水量约 396 mm，无霜期低于 30 d。

角什科秀系典型景观

土系特征与变幅　诊断层包括淡薄表层和钙积层；诊断特性包括冷性土壤温度状况、半干润土壤水分状况和石灰性。土体厚度约 1 m，淡薄表层厚度介于 10～15 cm，碳酸钙含量介于 120～150 g/kg。钙积层出现上界约在 40 cm，厚度约 40～50 cm，碳酸钙含量在 210 g/kg 以上。通体有石灰反应，pH 介于 8.4～8.8，层次质地构型为壤土-粉壤土-壤土-砂质壤土，粉粒含量介于 240～570 g/kg，砂粒含量介于 330～710 g/kg。

对比土系　朝龙弄系和野马泉系，同一土族，层次质地构型分别为通体粉壤土和壤土-砂质壤土-黏壤土。

利用性能综述　草地，地形平缓，草被盖度较高，土体较厚，养分含量中等，应防止过度放牧。

发生学亚类　暗栗钙土。

代表性单个土体　位于海北州刚察县泉吉乡角什科秀麻村西，37.27264°N，99.91578°E，海拔 3240 m，冲积-洪积平原，母质为黄土物质，草地，盖度>80%，50 cm 深度土温 3.3℃，野外调查采样日期为 2014 年 8 月 8 日，编号 63-45。

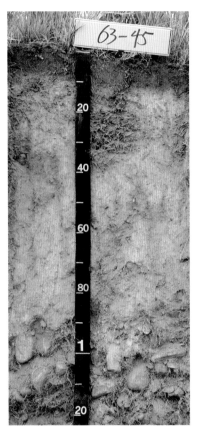

Ah： 0～10 cm，浊黄橙色（10YR 6/4，干），浊黄棕色（10YR 5/3，润），壤土，发育中等的粒状-小块状结构，松散-稍坚硬，多量草被根系，强石灰反应，向下层平滑清晰过渡。

AB： 10～40 cm，浊黄橙色（10YR 7/3，干），灰黄棕色（10YR 5/2，润），5%岩石碎屑，粉壤土，发育中等的小块状结构，坚硬，中量草被根系，强石灰反应，向下层波状渐变过渡。

Bk： 40～86 cm，浊黄橙色（10YR 7/3，干），灰黄棕色（10YR 5/2，润），10%岩石碎屑，壤土，发育弱的中块状结构，坚硬，中量碳酸钙白色粉末，强石灰反应，向下层不规则清晰过渡。

C： 86～125 cm，浊黄橙色（10YR 7/3，干），灰黄棕色（10YR 5/2，润），90%岩石碎屑，砂质壤土，单粒，无结构，强石灰反应。

角什科秀系代表性单个土体剖面

角什科秀系代表性单个土体物理性质

| 土层 | 深度/cm | 砾石(>2 mm,体积分数)/% | 细土颗粒组成 (粒径：mm)/(g/kg) | | | 质地 | 容重/(g/cm³) |
			砂粒 2～0.05	粉粒 0.05～0.002	黏粒 <0.002		
Ah	0～10	0	460	458	82	壤土	—
AB	10～40	5	335	563	102	粉壤土	1.26
Bk	40～86	10	497	425	78	壤土	1.34
C	86～125	90	703	248	49	砂质壤土	—

角什科秀系代表性单个土体化学性质

层次/cm	pH	有机碳/(g/kg)	全氮(N)/(g/kg)	全磷(P)/(g/kg)	全钾(K)/(g/kg)	CEC/[cmol(+)/kg]	碳酸钙/(g/kg)
0～10	8.5	29.0	2.51	1.59	17.8	13.3	123.7
10～40	8.5	23.9	2.53	1.73	18.2	13.7	143.9
40～86	8.4	19.4	2.05	1.82	15.9	10.0	214.4
86～125	8.8	8.2	1.05	1.49	16.3	6.3	135.4

10.9.17 野马泉系（**Yemaquan Series**）

土　族：壤质盖粗骨质混合型-钙积简育寒冻雏形土
拟定者：李德成，张甘霖，赵玉国

分布与环境条件　分布于海北州祁连县央隆乡一带，高山缓坡，海拔介于 3300～3700 m，母质上为黄土物质，下为片麻岩风化坡积物，草地，高原大陆性气候，年均日照时数约 2780 h，年均气温约 -2.4℃，年均降水量约 311 mm，无霜期约 50～100 d。

野马泉系典型景观

土系特征与变幅　诊断层包括淡薄表层、钙积层和雏形层；诊断特性包括寒性土壤温度状况、半干润土壤水分状况、冻融特征和石灰性。地表可见石环和冻融丘，粗碎块面积为 2%左右，土体厚度 1 m 以上，淡薄表层厚度介于 10～20 cm，碳酸钙含量介于 60～70 g/kg，之下为钙积层，厚度介于 50～70 cm，碳酸钙含量介于 100～120 g/kg，可见碳酸钙粉末。通体有石灰反应，pH 介于 8.1～8.6，层次质地构型为壤土-砂质壤土-黏壤土，粉粒含量介于 180～460 g/kg，砂粒含量介于 230～690 g/kg。

对比土系　朝龙弄系和角什科秀系，同一土族，层次质地构型分别为通体粉壤土和壤土-粉壤土-壤土-砂质壤土。

利用性能综述　草地，地形较平缓，草被盖度较高，已出现退化现象，土体较厚，养分含量中等，应防止过度放牧。

发生学亚类　冷钙土。

代表性单个土体　位于海北州祁连县央隆乡野马泉大东沟东北，38.84918°N，98.44326°E，海拔 3548 m，母质上为黄土物质，下为片麻岩风化坡积物，草地，覆盖度约 60%，50 cm 深度土温 1.1℃，野外调查采样日期为 2012 年 8 月 5 日，编号 QL-010′。

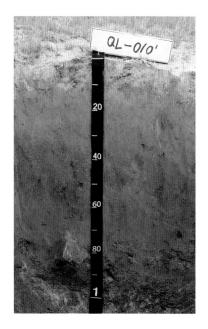

野马泉系代表性单个土体剖面

Ah:　0～10 cm，橙白色（10YR 8/2，干），灰黄棕色（10YR 6/2，润），壤土，发育中等的粒状-鳞片状结构，松散-松软，中量草被根系，强石灰反应，向下层平滑清晰过渡。

Bk1：10～37 cm，浊黄橙色（10YR 7/3，干），灰黄棕色（10YR 5/2，润），壤土，发育中等的小块状结构，松散，中量草被根系，少量碳酸钙粉末，强石灰反应，向下层波状清晰过渡。

Bk2：37～60 cm，浊黄橙色（10YR 7/3，干），灰黄棕色（10YR 5/2，润），壤土，发育弱的小块状结构，松软，少量碳酸钙粉末，强石灰反应，向下层波状清晰过渡。

Bw：　60～85 cm，灰黄棕色（10YR 6/2，干），灰黄棕色（10YR 5/2，润），砂质壤土，发育弱的小块状结构，稍坚硬，强石灰反应，向下层波状平滑过渡。

C：　85～110 cm，浊黄橙色（10YR 7/2，干），灰黄棕色（10YR 5/2，润），80%岩石碎屑，黏壤土，单粒，无结构，中度石灰反应。

野马泉系代表性单个土体物理性质

土层	深度/cm	砾石（>2 mm,体积分数）/ %	细土颗粒组成（粒径：mm）/(g/kg)			质地	容重/(g/cm³)
			砂粒 2～0.05	粉粒 0.05～0.002	黏粒 <0.002		
Ah	0～10	0	373	460	167	壤土	1.23
Bk1	10～37	0	371	445	184	壤土	1.25
Bk2	37～60	0	320	458	222	壤土	1.33
Bw	60～85	0	683	182	136	砂质壤土	1.37
C	85～110	80	233	428	340	黏壤土	—

野马泉系代表性单个土体化学性质

层次/cm	pH	有机碳/(g/kg)	全氮(N)/(g/kg)	全磷(P)/(g/kg)	全钾(K)/(g/kg)	CEC/[cmol(+)/kg]	碳酸钙/(g/kg)
0～10	8.1	20.3	1.86	1.70	21.3	10.5	61.0
10～37	8.4	14.2	1.36	1.70	21.5	9.4	102.8
37～60	8.6	10.3	0.89	1.10	23.4	13.9	118.4
60～85	8.6	4.0	0.32	1.20	24.1	5.6	68.5
85～110	8.4	6.4	0.36	0.70	29.2	12.8	15.2

10.9.18　巴热系（Bare Series）

土　　族：壤质混合型–钙积简育寒冻雏形土
拟定者：李德成，赵　霞

分布与环境条件　分布于玉
树州称多县不冻泉—清水河
沿线一带，高山垭口坡积裙，
海拔介于 4300～4700 m，母
质为冰碛物，草地，高原高
寒气候，年均日照时数介于
2536～2750 h，年均气温约
–3.3℃，年均降水量约 497 mm，
无霜期低于 30 d。

巴热系典型景观

土系特征与变幅　诊断层包括淡薄表层和钙积层；诊断特性包括寒性土壤温度状况、半
干润土壤水分状况、冻融特征和石灰性。地表可见石环和冻融丘，粗碎块面积为 5%～
15%，土体厚度 1 m 以上，淡薄表层厚度介于 10～25 cm，碳酸钙含量介于 10～40 g/kg，
之下为钙积层，可见多量假菌丝体，通体砾石含量介于 10%～30%，碳酸钙含量介于 50～
260 g/kg，通体 pH 介于 8.1～8.8，层次质地构型为壤土–砂质黏壤土–砂质壤土，粉粒含
量介于 270～640 g/kg，砂粒含量介于 70～580 g/kg。

对比土系　红沟村系、马粪沟北系、色尔雄贡系和卧里曲和系，同一土族，层次质地构
型分别为粉壤土–壤土、通体壤土、壤土–粉壤土和通体粉壤土。

利用性能综述　草地，地形较陡，土体厚，草被盖度高，养分含量高，应防止过度放牧。

发生学亚类　棕草毡土。

代表性单个土体　位于玉树州称多县巴热村东北，33.96558°N，96.58180°E，海拔 4505 m，
高山垭口坡积裙，母质为冰碛物，草地，覆盖度约 70%，50 cm 深度土温 0.2℃，野外调
查采样日期为 2011 年 8 月 5 日，编号 110805045。

Ah: 0～10 cm, 浊橙色（7.5YR 6/4, 润）, 浊棕色（7.5YR 5/3, 润）, 10%岩石碎屑, 壤土, 发育中等的粒状-小块状结构, 松散-稍坚硬, 多量草被根系, 轻度石灰反应, 向下层波状渐变过渡。

ABk: 10～40 cm, 浊橙色（7.5YR 6/4, 润）, 浊棕色（7.5YR 5/3, 润）, 20%岩石碎屑, 壤土, 发育中等的粒状-小块状结构, 坚硬, 中量草被根系, 中度石灰反应, 向下层波状渐变过渡。

Bk1: 40～65 cm, 浊橙色（7.5YR 6/4, 润）, 浊棕色（7.5YR 5/3, 润）, 10%岩石碎屑, 砂质黏壤土, 发育弱的中块状结构, 坚硬, 中量假菌丝体, 强石灰反应, 向下层波状清晰过渡。

Bk2: 65～100 cm, 淡黄橙色（10YR 8/4, 干）, 浊黄橙色（10YR 7/2, 润）, 30%岩石碎屑, 砂质壤土, 发育弱的大块状结构, 坚硬, 多量假菌丝体, 强石灰反应。

巴热系代表性单个土体剖面

巴热系代表性单个土体物理性质

土层	深度 /cm	砾石 (>2 mm,体积分数)/ %	细土颗粒组成 (粒径: mm)/(g/kg)			质地	容重 /(g/cm³)
			砂粒 2～0.05	粉粒 0.05～0.002	黏粒 <0.002		
Ah	0～10	10	321	442	236	壤土	0.76
ABk	10～40	20	297	450	253	壤土	1.19
Bk1	40～65	10	73	638	289	砂质黏壤土	1.22
Bk2	65～100	30	571	273	157	砂质壤土	1.47

巴热系代表性单个土体化学性质

层次 /cm	pH	有机碳 /(g/kg)	全氮(N) /(g/kg)	全磷(P) /(g/kg)	全钾(K) /(g/kg)	CEC / [cmol(+)/kg]	碳酸钙 /(g/kg)
0～10	8.1	94.0	6.59	1.82	22.0	36.7	31.9
10～40	8.4	10.0	1.17	1.63	24.2	25.9	57.7
40～65	8.8	17.4	1.80	1.37	24.0	13.3	75.4
65～100	8.8	3.2	0.69	1.41	26.7	2.5	251.1

10.9.19　红沟村系（Honggoucun Series）

土　族：壤质混合型-钙积简育寒冻雏形土
拟定者：李德成，张甘霖，赵玉国

分布与环境条件　分布于海北州祁连县扎麻什乡一带，高山台地，海拔介于 2600～3100 m，母质为混有砂砾岩的黄土物质，草地，高原大陆性气候，年均日照时数约 2780 h，年均气温约 0.3℃，年均降水量约 402 mm，无霜期约 50～100 d。

红沟村系典型景观

土系特征与变幅　诊断层包括淡薄表层和钙积层；诊断特性包括寒性土壤温度状况、半干润土壤水分状况、冻融特征和石灰性。地表可见石环和冻融丘，粗碎块面积介于 10%～30%，土体厚度 1 m 以上，淡薄表层厚度介于 10～20 cm，碳酸钙含量介于 20～70 g/kg，约 40 cm 以下为埋藏土层，钙积层出现上界介于 70～80 cm，碳酸钙含量介于 150～160 g/kg。通体砾石含量介于 10%～20%，有石灰反应，pH 介于 7.7～8.4，层次质地构型为粉壤土-壤土，粉粒含量介于 390～530 g/kg，砂粒含量介于 270～450 g/kg。

对比土系　巴热系、马粪沟北系、色尔雄贡系和卧里曲和系，同一土族，层次质地构型分别为壤土-砂质黏壤土-砂质壤土、通体壤土、壤土-粉壤土和通体粉壤土。

利用性能综述　草地，地形较平缓，草被盖度高，土体较厚，砾石较多，养分含量高，应防止过度放牧。

发生学亚类　暗冷钙土。

代表性单个土体　位于海北州祁连县扎麻什乡红沟村东北，38.19043°N，100.02543°E，海拔 2857 m，高山台地，母质为混有砂砾岩的黄土物质，草地，覆盖度>80%，50 cm 深度土温 3.2℃，野外调查采样日期为 2012 年 8 月 3 日，编号 QL-001。

Ah：0～15 cm，浊黄棕色（10YR 5/3，干），暗棕色（10YR 3/3，润），10%岩石碎屑，粉壤土，发育中等的粒状结构，松散，多量草被根系，5 个虫孔，轻度石灰反应，向下层波状渐变过渡。

AB：15～40 cm，灰黄棕色（10YR 6/2，干），暗棕色（10YR 3/3，润），10%岩石碎屑，壤土，发育中等的鳞片状-中块状结构，稍坚硬-坚硬，中量草被根系，3 个虫孔，中度石灰反应，向下层波状清晰过渡。

Ab：40～75 cm，浊黄棕色（10YR 5/4，干），暗棕色（10YR 3/3，润），20%岩石碎屑，壤土，发育弱的鳞片状-中块状结构，稍坚硬-坚硬，少量草被根系，3 个虫孔，2 条宽约 2 mm 裂隙，中度石灰反应，向下层波状清晰过渡。

Bk：75～125 cm，浊黄橙色（10YR 6/3，干），浊黄棕色（10YR 5/3，润），20%岩石碎屑，壤土，发育弱的鳞片状-中块状结构，稍坚硬-坚硬，中量碳酸钙粉末，强石灰反应。

红沟村系代表性单个土体剖面

红沟村系代表性单个土体物理性质

| 土层 | 深度/cm | 砾石(>2 mm,体积分数)/% | 细土颗粒组成 (粒径：mm)/(g/kg) | | | 质地 |
			砂粒 2～0.05	粉粒 0.05～0.002	黏粒 <0.002	
Ah	0～15	10	271	526	203	粉壤土
AB	15～40	10	325	476	199	壤土
Ab	40～75	20	361	436	202	壤土
Bk	75～125	20	445	393	163	壤土

红沟村系代表性单个土体化学性质

层次/cm	pH	有机碳/(g/kg)	全氮(N)/(g/kg)	全磷(P)/(g/kg)	全钾(K)/(g/kg)	CEC/[cmol(+)/kg]	碳酸钙/(g/kg)
0～15	7.7	44.7	3.96	1.70	23.9	17.3	17.6
15～40	7.9	21.3	1.88	1.40	24.7	13.9	62.2
40～75	8.0	22.9	1.81	1.50	24.2	14.0	73.5
75～125	8.4	5.8	0.45	1.30	23.3	8.6	158.2

10.9.20　马粪沟北系（Mafengoubei Series）

土　　族：壤质混合型-钙积简育寒冻雏形土

拟定者：李德成，张甘霖，赵玉国

分布与环境条件　分布于海北州祁连县野牛沟乡一带，高山坡地，海拔介于 2800～3200 m，母质为黄土物质，草地，高原大陆性气候，年均日照时数约 2780 h，年均气温约–0.7℃，年均降水量约 390 mm，无霜期约 50～100 d。

马粪沟北系典型景观

土系特征与变幅　诊断层包括淡薄表层和钙积层；诊断特性包括寒性土壤温度状况、半干润土壤水分状况、冻融特征和石灰性。地表可见石环和冻融丘，粗碎块面积介于 2%～5%，土体厚度 1 m 以上，淡薄表层厚度介于 10～30 cm，碳酸钙含量介于 90～100 g/kg，之下为钙积层，厚度介于 30～50 cm，碳酸钙含量介于 150～180 g/kg，可见碳酸钙粉末。通体有石灰反应，pH 介于 7.8～8.4，质地为壤土，粉粒含量介于 420～500 g/kg，砂粒含量介于 280～420 g/kg。

对比土系　巴热系、红沟村系、色尔雄贡系和卧里曲和系，同一土族，层次质地构型分别为壤土-砂质黏壤土-砂质壤土、粉壤土-壤土、壤土-粉壤土和通体粉壤土。

利用性能综述　草地，地形较陡，草被盖度中等，土体厚，养分含量低，应防止过度放牧。

发生学亚类　棕黑毡土。

代表性单个土体　位于海北州祁连县野牛沟乡马粪沟北，38.26308°N，99.87553°E，海拔 3060 m，高山陡坡中下部，母质为黄土物质，草地，覆盖度约 50%，50 cm 深度土温 2.5℃，野外调查采样日期为 2012 年 8 月 1 日，编号 LF-003。

Ah: 0～20 cm，浊黄棕色（10YR 5/4，干），暗棕色（10YR 3/3，润），壤土，发育中等的粒状-鳞片状结构，松散-松软，多量草被根系，强石灰反应，向下层波状渐变过渡。

Bk1: 20～38 cm，浊黄棕色（10YR 5/4，干），暗棕色（10YR 3/3，润），5%岩石碎屑，壤土，发育中等的鳞片状结构，松软，中量草被根系，少量碳酸钙粉末，强石灰反应，向下层波状渐变过渡。

Bk2: 38～60 cm，浊黄橙色（10YR 6/3，干），浊黄棕色（10YR 4/3，润），壤土，发育弱的中块状结构，松软，少量草被根系，中量碳酸钙粉末，强石灰反应，向下层波状渐变过渡。

Bk3: 60～150 cm，浊黄橙色（10YR 6/3，干），浊黄棕色（10YR 4/3，润），壤土，发育弱的中块状结构，稍坚硬，中量碳酸钙粉末，强石灰反应。

马粪沟北系代表性单个土体剖面

马粪沟北系代表性单个土体物理性质

| 土层 | 深度 /cm | 砾石 (>2 mm,体积分数)/ % | 细土颗粒组成 (粒径：mm)/(g/kg) | | | 质地 | 容重 /(g/cm³) |
			砂粒 2～0.05	粉粒 0.05～0.002	黏粒 <0.002		
Ah	0～20	0	281	495	223	壤土	1.21
Bk1	20～38	5	343	458	199	壤土	1.27
Bk2	38～60	0	345	463	192	壤土	1.38
Bk3	60～150	0	412	429	159	壤土	1.40

马粪沟北系代表性单个土体化学性质

层次 /cm	pH	有机碳 /(g/kg)	全氮(N) /(g/kg)	全磷(P) /(g/kg)	全钾(K) /(g/kg)	CEC / [cmol(+)/kg]	碳酸钙 /(g/kg)
0～20	7.8	18.3	2.00	1.30	24.7	13.6	99.0
20～38	8.1	5.6	0.59	1.10	23.8	6.2	172.4
38～60	8.4	2.6	0.29	1.20	25.7	4.8	154.0
60～150	8.4	2.1	0.22	1.10	25.8	4.8	95.6

10.9.21 色尔雄贡系（Se'erxionggong Series）

土　　族：壤质混合型-钙积简育寒冻雏形土
拟定者：李德成，赵　霞

分布与环境条件　分布于果洛州甘德县柯曲镇一带，高山坡地，海拔介于 4000～4300 m，母质为砂岩风化坡积物，草地，高原大陆性半温润气候，年均日照时数约 2451 h，年均气温约–2.3℃，年均降水量约 546 mm，无霜期低于 30 d。

色尔雄贡系典型景观

土系特征与变幅　诊断层包括淡薄表层和钙积层；诊断特性包括寒性土壤温度状况、半干润土壤水分状况和冻融特征。地表可见石环和冻融丘，粗碎块面积介于 2%～5%，土体厚度 1 m 以上，淡薄表层厚度介于 10～20 cm，碳酸钙含量介于 5～30 g/kg，之下为钙积层，碳酸钙含量介于 80～130 g/kg，可见碳酸钙粉末。通体有石灰反应，pH 介于 8.0～8.7，层次质地构型为壤土-粉壤土，粉粒含量介于 420～540 g/kg，砂粒含量介于 350～480 g/kg。

对比土系　巴热系、红沟村系、马粪沟北系和卧里曲和系，同一土族，层次质地构型分别为壤土-砂质黏壤土-砂质壤土、粉壤土-壤土、通体壤土和通体粉壤土。

利用性能综述　草地，地形较陡，草被盖度中等，已出现退化现象，土体厚，养分含量低，应防止过度放牧。

发生学亚类　草毡土。

代表性单个土体　位于果洛州甘德县柯曲镇色尔雄贡玛东，33.85599°N，99.83467°E，海拔 4142 m，高山坡地坡麓，母质为砂岩风化坡积物，草地，覆盖度约 70%，50 cm 深度土温 1.2℃，野外调查采样日期为 2015 年 7 月 21 日，编号 63-55+。

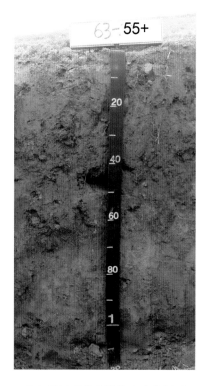

色尔雄贡系代表性单个土体剖面

Ah：　0～15 cm，浊橙色（7.5YR 6/4，干），浊棕色（7.5YR 5/3，润），2%岩石碎屑，壤土，发育中等的粒状-小块状结构，松散-稍坚硬，多量草被根系，向下层波状渐变过渡。

AB：　15～42 cm，浊棕色（7.5YR 6/3，干），灰棕色（7.5YR 5/2，润），2%岩石碎屑，壤土，发育中等的粒状-中块状结构，稍坚硬，中量草被根系，轻度石灰反应，向下层波状渐变过渡。

Bk1：42～60 cm，浊棕色（7.5YR 6/3，干），灰棕色（7.5YR 5/2，润），5%岩石碎屑，壤土，发育弱的中块状结构，坚硬，少量草被根系，少量碳酸钙粉末，强石灰反应，向下层平滑清晰过渡。

Bk2：60～120 cm，浊橙色（7.5YR 6/4，干），浊棕色（7.5YR 5/3，润），粉壤土，发育弱的中块状结构，坚硬，少量碳酸钙粉末，强石灰反应。

色尔雄贡系代表性单个土体物理性质

土层	深度 /cm	砾石 (>2 mm,体积分数)/ %	细土颗粒组成（粒径：mm)/(g/kg)			质地	容重 /(g/cm³)
			砂粒 2～0.05	粉粒 0.05～0.002	黏粒 <0.002		
Ah	0～15	2	473	424	103	壤土	—
AB	15～42	2	421	465	114	壤土	—
Bk1	42～60	5	406	482	112	壤土	1.40
Bk2	60～120	0	358	530	112	粉壤土	1.51

色尔雄贡系代表性单个土体化学性质

层次 /cm	pH	有机碳 /(g/kg)	全氮(N) /(g/kg)	全磷(P) /(g/kg)	全钾(K) /(g/kg)	CEC / [cmol(+)/kg]	碳酸钙 /(g/kg)
0～15	8.0	25.9	2.35	1.47	17.6	13.2	6.2
15～42	8.5	14.8	1.57	1.28	17.6	11.1	27.2
42～60	8.6	10.1	1.03	1.27	16.4	13.4	83.1
60～120	8.7	6.1	0.65	1.15	15.4	12.6	122.3

10.9.22 卧里曲和系（Woliquhe Series）

土　族：壤质混合型-钙积简育寒冻雏形土
拟定者：李德成，赵　霞

分布与环境条件　分布于海
南州兴海县河卡镇一带，冲
积平原，海拔介于 2900～
3300 m，母质为黄土物质，
草地，高原干旱大陆性气候，
年均日照时数约 2908 h，年
均气温约 0.4℃，年均降水量
约 403 mm，无霜期约 78～
118 d。

卧里曲和系典型景观

土系特征与变幅　诊断层包括淡薄表层和钙积层；诊断特性包括冷性土壤温度状况、半
干润土壤水分状况和石灰性。土体厚度 1 m 以上，淡薄表层厚度介于 10～20 cm，碳酸
钙含量介于 20～30 g/kg，之下为钙积层，碳酸钙含量介于 140～300 g/kg，可见碳酸钙
白色粉末，通体有石灰反应，pH 介于 8.6～9.3，通体为粉壤土，粉粒含量介于 600～
680 g/kg。

对比土系　巴热系、红沟村系、马粪沟北系和色尔雄贡系，同一土族，层次质地构型分
别为壤土-砂质黏壤土-砂质壤土、粉壤土-壤土、通体壤土和壤土-粉壤土。

利用性能综述　草地，地形平缓，草被盖度高，土体深厚，养分含量中等，应防止过度
放牧。

发生学亚类　栗钙土。

代表性单个土体　位于海南州兴海县河卡镇卧里曲和北，36.93276°N，100.07155°E，海
拔 3177 m，冲积平原，母质为黄土物质，草地，盖度>80%，50 cm 深度土温 3.9℃，野
外调查采样日期为 2014 年 7 月 12 日，编号 63-77。

Ah: 0～18 cm，黄棕色（10YR 5/6，润），棕色（10YR 4/6，润），粉壤土，发育中等的粒状-小块状结构，松散-坚硬，强石灰反应，向下层平滑清晰过渡。

Bk1: 18～36 cm，浊黄橙色（10YR 7/4，润），浊黄橙色（10YR 6/3，润），粉壤土，发育中等的中块状结构，坚硬，少量碳酸钙粉末，强石灰反应，向下层波状清晰过渡。

Bk2: 36～60 cm，浊黄橙色（10YR 7/2，润），棕灰色（10YR 6/1，润），粉壤土，发育弱的中块状结构，坚硬，中量碳酸钙粉末，强石灰反应，向下层波状渐变过渡。

Bk3: 60～90 cm，浊黄橙色（10YR 7/2，润），棕灰色（10YR 6/1，润），粉壤土，发育弱的中块状结构，坚硬，中量碳酸钙粉末，强石灰反应，向下层波状渐变过渡。

Bk4: 90～135 cm，浊黄橙色（10YR 7/2，润），棕灰色（10YR 6/1，润），粉壤土，发育弱的中块状结构，坚硬，少量碳酸钙粉末，强石灰反应。

卧里曲和系代表性单个土体剖面

卧里曲和系代表性单个土体物理性质

土层	深度/cm	砾石 (>2 mm,体积分数)/ %	细土颗粒组成 (粒径：mm)/(g/kg)			质地	容重/(g/cm³)
			砂粒 2～0.05	粉粒 0.05～0.002	黏粒 <0.002		
Ah	0～18	0	247	642	111	粉壤土	—
Bk1	18～36	0	195	672	133	粉壤土	1.32
Bk2	36～60	0	253	643	104	粉壤土	1.38
Bk3	60～90	0	284	622	94	粉壤土	1.42
Bk4	90～135	0	308	603	89	粉壤土	1.42

卧里曲和系代表性单个土体化学性质

层次/cm	pH	有机碳/(g/kg)	全氮(N)/(g/kg)	全磷(P)/(g/kg)	全钾(K)/(g/kg)	CEC/ [cmol(+)/kg]	碳酸钙/(g/kg)
0～18	8.6	23.3	2.62	1.51	19.3	12.6	24.5
18～36	8.7	15.5	1.77	1.39	16.2	19.4	204.8
36～60	8.6	6.8	0.76	1.36	16.1	12.2	293.6
60～90	9.2	2.8	0.29	1.26	16.0	5.9	160.7
90～135	9.3	2.3	0.28	1.44	16.8	8.4	149.3

10.10　石灰简育寒冻雏形土

10.10.1　多秀系（**Duoxiu Series**）

土　　族：粗骨质混合型–石灰简育寒冻雏形土
拟定者：李德成，赵玉国

分布与环境条件　分布于玉
树州曲麻莱县叶格乡不冻
泉—清水河沿线一带，高山
坡麓，海拔介于 4200～
4700 m，母质为洪积物，草
地，高山高寒气候，年均日
照时数介于 2468～2719 h，年
均气温约–3.3℃，年均降水量
约 214 mm，无霜期介于 93～
126 d。

多秀系典型景观

土系特征与变幅　诊断层包括淡薄表层和雏形层；诊断特性包括寒性土壤温度状况、半干润土壤水分状况、冻融特征和石灰性。地表可见石环和冻融丘，地表粗碎块面积介于 10%～20%，土体厚度 1 m 左右，淡薄表层厚度介于 5～10 cm，之下为雏形层，厚度介于 80～90 cm，可见鳞片状结构，通体有石灰反应，碳酸钙含量介于 40～60 g/kg，pH 介于 8.7～8.9，砾石含量介于 10%～80%，层次质地构型为壤土–粉壤土，砂粒含量介于 280～490 g/kg，粉粒含量介于 320～510 g/kg。

对比土系　下热水沟系，同一亚类不同土族，地形为洪积–冲积平原，矿物学类型为硅质混合型，通体为壤土。

利用性能综述　草地，地形较平缓，草被盖度较低，土体薄，砾石多，养分含量低，应封境保育，提高草被盖度。

发生学亚类　石灰性草甸土。

代表性单个土体　位于玉树州曲麻莱县叶格乡多秀村东南，35.23679°N，93.91029°E，海拔 4449 m，高山缓坡坡麓中下部，母质为洪积物，草地，覆盖度约 40%，50 cm 深度土温 0.2℃，野外调查采样日期为 2011 年 7 月 14 日，编号 110714010。

Ah: 0～8 cm，亮黄棕色（10YR 6/6，干），浊黄棕色（10YR 5/4，润），10%岩石碎屑，底面可见钙膜，壤土，发育中等的粒状-鳞片状结构，松散-坚硬，多量草被根系，中度石灰反应，向下层平滑清晰过渡。

Bw: 8～90 cm，灰黄棕色（10YR 5/2，干），棕灰色（10YR 4/1，润），80%岩石碎屑，底面可见钙膜，粉壤土，发育弱的鳞片状-中块状结构，坚硬，少量草被根系，中度石灰反应，向下层波状清晰过渡。

C: 90～110 cm，岩石碎屑。

多秀系代表性单个土体剖面

多秀系代表性单个土体物理性质

土层	深度 /cm	砾石 (>2 mm,体积分数)/ %	细土颗粒组成 (粒径：mm)/(g/kg)			质地
			砂粒 2～0.05	粉粒 0.05～0.002	黏粒 <0.002	
Ah	0～8	10	481	321	197	壤土
Bw	8～90	80	283	504	213	粉壤土

多秀系代表性单个土体化学性质

层次 /cm	pH	有机碳 /(g/kg)	全氮(N) /(g/kg)	全磷(P) /(g/kg)	全钾(K) /(g/kg)	CEC / [cmol(+)/kg]	碳酸钙 /(g/kg)
0～8	8.7	10.4	0.98	1.20	23.5	6.1	59.3
8～90	8.9	6.0	0.46	1.78	29.3	3.9	42.8

10.10.2 日阿通俄系（Ri'atong'e Series）

土　族：粗骨壤质盖粗骨质混合型-石灰简育寒冻雏形土
拟定者：李德成，杨　飞

分布与环境条件　分布于玉树州曲麻莱县约改镇不冻泉—清水河沿线一带，冲-洪积平原，海拔介于 4200～4600 m，母质为冲-洪积物，草地，高原高寒气候，年均日照时数介于 2536～2750 h，年均气温约−3.2℃，年均降水量约 387 mm，无霜期低于 30 d。

日阿通俄系典型景观

土系特征与变幅　诊断层包括淡薄表层和雏形层；诊断特性包括寒性土壤温度状况、半干润土壤水分状况、冻融特征、氧化还原特征和石灰性。地表可见石环和冻融丘，粗碎块面积介于 2%～5%，土体厚度 1 m 左右，淡薄表层厚度介于 10～30 cm，之下为雏形层，可见铁锰斑纹。通体砾石含量介于 5%～90%，有石灰反应，碳酸钙含量介于 20～100 g/kg，pH 介于 8.0～8.8，层次质地构型为壤土-粉壤土-壤土-壤质砂土，粉粒含量介于 180～510 g/kg，砂粒含量介于 390～770 g/kg。

对比土系　本亚类中其他土系，不同土族，颗粒大小级别分别为粗骨质、粗骨壤质、砂质盖粗骨质、砂质、黏壤质盖粗骨质和壤质盖粗骨质。

利用性能综述　草地，地形平缓，草被盖度高，土体较厚，砾石多，养分含量高，防止过度放牧。

发生学亚类　棕草毡土。

代表性单个土体　位于玉树州曲麻莱县约改镇日阿通俄玛山东，34.10732°N，96.09231°E，海拔 4486 m，冲-洪积平原，母质为冲-洪积物，草地，覆盖度>80%，50 cm 深度土温 0.3℃，野外调查采样日期为 2014 年 7 月 24 日，编号 63-165。

Ah1：0～10 cm，浊黄橙色（10YR 6/4，干），浊黄棕色（10YR 5/3，润），5%岩石碎屑，壤土，发育中等的粒状结构，松散，多量草被根系，中度石灰反应，向下层平滑清晰过渡。

Ah2：10～30 cm，浊黄橙色（10YR 6/4，干），浊黄棕色（10YR 5/3，润），5%岩石碎屑，粉壤土，发育中等的粒状-小块状结构，松散-稍坚硬，大量草被根系，轻度石灰反应，向下层波状渐变过渡。

Bw：30～45 cm，浊黄橙色（10YR 6/4，干），浊黄棕色（10YR 5/3，润），20%岩石碎屑，壤土，发育弱的中块状结构，坚硬，中度石灰反应，向下层波状渐变过渡。

Br：45～76 cm，浊黄橙色（10YR 6/4，干），浊黄棕色（10YR 5/3，润），30%岩石碎屑，壤土，发育弱的中块状结构，坚硬，中量铁锰斑纹，中度石灰反应，向下层平滑清晰过渡。

日阿通俄系代表性单个土体剖面

C：76～90 cm，浊黄橙色（10YR 6/4，干），浊黄棕色（10YR 5/3，润），90%岩石碎屑，壤质砂土，单粒，无结构，强石灰反应。

日阿通俄系代表性单个土体物理性质

土层	深度 /cm	砾石 (>2 mm,体积分数)/ %	细土颗粒组成 (粒径：mm)/(g/kg)			质地
			砂粒 2～0.05	粉粒 0.05～0.002	黏粒 <0.002	
Ah1	0～10	5	508	406	86	壤土
Ah2	10～30	5	392	503	105	粉壤土
Bw	30～45	20	412	470	118	壤土
Br	45～76	30	412	470	118	壤土
C	76～90	90	763	180	57	壤质砂土

日阿通俄系代表性单个土体化学性质

层次 /cm	pH	有机碳 /(g/kg)	全氮(N) /(g/kg)	全磷(P) /(g/kg)	全钾(K) /(g/kg)	CEC / [cmol(+)/kg]	碳酸钙 /(g/kg)
0～10	8.0	56.7	4.05	1.56	15.6	17.4	41.9
10～30	8.0	76.8	5.43	1.54	16.3	33.0	22.6
30～45	8.4	24.6	2.13	1.25	14.9	10.7	66.6
45～76	8.4	24.6	2.13	1.25	14.9	10.7	66.6
76～90	8.8	5.3	0.52	0.86	13.9	3.3	90.4

10.10.3　方方沟系（Fangfanggou Series）

土　族：粗骨壤质混合型-石灰简育寒冻雏形土
拟定者：李德成，张甘霖，赵玉国

分布与环境条件　分布于海
北州祁连县野牛沟乡一带，
高山坡地，海拔介于 3100～
3400 m，母质为黄土和砾石
冰碛物，草地，高原大陆性
气候，年均日照时数约
2780 h，年均气温约–1.5℃，
年均降水量约 407 mm，无霜
期约 50～100 d。

方方沟系典型景观

土系特征与变幅　诊断层包括淡薄表层和雏形层；诊断特性包括寒性土壤温度状况、半
干润土壤水分状况、冻融特征和石灰性。地表可见冻融丘，岩石露头面积介于 2%～5%，
粗碎块面积介于 15%～40%，土体厚度 1 m 以上，淡薄表层厚度介于 10～20 cm，有机
碳含量约 40 g/kg，C/N 约 14，之下为雏形层，可见鳞片状结构。通体砾石含量介于 30%～
70%，有石灰反应，碳酸钙含量介于 10～40 g/kg，pH 介于 7.4～8.3，层次质地构型为粉
壤土-壤土-粉壤土，粉粒含量介于 450～540 g/kg，砂粒含量介于 240～370 g/kg。

对比土系　高根勒日系，同一土族，层次质地构型为砂质壤土-壤土。

利用性能综述　草地，地形较陡，草被盖度高，土体较薄，岩石碎屑多，养分含量高，
防止过度放牧。

发生学亚类　冷钙土。

代表性单个土体　位于海北州祁连县野牛沟乡大泉村方方沟组西北，拉克龙洼东南，
38.35868°N，99.73277°E，海拔 3250 m，高山陡坡中部，母质为黄土和砾石冰碛物，草
地，覆盖度>80%，50 cm 深度土温 3.0℃，野外调查采样日期为 2013 年 7 月 23 日，编
号 YZ007。

Ah： 0～10 cm，灰黄棕色（10YR 5/2，干），灰黄棕色（10YR 4/2，润），30%岩石碎屑，粉壤土，发育中等的粒状结构，松散，多量草被根系，中度石灰反应，向下层波状渐变过渡。

Bw： 10～22 cm，灰黄棕色（10YR 5/2，干），灰黄棕色（10YR 4/2，润），30%岩石碎屑，粉壤土，发育中等的粒状-鳞片状结构，松散，多量草被根系，中度石灰反应，向下层波状渐变过渡。

Cr1： 22～55 cm，浊黄橙色（10YR 7/4，干），棕色（10YR 4/4，润），70%岩石碎屑，壤土，发育弱的鳞片状-小块状结构，松软-稍坚硬，中量草被根系，少量铁锰斑纹，中度石灰反应，向下层波状渐变过渡。

Cr2： 55～120 cm，浊黄橙色（10YR 7/4，干），黄棕色（10YR 5/6，润），70%岩石碎屑，粉壤土，发育弱的鳞片状-小块状结构，松软-稍坚硬，中量铁锰斑纹，轻度石灰反应。

方方沟系代表性单个土体剖面

方方沟系代表性单个土体物理性质

土层	深度 /cm	砾石 (>2 mm,体积分数)/ %	细土颗粒组成 (粒径：mm)/(g/kg)			质地
			砂粒 2～0.05	粉粒 0.05～0.002	黏粒 <0.002	
Ah	0～10	30	276	524	200	粉壤土
Bw	10～22	30	305	506	190	粉壤土
Cr1	22～55	70	369	457	174	壤土
Cr2	55～120	70	247	537	216	粉壤土

方方沟系代表性单个土体化学性质

层次 /cm	pH	有机碳 /(g/kg)	全氮(N) /(g/kg)	全磷(P) /(g/kg)	全钾(K) /(g/kg)	CEC / [cmol(+)/kg]	碳酸钙 /(g/kg)
0～10	7.6	39.5	2.74	0.56	16.6	9.7	35.0
10～22	8.0	22.3	1.76	0.53	17.0	19.2	24.8
22～55	8.3	5.0	0.47	0.50	16.6	14.6	20.7
55～120	7.4	2.9	0.31	0.50	19.5	27.1	18.6

10.10.4 高根勒日系（Gaogenleri Series）

土　　族：粗骨壤质混合型–石灰简育寒冻雏形土
拟定者：李德成，赵玉国

分布与环境条件　分布于玉树州曲麻莱县曲麻河乡不冻泉—清水河沿线一带，高山坡麓，海拔介于 4600～5100 m，母质为砂岩风化坡积物，草地，高原高寒气候，年均日照时数介于 2536～2750 h，年均气温约–3.3℃，年均降水量约 388 mm，无霜期低于 30 d。

高根勒日系典型景观

土系特征与变幅　诊断层包括淡薄表层和雏形层；诊断特性包括寒性土壤温度状况、半干润土壤水分状况、冻融特征和石灰性。地表可见石环和冻融丘，地表粗碎块面积介于 30%～40%，土体厚度介于 30～50 cm，淡薄表层厚度介于 5～20 cm，之下为雏形层，可见鳞片状结构，通体有石灰反应，碳酸钙含量介于 30～90 g/kg，pH 介于 8.6～8.9，砾石含量介于 15%～50%，层次质地构型为砂质壤土–壤土，砂粒含量介于 330～650 g/kg，粉粒含量介于 200～410 g/kg。

对比土系　方方沟系，同一土族，层次质地构型为粉壤土–壤土–粉壤土。

利用性能综述　荒草地，地形较平缓，草被盖度低，土体厚，砾石多，养分含量低，应封境保育，提高草被盖度。

发生学亚类　薄草毡土（退化）。

代表性单个土体　位于玉树州曲麻莱县曲麻河乡高根勒日阿山西南，34.73396°N，95.12297°E，海拔 4888 m，高山坡麓中下部，母质为砂岩风化坡积物，荒草地，覆盖度约 10%，50 cm 深度土温 0.2℃，野外调查采样日期为 2011 年 7 月 22 日，编号 110722021。

110722021

Ah:　0～10 cm，橙色（7.5YR 6/6，干），浊棕色（7.5YR 5/4，润），15%岩石碎屑，砂质壤土，发育中等的粒状-小块状结构，松散-坚硬，多量草被根系，中度石灰反应，向下层平滑清晰过渡。

Bw1：10～40 cm，橙色（7.5YR 6/6，干），浊棕色（7.5YR 5/4，润），30%岩石碎屑，砂质壤土，发育弱的鳞片状-中块状结构，坚硬，少量草被根系，强石灰反应，向下层不规则清晰过渡。

Bw2：40～130 cm，70%浊黄棕色（10YR 5/3，干）、灰黄棕色（10YR 4/2，润），30%橙色（7.5YR 6/6，干）、浊棕色（7.5YR 5/4，润），50%岩石碎屑，壤土，发育弱的鳞片状-中块状结构，坚硬，轻度石灰反应。

高根勒日系代表性单个土体剖面

高根勒日系代表性单个土体物理性质

土层	深度 /cm	砾石 (>2 mm,体积分数)/ %	细土颗粒组成 (粒径：mm)/(g/kg)			质地
			砂粒 2～0.05	粉粒 0.05～0.002	黏粒 <0.002	
Ah	0～10	15	649	207	144	砂质壤土
Bw1	10～40	30	601	238	161	砂质壤土
Bw2	40～130	50	331	408	261	壤土

高根勒日系代表性单个土体化学性质

层次 /cm	pH	有机碳 /(g/kg)	全氮(N) /(g/kg)	全磷(P) /(g/kg)	全钾(K) /(g/kg)	CEC / [cmol(+)/kg]	碳酸钙 /(g/kg)
0～10	8.6	11.6	0.94	1.14	20.2	5.1	67.8
10～40	8.7	8.1	0.81	1.33	18.8	5.7	82.1
40～130	8.9	2.5	0.46	1.27	25.7	3.9	36.6

10.10.5　红山咀沟系（**Hongshanzuigou Series**）

土　族：砂质盖粗骨质硅质混合型-石灰简育寒冻雏形土

拟定者：李德成，张甘霖，赵玉国

分布与环境条件　分布于海北州祁连县央隆乡一带，洪积-冲积平原，海拔介于 3400~3800 m，母质为洪积-冲积物，草地，高原大陆性气候，年均日照时数约 2780 h，年均气温约–2.5℃，年均降水量约 308 mm，无霜期约 50~100 d。

红山咀沟系典型景观

土系特征与变幅　诊断层包括淡薄表层和雏形层；诊断特性包括寒性土壤温度状况、半干润土壤水分状况、冻融特征和石灰性。地表可见石环和冻融丘，地表粗碎块面积介于 2%~5%，土体厚度介于 30~40 cm，淡薄表层厚度介于 15~25 cm，之下为雏形层，厚度 15~20 cm，可见鳞片状结构。通体有石灰反应，碳酸钙含量介于 60~120 g/kg，pH 介于 8.0~8.2，通体为砂质壤土，砂粒含量介于 610~680 g/kg。

对比土系　本亚类中其他土系，不同土族，颗粒大小级别分别为粗骨质、粗骨壤质、粗骨壤质盖粗骨质、砂质、黏壤质盖粗骨质和壤质盖粗骨质。

利用性能综述　草地，地形较平缓，草被盖度高，土体薄，砾石多，养分含量低，应防止过度放牧。

发生学亚类　冷钙土。

代表性单个土体　位于海北州祁连县央隆乡红山咀沟西，38.79053°N，98.25247°E，海拔 3612 m，洪积-冲积平原，母质为洪积-冲积物，草地，覆盖度约 70%，50 cm 深度土温 1.2℃，野外调查采样日期为 2012 年 8 月 5 日，编号 QL-017。

Ah: 0～20 cm，浊黄棕色（10YR 5/4，干），暗棕色（10YR 3/3，润），砂质壤土，发育中等的粒状结构，松散-松软，多量草被根系，强石灰反应，向下层平滑清晰过渡。

Bw: 20～39 cm，浊黄棕色（10YR 5/3，干），浊黄棕色（10YR 4/3，润），砂质壤土，发育弱的粒状-鳞片状结构，松散-松软，中量草被根系，强石灰反应，向下层波状突变过渡。

C: 39～120 cm，岩石碎屑。

红山咀沟系代表性单个土体剖面

红山咀沟系代表性单个土体物理性质

土层	深度 /cm	砾石 (>2 mm,体积分数)/ %	细土颗粒组成 (粒径：mm)/(g/kg)			质地	容重 /(g/cm³)
			砂粒 2～0.05	粉粒 0.05～0.002	黏粒 <0.002		
Ah	0～20	0	679	214	107	砂质壤土	—
Bw	20～39	0	613	250	137	砂质壤土	1.24

红山咀沟系代表性单个土体化学性质

层次 /cm	pH	有机碳 /(g/kg)	全氮(N) /(g/kg)	全磷(P) /(g/kg)	全钾(K) /(g/kg)	CEC / [cmol(+)/kg]	碳酸钙 /(g/kg)
0～20	8.0	11.7	0.91	1.10	26.2	5.6	63.6
20～39	8.2	11.6	0.87	1.80	41.7	6.4	110.5

10.10.6　来格加薄系（Laigejiabo Series）

土　　族：砂质硅质混合型-石灰简育寒冻雏形土
拟定者：李德成，赵玉国

分布与环境条件　分布于玉树州曲麻莱县曲麻河乡不冻泉—清水河沿线一带，高山洪积扇中下部，海拔介于4100～4500 m，母质为冲-洪积物，草地，高原高寒气候，年均日照时数介于2536～2750 h，年均气温约–3.3 ℃，年均降水量约381 mm，无霜期低于30 d。

来格加薄系典型景观

土系特征与变幅　诊断层包括淡薄表层和雏形层；诊断特性包括寒性土壤温度状况、半干润土壤水分状况、冻融特征和石灰性。地表可见石环和冻融丘，地表粗碎块面积介于2%～5%，土体厚度1 m以上，淡薄表层厚度介于10～20 cm，之下为雏形层，可见鳞片状结构，通体有石灰反应，碳酸钙含量介于60～110 g/kg，pH介于8.6～9.2，砾石含量介于5%～90%，层次质地构型为砂质壤土-壤土-砂质壤土，砂粒含量介于450～630 g/kg，粉粒含量介于230～370 g/kg。

对比土系　本亚类中其他土系，不同土族，颗粒大小级别分别为粗骨质、粗骨壤质、粗骨壤质盖粗骨质、砂质盖粗骨质、黏壤质盖粗骨质和壤质盖粗骨质。

利用性能综述　草地，地形较平缓，草被盖度低，土体厚，砾石多，养分含量低，应封境保育，提高草被盖度。

发生学亚类　薄草毡土（退化）。

代表性单个土体　位于玉树州曲麻莱县曲麻河乡来格加薄日扎山东北，34.76204°N，95.05866°E，海拔4350 m，高山洪积扇中下部，母质为冲-洪积物，草地，覆盖度约60%，50 cm深度土温0.2℃，野外调查采样日期为2011年7月22日，编号110722020。

Ah: 0～11 cm，橙色（7.5YR 6/6，干），浊棕色（7.5YR 5/4，润），5%岩石碎屑，砂质壤土，发育中等的粒状-小块状结构，松散-坚硬，多量草被根系，强石灰反应，向下层波状渐变过渡。

Bw1: 11～62 cm，橙色（7.5YR 6/6，干），浊棕色（7.5YR 5/4，润），20%岩石碎屑，壤土，发育中等的鳞片状-小块状结构，坚硬，少量草被根系，强石灰反应，向下层平滑清晰过渡。

Bw2: 62～110 cm，橙色（7.5YR 6/6，干），浊棕色（7.5YR 5/4，润），5%岩石碎屑，砂质壤土，发育弱的鳞片状-中块状结构，坚硬，强石灰反应，向下层平滑清晰过渡。

C: 110～130 cm，浊黄棕色（10YR 5/3，干），灰黄棕色（10YR 4/2，润），90%岩石碎屑，砂质壤土，单粒，无结构，中度石灰反应。

来格加薄系代表性单个土体剖面

来格加薄系代表性单个土体物理性质

土层	深度/cm	砾石（>2 mm,体积分数)/ %	细土颗粒组成（粒径：mm)/(g/kg)			质地	容重/(g/cm³)
			砂粒 2～0.05	粉粒 0.05～0.002	黏粒 <0.002		
Ah	0～11	5	539	295	166	砂质壤土	1.36
Bw1	11～62	20	457	368	174	壤土	—
Bw2	62～110	5	617	234	149	砂质壤土	1.52
C	110～130	90	626	241	133	砂质壤土	—

来格加薄系代表性单个土体化学性质

层次/cm	pH	有机碳/(g/kg)	全氮(N)/(g/kg)	全磷(P)/(g/kg)	全钾(K)/(g/kg)	CEC/ [cmol(+)/kg]	碳酸钙/(g/kg)
0～11	8.6	14.6	1.16	1.03	19.3	5.7	82.1
11～62	8.9	5.8	0.60	1.10	22.2	3.9	103.6
62～110	9.0	4.5	0.40	1.08	20.9	3.5	98.3
110～130	9.2	3.0	0.35	1.07	22.1	2.5	66.0

10.10.7　玛罗龙洼系（Maluolongwa Series）

土　　族：黏壤质盖粗骨质混合型–石灰简育寒冻雏形土
拟定者：李德成，张甘霖，赵玉国

分布与环境条件　分布于海北州祁连县扎麻什乡一带，中山台地，海拔介于 2600～3000 m，母质上为黄土物质，下为冰碛物，草地，高原大陆性气候，年均日照时数约 2780 h，年均气温约 0.4℃，年均降水量约 402 mm，无霜期约 50～100 d。

玛罗龙洼系典型景观

土系特征与变幅　诊断层包括淡薄表层和雏形层；诊断特性包括寒性土壤温度状况、半干润土壤水分状况、冻融特征和石灰性。地表可见石环和冻融丘，地表粗碎块面积介于 2%～5%，土体厚度介于 40～50 cm，淡薄表层厚度介于 15～20 cm，之下为雏形层，可见鳞片状结构。通体岩石碎屑含量介于 10%～20%，有石灰反应，碳酸钙含量为 20～40 g/kg，pH 7.7 左右，通体质地为粉壤土，粉粒含量介于 520～550 g/kg，砂粒含量介于 230～260 g/kg。

对比土系　扎隆贡玛系，同一土族，层次质地构型为粉质黏壤土–粉壤土–粉质黏壤土。

利用性能综述　草地，地形较陡，草被盖度高，土体薄，砾石多，养分含量高，应防止过度放牧。

发生学亚类　暗冷钙土。

代表性单个土体　位于海北州祁连县扎麻什乡玛罗龙洼东，38.19028°N，100.02239°E，海拔 2851 m，中山台地，母质上为黄土物质，下为冰碛物，草地，覆盖度约 70%，50 cm 深度土温 3.6℃，野外调查采样日期为 2012 年 8 月 3 日，编号 DC-004。

玛罗龙洼系代表性单个土体剖面

Ah: 0～16 cm, 浊黄棕色（10YR 5/3，干），暗棕色（10YR 3/3，润），10%岩石碎屑，粉壤土，发育中等的粒状结构，松散-稍坚硬，多量草被根系，轻度石灰反应，向下层波状渐变过渡。

Bw: 16～37 cm, 浊黄棕色（10YR 5/3，干），暗棕色（10YR 3/3，润），20%岩石碎屑，粉壤土，发育弱的鳞片状结构，稍坚硬，中量草被根系，轻度石灰反应，向下层波状渐变过渡。

2C: 37～100 cm, 浊黄棕色（10YR 5/3，干），暗棕色（10YR 3/3，润），90%岩石碎屑，粉壤土，单粒，无结构，少量草被根系，轻度石灰反应。

玛罗龙洼系代表性单个土体物理性质

| 土层 | 深度 /cm | 砾石 (>2 mm,体积分数)/ % | 细土颗粒组成 (粒径：mm)/(g/kg) | | | 质地 |
			砂粒 2～0.05	粉粒 0.05～0.002	黏粒 <0.002	
Ah	0～16	10	230	522	248	粉壤土
Bw	16～37	20	257	543	201	粉壤土

玛罗龙洼系代表性单个土体化学性质

层次 /cm	pH	有机碳 /(g/kg)	全氮(N) /(g/kg)	全磷(P) /(g/kg)	全钾(K) /(g/kg)	CEC / [cmol(+)/kg]	碳酸钙 /(g/kg)
0～16	7.7	38.1	3.47	2.00	26.7	20.9	32.7
16～37	7.7	37.6	3.62	1.80	26.7	20.1	20.0

10.10.8 扎隆贡玛系（Zhalonggongma Series）

土　　族：黏壤质盖粗骨质混合型-石灰简育寒冻雏形土
拟定者：李德成，张甘霖，赵玉国

分布与环境条件　分布于海北州祁连县峨堡镇一带，中山坡地，海拔介于 3500～3900 m，母质为黄土物质和冰碛物，草地，高原大陆性气候，年均日照时数约 2780 h，年均气温约–3.0℃，年均降水量约 388 mm，无霜期约 50～100 d。

扎隆贡玛系典型景观

土系特征与变幅　诊断层包括淡薄表层和雏形层；诊断特性包括寒性土壤温度状况、半干润土壤水分状况、冻融特征和石灰性。地表可见石环和冻融丘，地表岩石露头面积介于 10%～15%，粗碎块面积介于 10%～20%，土体厚度介于 30～50 cm，淡薄表层厚度介于 10～20 cm，之下为雏形层，可见鳞片状结构。通体岩石碎屑含量介于 5%～20%，有石灰反应，碳酸钙含量介于 10～20 g/kg，pH 介于 7.1～7.2，层次质地构型为粉质黏壤土-粉壤土 粉质黏壤土，粉粒含量 570～640 g/kg。

对比土系　玛罗龙洼系，同一土族，通体为粉壤土。

利用性能综述　草地，地形陡，草被盖度较高，土体薄，砾石多，养分含量高，应防止过度放牧。

发生学亚类　草毡土。

代表性单个土体　位于海北州祁连县峨堡镇扎隆贡玛山南，娘木群村西北，37.87809°N，100.77894°E，海拔 3796 m，高山陡坡上部，母质为黄土物质和冰碛物，草地，覆盖度约 50%，50 cm 深度土温 0.5℃，野外调查采样日期为 2013 年 7 月 22 日，编号 HH002。

Ah：　0～16 cm，浊棕色（7.5YR 6/3，干），灰棕色（7.5YR 4/2，润），5%岩石碎屑，粉质黏壤土，发育中等的粒状-鳞片状结构，松散-松软，多量草被根系，轻度石灰反应，向下层波状渐变过渡。

AB：　16～30 cm，浊黄棕色（10YR 5/3，干），暗棕色（10YR 3/3，润），5%岩石碎屑，粉壤土，发育中等的粒状-鳞片状结构，松散-松软，多量草被根系，轻度石灰反应，向下层波状渐变过渡。

Bw：　30～40 cm，浊黄橙色（10YR 7/3，干），棕色（7.5YR 4/3，润），20%岩石碎屑，粉质黏壤土，发育弱的鳞片状结构，松软，中量草被根系，轻度石灰反应，向下层波状突变过渡。

2C：　40～70 cm，岩石碎屑。

扎隆贡玛系代表性单个土体剖面

扎隆贡玛系代表性单个土体物理性质

土层	深度 /cm	砾石 (>2 mm,体积分数)/ %	细土颗粒组成 (粒径：mm)/(g/kg)			质地
			砂粒 2～0.05	粉粒 0.05～0.002	黏粒 <0.002	
Ah	0～16	5	85	634	282	粉质黏壤土
AB	16～30	5	156	575	269	粉壤土
Bw	30～40	20	113	572	315	粉质黏壤土

扎隆贡玛系代表性单个土体化学性质

层次 /cm	pH	有机碳 /(g/kg)	全氮(N) /(g/kg)	全磷(P) /(g/kg)	全钾(K) /(g/kg)	CEC / [cmol(+)/kg]	碳酸钙 /(g/kg)
0～16	7.1	78.7	5.94	0.62	18.9	22.1	19.2
16～30	7.2	55.1	4.19	0.60	18.7	21.9	10.4
30～40	7.1	26.8	2.09	0.36	14.2	20.3	10.4

10.10.9 下热水沟系（Xiareshuigou Series）

土 族：壤质盖粗骨质硅质混合型–石灰简育寒冻雏形土
拟定者：李德成，张甘霖，赵玉国

分布与环境条件 分布于海北州祁连县央隆乡一带，洪积–冲积平原，海拔介于 3500～3900 m，母质为洪积–冲积物，草地，高原大陆性气候，年均日照时数约 2780 h，年均气温约–3.0℃，年均降水量约 285 mm，无霜期约 50～100 d。

下热水沟系典型景观

土系特征与变幅 诊断层包括淡薄表层和雏形层；诊断特性包括寒性土壤温度状况、半干润土壤水分状况、冻融特征和石灰性。地表可见石环和冻融丘，地表粗碎块面积介于 5%～10%，土体厚度介于 20～40 cm，淡薄表层厚度介于 15～25 cm，之下为雏形层，厚度介于 10～20 cm，通体碳酸钙含量介于 90～110 g/kg，可见鳞片状结构。通体有石灰反应，pH 介于 8.3～8.5，壤土，砂粒含量介于 510～520 g/kg，粉粒含量介于 320～340 g/kg。

对比土系 多秀系，同一亚类不同土族，地形为高山坡麓，矿物学类型为混合型，层次质地构型为壤土–粉壤土。

利用性能综述 草地，地形平缓，草被盖度高，土体薄，砾石多，养分含量低，牧草地，应防止过度放牧。

发生学亚类 草甸沼泽土。

代表性单个土体 位于海北州祁连县央隆乡下热水沟村东，大沙陇村西北，38.84403°N，98.88969°E，海拔 3718 m，洪积–冲积平原，母质为洪积 冲积物，草地，覆盖度约 50%，50 cm 深度土温 0.5℃，野外调查采样日期为 2013 年 8 月 3 日，编号 YZ011。

Ah： 0～10 cm，淡黄橙色（7.5YR 8/3，干），灰棕色（7.5YR 6/2，润），壤土，发育中等的粒状-鳞片状结构，松散-松软，多量草被根系，强石灰反应，向下层波状渐变过渡。

Bw： 10～22 cm，淡黄橙色（7.5YR 8/3，干），灰棕色（7.5YR 6/2，润），5%岩石碎屑，壤土，发育中等的粒状-鳞片状结构，松软，中量草被根系，强石灰反应，向下层波状清晰过渡。

2C： 22～100 cm，橙白色（7.5YR 8/2，干），灰棕色（7.5YR 6/2，润），80%岩石碎屑，壤土，单粒，无结构，少量斑纹，强石灰反应。

下热水沟系代表性单个土体剖面

下热水沟系代表性单个土体物理性质

土层	深度 /cm	砾石 (>2 mm,体积分数)/ %	细土颗粒组成 (粒径： mm)/(g/kg)			质地
			砂粒 2～0.05	粉粒 0.05～0.002	黏粒 <0.002	
Ah	0～10	0	516	327	157	壤土
Bw	10～22	5	515	336	149	壤土

下热水沟系代表性单个土体化学性质

层次 /cm	pH	有机碳 /(g/kg)	全氮(N) /(g/kg)	全磷(P) /(g/kg)	全钾(K) /(g/kg)	CEC / [cmol(+)/kg]	碳酸钙 /(g/kg)
0～10	8.5	3.3	0.35	0.52	14.1	6.4	98.4
10～22	8.3	8.2	0.71	0.51	14.0	7.5	108.6

10.10.10 磷火沟西系（Linhuogouxi Series）

土　　族：壤质盖粗骨质混合型–石灰简育寒冻雏形土
拟定者：李德成，张甘霖，赵玉国

分布与环境条件　分布于海北州祁连县野牛沟乡一带，高山坡地，海拔介于 2900～3300 m，母质上为黄土物质，下为灰岩风化坡积物，草地，高原大陆性气候，年均日照时数约 2780 h，年均气温约 –0.4 ℃，年均降水量约 389 mm，无霜期约 50～100 d。

磷火沟西系典型景观

土系特征与变幅　诊断层包括淡薄表层和雏形层；诊断特性包括寒性土壤温度状况、半干润土壤水分状况、冻融特征和石灰性。地表可见冻融丘，岩石露头面积为 2% 左右，粗碎块面积为 2% 左右，土体厚度介于 40～60 cm，淡薄表层厚度介于 10～30 cm，之下为雏形层，厚度介于 20～30 cm，可见鳞片状结构。通体有石灰反应，碳酸钙含量介于 120～170 g/kg，pH 介于 8.0～8.7，通体为粉壤土，粉粒含量介于 520～600 g/kg。

对比土系　木角塔护系，同一土族，成土母质为黑色砂砾岩风化坡积物，层次质地构型为砂质壤土–壤土。

利用性能综述　草地，地形较陡，草被盖度中等，土体较薄，砾石较多，养分含量较高，应封境育草。

发生学亚类　冷钙土。

代表性单个土体　位于海北州祁连县野牛沟乡磷火沟西，38.27418°N，99.88852°E，海拔 3106 m，高山陡坡中上部，母质上为黄土物质，下为灰岩风化坡积物，草地，覆盖度约 60%，50 cm 深度土温 3.1 ℃，野外调查采样日期为 2012 年 8 月 1 日，编号 GL-003。

Ah：0～10 cm，浊黄橙色（10YR 6/4，干），棕色（10YR 4/4，润），粉壤土，发育中等的粒状-鳞片状结构，松散-松软，多量草被根系，强石灰反应，向下层波状渐变过渡。

Bw：10～40 cm，浊黄橙色（10YR 6/4，干），棕色（10YR 4/4，润），粉壤土，发育弱的鳞片状-小块状结构，松散-松软，中量草被根系，强石灰反应，向下层波状渐变过渡。

2C：40～70 cm，90%岩石碎屑，粉壤土，单粒，无结构，强石灰反应。

磷火沟西系代表性单个土体剖面

磷火沟西系代表性单个土体物理性质

| 土层 | 深度 /cm | 砾石 (>2 mm,体积分数)/ % | 细土颗粒组成 (粒径：mm)/(g/kg) | | | 质地 | 容重 /(g/cm³) |
			砂粒 2～0.05	粉粒 0.05～0.002	黏粒 <0.002		
Ah	0～10	0	253	549	198	粉壤土	1.24
Bw	10～40	0	211	591	197	粉壤土	1.29
2C	40～70	90	286	520	194	粉壤土	—

磷火沟西系代表性单个土体化学性质

层次 /cm	pH	有机碳 /(g/kg)	全氮(N) /(g/kg)	全磷(P) /(g/kg)	全钾(K) /(g/kg)	CEC / [cmol(+)/kg]	碳酸钙 /(g/kg)
0～10	8.0	35.0	3.42	1.50	16.2	14.6	124.9
10～40	8.6	7.8	0.76	1.30	19.7	6.6	141.0
40～70	8.7	4.1	0.41	1.10	23.5	5.8	164.4

10.10.11 木角塔护系（**Mujiaotahu Series**）

土　族：壤质盖粗骨质混合型-石灰简育寒冻雏形土
拟定者：李德成，张甘霖，赵玉国

分布与环境条件　分布于玉树州曲麻莱县曲麻河不冻泉—清水河沿线一带，高山坡地坡积裙，海拔介于 4200～4500 m，母质为黑色砂砾岩风化坡积物，草地，高山高寒气候，年均日照时数介于 2468～2719 h，年均气温约–3.3℃，年均降水量约 285 mm，无霜期介于 93～126 d。

木角塔护系典型景观

土系特征与变幅　诊断层包括淡薄表层和雏形层；诊断特性包括寒性土壤温度状况、半干润土壤水分状况、冻融特征和石灰性。地表可见石环和冻融丘，粗碎块面积介于 5%～10%，土体厚度介于 60～58 cm，淡薄表层厚度介于 10～20 cm，之下为雏形层，砾石含量介于 10%～95%，通体有石灰反应，碳酸钙含量介于 10～110 g/kg，pH 介于 8.7～9.1，层次质地构型为砂质壤土-壤土，砂粒含量介于 350～670 g/kg，粉粒含量介于 200～470 g/kg。

对比土系　磷火沟西系，同一土族，成土母质为灰岩风化坡积物，通体为粉壤土。

利用性能综述　草地，地形较平缓，草被盖度中等，土体较厚，砾石较多，养分含量低，应封境保育，提高草被盖度。

发生学亚类　薄黑毡土。

代表性单个土体　位于玉树州曲麻莱县曲麻河乡塔护木角柯村东南，35.00606°N，94.51221°E，海拔 4389 m，高山缓坡坡积裙，母质为黑色砂砾岩风化坡积物，草地，覆盖度约 50%，50 cm 深度土温 0.2℃，野外调查采样日期为 2011 年 7 月 6 日，编号 110716014。

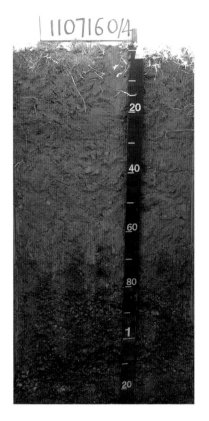

Ah：　0～10 cm，浊橙色（7.5YR 6/4，干），浊黄棕色（10YR 5/3，润），10%岩石碎屑，砂质壤土，发育中等的粒状结构-小块状结构，松散-稍坚硬，多量草被根系，中度石灰反应，向下层波状渐变过渡。

AB：　10～38 cm，浊橙色（7.5YR 6/4，干），浊黄棕色（10YR 5/3，润），15%岩石碎屑，砂质壤土，发育中等的中块状结构，坚硬，少量草被根系，强石灰反应，向下层波状渐变过渡。

Bw：　38～75 cm，浊棕色（7.5YR 5/4，干），浊黄棕色（10YR 4/3，润），20%岩石碎屑，壤土，发育弱的中块状结构，坚硬，强石灰反应，向下层波状渐变过渡。

C：　75～130 cm，棕色（7.5YR 4/3，干），黑棕色（10YR 3/2，润），95%岩石碎屑，壤土，单粒，无结构，轻度石灰反应。

木角塔护系代表性单个土体剖面

木角塔护系代表性单个土体物理性质

土层	深度 /cm	砾石 (>2 mm,体积分数)/ %	细土颗粒组成（粒径：mm)/(g/kg)			质地
			砂粒 2～0.05	粉粒 0.05～0.002	黏粒 <0.002	
Ah	0～10	10	668	201	131	砂质壤土
AB	10～38	15	662	201	138	砂质壤土
Bw	38～75	20	512	313	175	壤土
C	75～130	95	351	464	184	壤土

木角塔护系代表性单个土体化学性质

层次 /cm	pH	有机碳 /(g/kg)	全氮(N) /(g/kg)	全磷(P) /(g/kg)	全钾(K) /(g/kg)	CEC / [cmol(+)/kg]	碳酸钙 /(g/kg)
0～10	8.7	11.2	0.89	0.85	18.2	4.6	57.7
10～38	8.8	8.7	0.62	0.92	19.5	4.6	68.6
38～75	8.9	5.1	0.49	1.18	22.0	4.3	104.7
75～130	9.1	7.9	0.59	1.19	16.0	4.7	10.1

10.11 斑纹简育寒冻雏形土

10.11.1 肖容多盖系（**Xiaorongduogai Series**）

土　　族：壤质盖粗骨质混合型非酸性-斑纹简育寒冻雏形土
拟定者：李德成，杨　飞

分布与环境条件　分布于玉树州囊谦县香达镇一带，高山坡地，海拔介于 4500～4900 m，母质上为黄土物质，下为灰岩风化坡积物，草地，高山高寒气候，年均日照时数介于 2468～2789 h，年均气温约–1.5℃，年均降水量约 523 mm，无霜期约 30 d。

肖容多盖系典型景观

土系特征与变幅　诊断层包括淡薄表层和雏形层；诊断特性包括寒性土壤温度状况、半干润土壤水分状况、冻融特征和氧化还原特征。地表岩石露头面积介于 2%～5%，粗碎块面积介于 2%～5%，土体厚度介于 60～80 cm，淡薄表层厚度介于 20～30 cm，之下为雏形层，可见铁锰斑纹。通体砾石含量约 2%，无石灰反应，pH 介于 6.9～7.4，通体为粉壤土，粉粒含量为 530～680 g/kg。

对比土系　空间相近的土系中，如巴塘系，同一土纲不同亚纲，为干润雏形土。

利用性能综述　草地，地形较平缓，草被盖度高，土体较厚，少量砾石，养分含量高，应防止过度放牧。

发生学亚类　寒冻土。

代表性单个土体　位于玉树州囊谦县香达镇肖容多盖拉，32.28120°N，96.20390°E，海拔 4704 m，高山中坡中下部，母质上为黄土物质，下为灰岩风化坡积物，草地，覆盖度>80%，50 cm 深度土温 2.0℃，野外调查采样日期为 2015 年 7 月 20 日，编号 63-011。

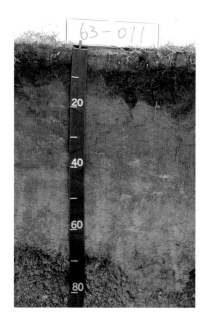

肖容多盖系代表性单个土体剖面

Ah: 0～13 cm，浊橙色（7.5YR 6/4，干），浊黄棕色（10YR 5/3，润），2%岩石碎屑，粉壤土，发育中等的粒状结构，松散，多量草被根系，向下层平滑清晰过渡。

AB: 13～28 cm，浊橙色（7.5YR 6/4，干），浊黄棕色（10YR 5/3，润），2%岩石碎屑，粉壤土，发育中等的粒状-小块状结构，松散-稍坚硬，中量草被根系，向下层不规则清晰过渡。

Br1: 28～43 cm，橙白色（7.5YR 8/2，干），浊黄橙色（10YR 7/3，润），2%岩石碎屑，粉壤土，发育弱的中块状结构，稍坚硬，中量铁锰斑纹，向下层波状清晰过渡。

Br2: 43～70 cm，橙白色（7.5YR 8/2，干），浊黄橙色（10YR 7/3，润），2%岩石碎屑，粉壤土，发育弱的中块状结构，稍坚硬，中量铁锰斑纹，向下层不规则清晰过渡。

2C: 70～90 cm，80%岩石碎屑，粉壤土，单粒，无结构。

肖容多盖系代表性单个土体物理性质

| 土层 | 深度 /cm | 砾石 (>2mm,体积分数)/ % | 细土颗粒组成 (粒径：mm)/(g/kg) | | | 质地 | 容重 /(g/cm³) |
			砂粒 2～0.05	粉粒 0.05～0.002	黏粒 <0.002		
Ah	0～13	2	341	535	124	粉壤土	—
AB	13～28	2	172	650	178	粉壤土	—
Br1	28～43	2	154	671	175	粉壤土	1.27
Br2	43～70	2	259	615	126	粉壤土	1.46

肖容多盖系代表性单个土体化学性质

层次 /cm	pH	有机碳 /(g/kg)	全氮(N) /(g/kg)	全磷(P) /(g/kg)	全钾(K) /(g/kg)	CEC / [cmol(+)/kg]	碳酸钙 /(g/kg)
0～13	7.4	92.7	7.17	2.29	16.1	32.8	0
13～28	6.9	47.5	4.17	1.34	17.2	24.0	0
28～43	7.0	27.4	2.71	1.30	17.6	20.1	0
43～70	7.1	5.3	0.69	0.44	16.5	9.4	0

10.12　普通简育寒冻雏形土

10.12.1　阳日尕超系（Yangrigachao Series）

土　　族：粗骨质混合型非酸性-普通简育寒冻雏形土
拟定者：李德成，赵玉国

分布与环境条件　分布于玉树州称多县清水河镇不冻泉—清水河沿岸一带，洪积扇，海拔介于 4400~4800 m，母质为洪积物，草地，高山寒冷湿润气候，年均日照时数约 2310 h，年均气温约 –1.6 ℃，年均降水量约 547 mm，无霜期约 93~126 d。

阳日尕超系典型景观

土系特征与变幅　诊断层包括淡薄表层和雏形层；诊断特性包括寒性土壤温度状况、半干润土壤水分状况和冻融特征。地表可见石环和冻融丘，地表粗碎块面积介于 50%~70%，土体厚度介于 30~50 cm，淡薄表层厚度介于 10~20 cm，之下为雏形层，厚度介于 10~20 cm，可见鳞片状结构，通体无石灰反应，碳酸钙含量低于 5 g/kg，pH 介于 7.4~7.7，砾石含量介于 20%~80%，通体为壤土，砂粒含量介于 430~480 g/kg，粉粒含量介于 330~430 g/kg。

对比土系　本亚类中其他土系，不同土族，颗粒大小级别分别为粗骨壤质、黏壤质、壤质盖粗骨质和壤质。

利用性能综述　荒草地，地形平缓，草被盖度较低，土体薄，砾石多，养分含量低，应封境保育，提高草被盖度。

发生学亚类　石灰性草甸土。

代表性单个土体　位于玉树州称多县清水河镇阳日尕超山北，33.76215°N，96.98817°E，海拔 4684 m，洪积扇，母质为洪积物，荒草地，覆盖度约 20%，50 cm 深度土温 1.9℃，野外调查采样日期为 2011 年 8 月 9 日，编号 110809052。

Ah：　0～15 cm，橙色（7.5YR 6/6，干），浊棕色（7.5YR 5/4，润），20%岩石碎屑，壤土，发育中等的粒状-鳞片状结构，松散-坚硬，多量草被根系，向下层波状渐变过渡。

Bw：15～23 cm，橙色（7.5YR 6/6，干），浊棕色（7.5YR 5/4，润），20%岩石碎屑，壤土，发育中等的粒状-鳞片状结构，松散-坚硬，中量草被根系，向下层平滑清晰过渡。

2C1：23～35 cm，浊棕色（7.5YR 6/3，干），灰棕色（7.5YR 5/2，润），80%岩石碎屑，壤土，发育弱的鳞片状-中块状结构，坚硬，少量草被根系，向下层波状清晰过渡。

2C2：35～110 cm，岩石碎屑。

阳日尕超系代表性单个土体剖面

阳日尕超系代表性单个土体物理性质

土层	深度 /cm	砾石 (>2 mm,体积分数)/ %	细土颗粒组成 (粒径：mm)/(g/kg)			质地
			砂粒 2～0.05	粉粒 0.05～0.002	黏粒 <0.002	
Ah	0～15	20	468	331	201	壤土
Bw	15～23	20	474	424	182	壤土
2C1	23～35	80	434	374	192	壤土

阳日尕超系代表性单个土体化学性质

层次 /cm	pH	有机碳 /(g/kg)	全氮(N) /(g/kg)	全磷(P) /(g/kg)	全钾(K) /(g/kg)	CEC / [cmol(+)/kg]	碳酸钙 /(g/kg)
0～15	7.4	17.0	1.48	1.21	25.8	11.4	0.9
15～23	7.4	15.0	1.41	1.18	23.7	11.0	1.0
23～35	7.7	4.0	0.59	0.76	28.1	6.0	1.1

10.12.2 加西根龙系（Jiaxigenlong Series）

土　族：粗骨壤质混合型非酸性-普通简育寒冻雏形土
拟定者：李德成，赵　霞

分布与环境条件　分布于果洛州达日县德昂乡一带，高山坡地，海拔介于 4000～4400 m，母质为黄土物质和冰碛物，草地，高寒半湿润气候，年均日照时数约 2430～2830 h，年均气温约 –1.7 ℃，年均降水量约 619 mm，无霜期低于 30 d。

加西根龙系典型景观

土系特征与变幅　诊断层包括淡薄表层和雏形层；诊断特性包括寒性土壤温度状况、半干润土壤水分状况和冻融特征。地表可见石环和冻融丘，粗碎块面积介于 2%～5%，土体厚度约 70 cm，淡薄表层厚度介于 10～20 cm，之下为雏形层，可见鳞片状结构。通体砾石含量介于 20%～70%，无石灰反应，碳酸钙含量低于 5 g/kg，pH 介于 7.0～7.2，通体质地为壤土，粉粒含量介于 400～500 g/kg，砂粒含量介于 350～440 g/kg。

对比土系　本亚类中其他土系，不同土族，颗粒大小级别分别为粗骨质、黏壤质、壤质盖粗骨质和壤质。

利用性能综述　草地，地形较陡，草被盖度较低，土体较薄，砾石多，养分含量中等，应防止过度放牧。

发生学亚类　薄草毡土。

代表性单个土体　位于果洛州达日县德昂乡加西根龙山西南，33.39734°N，100.16668°E，海拔 4206 m，高山中坡中下部，母质为黄土物质和冰碛物，草地，覆盖度 40%，50 cm 深度土温 1.2℃，野外调查采样日期为 2015 年 7 月 21 日，编号 63-5。

Ah： 0～15 cm，浊黄棕色（10YR 5/4，干），灰黄棕色（10YR 4/2，润），20%岩石碎屑，壤土，发育中等的粒状-鳞片状结构，松散-稍坚硬，多量草被根系，向下层波状渐变过渡。

Bw： 15～30 cm，浊黄棕色（10YR 5/4，干），灰黄棕色（10YR 4/2，润），40%岩石碎屑，壤土，发育弱的鳞片状-小块状结构，稍坚硬-坚硬，少量草被根系，向下层波状清晰过渡。

2C： 30～70 cm，浊黄棕色（10YR 4/3，干），黑棕色（10YR 3/1，润），70%岩石碎屑，壤土，发育弱的鳞片状结构，稍坚硬。

加西根龙系代表性单个土体剖面

加西根龙系代表性单个土体物理性质

土层	深度 /cm	砾石 (>2 mm,体积分数)/ %	细土颗粒组成 (粒径：mm)/(g/kg)			质地
			砂粒 2～0.05	粉粒 0.05～0.002	黏粒 <0.002	
Ah	0～15	20	358	495	147	壤土
Bw	15～30	40	431	418	151	壤土
2C	30～70	70	435	407	158	壤土

加西根龙系代表性单个土体化学性质

层次 /cm	pH	有机碳 /(g/kg)	全氮(N) /(g/kg)	全磷(P) /(g/kg)	全钾(K) /(g/kg)	CEC / [cmol(+)/kg]	碳酸钙 /(g/kg)
0～15	7.0	33.5	2.43	1.81	15.5	12.7	4.6
15～30	7.2	10.0	1.16	1.44	16.5	8.4	0
30～70	7.1	5.3	0.64	0.57	16.8	4.9	0

10.12.3　石头沟系（**Shitougou Series**）

土　族：黏壤质混合型非酸性-普通简育寒冻雏形土
拟定者：李德成，张甘霖，赵玉国

分布与环境条件　分布于海
北州祁连县野牛沟乡一带，
高山坡地，海拔介于 3000～
3400 m，母质为混有砾石的
黄土物质，草地，高原大陆
性气候，年均日照时数约
2780 h，年均气温约–1.1℃，
年均降水量约 389 mm，无霜
期约 50～100 d。

石头沟系典型景观

土系特征与变幅　诊断层包括淡薄表层和雏形层；诊断特性包括寒性土壤温度状况和半
干润土壤水分状况。地表粗碎块面积为 10%～30%，土体厚度 1 m 以上，砾石含量为
10%～30%，通体有石灰反应，碳酸钙含量<80 g/kg，pH 为 7.1～7.7，层次质地构型为壤
土-粉壤土，粉粒含量为 460～540 g/kg，淡薄表层厚度为 20～30 cm，之下为雏形层，
80 cm 之下土体可见残留的冲积层理。

对比土系　本亚类中其他土系，不同土族，颗粒大小级别分别为粗骨质、粗骨壤质、壤
质盖粗骨质和壤质。

利用性能综述　草地，地势较陡，草被盖度较高，土体厚，砾石较多，养分含量较高，
应防止过度放牧。

发生学亚类　淋溶灰褐土。

代表性单个土体　位于海北州祁连县野牛沟乡边麻村桌子台东，磷火沟西北，上香子沟
东南，石头沟南，38.27547°N，99.89524°E，海拔 3285 m，高山陡坡中部，母质为混有
砾石的黄土物质，草地，覆盖度约 60%，50 cm 深度土温 2.4℃，野外调查采样日期为
2012 年 8 月 1 日，编号 YG-004。

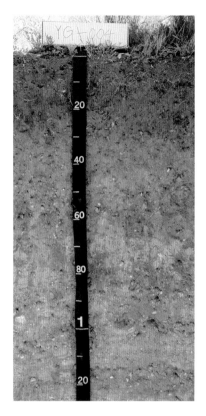

Ah: 0～17 cm，浊黄棕色（10YR 5/4，干），黑棕色（10YR 3/2，润），10%岩石碎屑，壤土，发育中等的粒状结构，松散，多量草被根系，向下层波状渐变过渡。

AB: 17～30 cm，浊黄棕色（10YR 5/4，干），黑棕色（10YR 3/2，润），20%岩石碎屑，粉壤土，发育中等的中块状结构，松软，中量草被根系，中度石灰反应，向下层波状清晰过渡。

Bw: 30～72 cm，浊黄橙色（10YR 6/3，干），浊黄棕色（10YR 4/3，润），20%岩石碎屑，粉壤土，发育弱的中块状结构，稍坚硬，少量草被根系，强石灰反应，向下层波状渐变过渡。

BC: 72～130 cm，浊黄橙色（10YR 6/3，干），浊黄棕色（10YR 4/3，润），20%岩石碎屑，粉壤土，发育弱的中块状结构，稍坚硬，可见残留的冲积层理，轻度石灰反应。

石头沟系代表性单个土体剖面

石头沟系代表性单个土体物理性质

土层	深度 /cm	砾石 (>2 mm,体积分数)/ %	细土颗粒组成 （粒径：mm)/(g/kg)			质地
			砂粒 2～0.05	粉粒 0.05～0.002	黏粒 <0.002	
Ah	0～17	10	285	462	253	壤土
AB	17～30	20	201	533	266	粉壤土
Bw	30～72	20	212	533	255	粉壤土
BC	72～130	20	243	507	250	粉壤土

石头沟系代表性单个土体化学性质

层次 /cm	pH	有机碳 /(g/kg)	全氮(N) /(g/kg)	全磷(P) /(g/kg)	全钾(K) /(g/kg)	CEC / [cmol(+)/kg]	碳酸钙 /(g/kg)
0～17	7.7	36.0	3.22	1.20	26.1	21.7	1.9
17～30	7.1	26.5	2.57	1.30	23.6	15.6	73.9
30～72	7.6	12.1	1.11	1.10	23.8	9.6	59.5
72～130	7.4	9.1	0.66	1.00	27.6	9.2	10.2

10.12.4 瓦乎寺赫系（Wahusihe Series）

土　　族：壤质盖粗骨质混合型非酸性-普通简育寒冻雏形土
拟定者：李德成，张甘霖，赵玉国

分布与环境条件　分布于海北州祁连县央隆乡一带，高山坡地，海拔介于 3900～4300 m，母质为冰碛物，草地，高原大陆性气候，年均日照时数约 2780 h，年均气温约 –2.3 ℃，年均降水量约 306 mm，无霜期约 50～100 d。

瓦乎寺赫系典型景观

土系特征与变幅　诊断层包括淡薄表层和雏形层；诊断特性包括寒性土壤温度状况、半干润土壤水分状况和冻融特征。地表可见石环和冻融丘，地表岩石露头面积介于 5%～10%，粗碎块面积介于 30%～40%，土体厚度介于 60～80 cm，淡薄表层厚度介于 60～80 cm，之下为雏形层，可见鳞片状结构。通体砾石含量介于 5%～80%，无石灰反应，碳酸钙含量<2 g/kg，pH 介于 6.4～6.6，通体质地为壤土，粉粒含量介于 350～460 g/kg，砂粒含量介于 400～500 g/kg。

对比土系　本亚类中其他土系，不同土族，颗粒大小级别分别为粗骨质、粗骨壤质、黏壤质和壤质。

利用性能综述　草地，地形略起伏，草被盖度较高，土体薄，砾石较多，养分含量中等，应防止过度放牧。

发生学亚类　寒冻土。

代表性单个土体　位于海北州祁连县央隆乡瓦乎寺赫山南，瓦乌斯多索卡村东北，38.62380°N，98.38472°E，海拔 4137 m，高山中坡中上部，母质为冰碛物，草地，覆盖度约 70%，50 cm 深度土温 1.2℃，野外调查采样日期为 2012 年 8 月 5 日，编号 GL-010。

Ah1：0～10 cm，浊黄棕色（10YR 5/4，干），暗棕色（10YR 3/3，润），30%岩石碎屑，壤土，发育中等的粒状-鳞片状结构，松散-松软，多量草被根系，可见少量斑纹，向下层波状渐变过渡。

Ah2：10～23 cm，浊黄棕色（10YR 5/4，干），暗棕色（10YR 3/3，润），10%岩石碎屑，壤土，发育中等的粒状-鳞片状结构，松散-松软，中量草被根系，可见少量斑纹，向下层波状渐变过渡。

Bw：23～70 cm，浊黄棕色（10YR 5/4，干），暗棕色（10YR 3/3，润），5%岩石碎屑，壤土，发育弱的鳞片状结构，松软，少量草被根系，可见少量斑纹，向下层波状渐变过渡。

C：70～100 cm，浊黄棕色（10YR 5/4，干），暗棕色（10YR 3/3，润），80%岩石碎屑，壤土，发育弱的鳞片状结构，松软，少量斑纹。

瓦乎寺赫系代表性单个土体剖面

瓦乎寺赫系代表性单个土体物理性质

土层	深度 /cm	砾石 (>2 mm,体积分数)/ %	细土颗粒组成 (粒径：mm)/(g/kg)			质地
			砂粒 2～0.05	粉粒 0.05～0.002	黏粒 <0.002	
Ah1	0～10	30	495	364	141	壤土
Ah2	10～23	10	432	374	194	壤土
Bw	23～70	5	407	454	139	壤土
C	70～100	80	479	351	170	壤土

瓦乎寺赫系代表性单个土体化学性质

层次 /cm	pH	有机碳 /(g/kg)	全氮(N) /(g/kg)	全磷(P) /(g/kg)	全钾(K) /(g/kg)	CEC / [cmol(+)/kg]	碳酸钙 /(g/kg)
0～10	6.6	24.7	1.79	1.70	24.7	12.3	1.7
10～23	6.6	21.0	1.62	1.90	26.5	13.4	1.0
23～70	6.4	22.8	1.75	1.60	23.6	11.9	1.2
70～100	6.4	18.6	1.34	2.00	24.1	12.9	1.2

10.12.5　隆仁玛系（Longrenma Series）

土　　族：壤质混合型非酸性-普通简育寒冻雏形土
拟定者：李德成，赵　霞

分布与环境条件　分布于果
洛州久治县哇尔依乡一带，
高山谷地，海拔介于 3800～
4200 m，母质为混有砾岩的
黄土物质，草地，高原亚寒
带湿润气候，年均日照时数
约 2085～2510 h，年均气温约
–1.1 ℃ ， 年 均 降 水 量 约
709 mm，无霜期低于 30 d。

隆仁玛系典型景观

土系特征与变幅　诊断层包括淡薄表层和雏形层；诊断特性包括寒性土壤温度状况、半
干润土壤水分状况和冻融特征。地表可见石环和冻融丘，粗碎块面积介于 2%～5%，土
体厚度约 85 cm，淡薄表层厚度介于 10～15 cm，有机碳含量介于 10～40 g/kg，C/N 介
于 12～15，约 25 cm 之下为埋藏土层，通体无石灰反应，pH 介于 6.2～6.6，质地为粉壤
土，粉粒含量介于 590～620 g/kg。

对比土系　本亚类中其他土系，不同土族，颗粒大小级别分别为粗骨质、粗骨壤质、黏
壤质和壤质盖粗骨质。

利用性能综述　草地，地形较平缓，草被盖度高，已出现退化现象，土体较厚，养分含
量较高，应防止过度放牧。

发生学亚类　黑草毡土。

代表性单个土体　位于果洛州久治县哇尔依乡隆仁玛山东北，33.45696°N，100.86205°E，
海拔 4034 m，高山谷地，母质为混有砾岩的黄土物质，草地，覆盖度>80%，50 cm 深度
土温 2.4℃，野外调查采样日期为 2015 年 7 月 22 日，编号 63-9。

Ah：0～10 cm，灰棕色（7.5YR 5/2，干），棕灰色（7.5YR 4/1，润），5%岩石碎屑，粉壤土，发育中等的粒状-小块状结构，松散-稍坚硬，大量草被根系，向下层平滑清晰过渡。

Bw：10～25 cm，浊棕色（7.5YR 6/3，干），灰棕色（7.5YR 5/2，润），10%岩石碎屑，粉壤土，发育中等的鳞片状-中块状结构，松散-稍坚硬，中量草被根系，向下层平滑清晰过渡。

Ab：25～85 cm，灰棕色（7.5YR 5/2，干），棕灰色（7.5YR 4/1，润），10%岩石碎屑，粉壤土，发育中等的中块状结构，坚硬。

隆仁玛系代表性单个土体剖面

隆仁玛系代表性单个土体物理性质

| 土层 | 深度 /cm | 砾石 (>2 mm,体积分数)/ % | 细土颗粒组成 (粒径：mm)/(g/kg) | | | 质地 | 容重 /(g/cm³) |
			砂粒 2～0.05	粉粒 0.05～0.002	黏粒 <0.002		
Ah	0～10	5	242	613	145	粉壤土	—
Bw	10～25	10	278	593	129	粉壤土	1.23
Ab	25～85	10	269	617	114	粉壤土	1.45

隆仁玛系代表性单个土体化学性质

层次 /cm	pH	有机碳 /(g/kg)	全氮(N) /(g/kg)	全磷(P) /(g/kg)	全钾(K) /(g/kg)	CEC / [cmol(+)/kg]	碳酸钙 /(g/kg)
0～10	6.2	36.9	2.61	1.97	18.2	20.6	0
10～25	6.4	13.4	1.07	1.25	17.8	13.2	0
25～85	6.6	7.0	0.75	0.74	16.2	8.4	0

10.13 石灰淡色潮湿雏形土

10.13.1 野马滩系（Yematan Series）

土　族：砂质盖粗骨质硅质混合型冷性-石灰淡色潮湿雏形土
拟定者：李德成，赵　霞

分布与环境条件　分布于海西州都兰县夏日哈镇一带，冲-洪积平原，海拔介于 3200～3600 m，母质为冲-洪积物，荒草地，高原干旱大陆性气候，年均日照时数约 2903～3253 h，年均气温约 2.7℃，年均降水量约 238 mm，无霜期约 90～127 d。

野马滩系典型景观

土系特征与变幅　诊断层包括淡薄表层和雏形层；诊断特性包括冷性土壤温度状况、潮湿土壤水分状况、氧化还原特征和石灰性。地表粗碎块面积介于 2%～5%，土体厚度介于 30～40 cm，淡薄表层厚度介于 10～20 cm，之下为雏形层，可见铁锰斑纹。通体有石灰反应，碳酸钙含量介于 100～130 g/kg，pH 介于 8.9～9.3，通体为砂质壤土，砂粒含量介于 520～690 g/kg，粉粒含量介于 270～410 g/kg。

对比土系　何家庄系，同一土族，层次质地构型为砂质壤土-壤土-砂质壤土。

利用性能综述　荒草地，地形平缓，草被盖度低，土体薄，砾石多，养分含量低，应封境育草，提高草被盖度。

发生学亚类　淡冷钙土。

代表性单个土体　位于海西州都兰县夏日哈镇野马滩村东南，36.53894°N，98.62303°E，海拔 3492 m，冲-洪积平原，母质为冲-洪积物，荒草地，覆盖度约 30%，50 cm 深度土温 6.2℃，野外调查采样日期为 2015 年 7 月 17 日，编号 63-078。

野马滩系代表性单个土体剖面

Ah： 0～10 cm，浊黄橙色（10YR 7/2，干），棕灰色（10YR 6/1，润），砂质壤土，发育中等的粒状-小块状结构，松散-稍坚硬，中量草被根系，强石灰反应，向下层平滑清晰过渡。

ABr： 10～20 cm，浊黄橙色（10YR 6/3，干），灰黄棕色（10YR 5/2，润），2%岩石碎屑，砂质壤土，发育中等的小块状结构，稍坚硬，少量草被根系，中量铁锰斑纹，强石灰反应，向下层平滑清晰过渡。

Br： 20～35 cm，浊黄橙色（10YR 7/2，干），棕灰色（10YR 6/1，润），10%岩石碎屑，砂质壤土，发育弱的小块状结构，稍坚硬，中量铁锰斑纹，强石灰反应，向下层波状清晰过渡。

2Cr： 35～120 cm，浊黄橙色（10YR 7/2，干），棕灰色（10YR 6/1，润），90%岩石碎屑，砂质壤土，单粒，无结构，少量铁锰斑纹，强石灰反应。

野马滩系代表性单个土体物理性质

| 土层 | 深度 /cm | 砾石 (>2 mm,体积分数)/ % | 细土颗粒组成 (粒径：mm)/(g/kg) | | | 质地 | 容重 /(g/cm³) |
			砂粒 2～0.05	粉粒 0.05～0.002	黏粒 <0.002		
Ah	0～10	0	680	274	46	砂质壤土	1.49
ABr	10～20	2	529	410	61	砂质壤土	1.38
Br	20～35	10	616	333	51	砂质壤土	—

野马滩系代表性单个土体化学性质

层次 /cm	pH	有机碳 /(g/kg)	全氮(N) /(g/kg)	全磷(P) /(g/kg)	全钾(K) /(g/kg)	CEC / [cmol(+)/kg]	碳酸钙 /(g/kg)
0～10	9.0	2.6	0.24	1.37	16.7	1.9	101.6
10～20	8.9	4.6	0.40	1.42	17.0	3.6	125.9
20～35	9.3	3.0	0.33	1.40	16.2	2.7	109.7

10.13.2 何家庄系（**Hejiazhuang Series**）

土　族：砂质盖粗骨质硅质混合型冷性-石灰淡色潮湿雏形土

拟定者：李德成，赵　霞

分布与环境条件　分布于西宁市湟中县甘河滩镇一带，冲-洪积平原，海拔介于 2200～2500 m，母质为冲-洪积物，苗圃，高原大陆性气候，年均日照时数约 2453 h，年均气温约 5.5℃，年均降水量约 405 mm，无霜期约 170 d。

何家庄系典型景观

土系特征与变幅　诊断层包括淡薄表层和雏形层；诊断特性包括冷性土壤温度状况、潮湿土壤水分状况、氧化还原特征和石灰性。土体厚度介于 40～60 cm，淡薄表层厚度介于 10～25 cm，之下为雏形层，可见铁锰斑纹。通体有石灰反应，碳酸钙含量介于 100～160 g/kg，pH 介于 8.9～9.1，层次质地构型为砂质壤土-壤土-砂质壤土，砂粒含量介于 440～580 g/kg，粉粒含量介于 360～480 g/kg。

对比土系　野马滩系，同一土族，通体质地为砂质壤土。

利用性能综述　苗圃，地形平缓，土体较薄，养分含量低，应增施有机肥和复合肥，实施秸秆还田，培肥土壤。

发生学亚类　栗钙土。

代表性单个土体　位于西宁市湟中县甘河滩镇何家庄西南，36.62266°N，101.52756°E，海拔 2400 m，冲-洪积平原，母质为冲-洪积物，苗圃，50 cm 深度土温 8.9℃，野外调查采样日期为 2014 年 8 月 7 日，编号 63-50。

何家庄系代表性单个土体剖面

Ap: 0～11 cm，浊黄橙色（10YR 6/4，干），浊黄棕色（10YR 5/3，润），砂质壤土，发育中等的粒状-小块状结构，松散-稍坚硬，中量草被根系，强石灰反应，向下层平滑清晰过渡。

ABr: 11～34 cm，浊黄橙色（10YR 6/4，干），浊黄棕色（10YR 5/3，润），壤土，发育中等的中块状结构，坚硬，少量草被根系，少量铁锰斑纹，强石灰反应，向下层平滑清晰过渡。

Br: 34～53 cm，浊黄橙色（10YR 7/2，干），棕灰色（10YR 6/1，润），2%岩石碎屑，砂质壤土，发育弱的中块状结构，稍坚硬，多量铁锰斑纹，强石灰反应，向下层平滑清晰过渡。

2Cr: 53～95 cm，浊黄橙色（10YR 7/2，干），棕灰色（10YR 6/1，润），80%岩石碎屑，砂质壤土，单粒，无结构，中量铁锰斑纹，强石灰反应。

何家庄系代表性单个土体物理性质

土层	深度 /cm	砾石 (>2 mm,体积分数)/ %	细土颗粒组成 (粒径：mm)/(g/kg)			质地	容重 /(g/cm³)
			砂粒 2～0.05	粉粒 0.05～0.002	黏粒 <0.002		
Ap	0～11	0	519	415	66	砂质壤土	1.42
ABr	11～34	0	446	478	76	壤土	1.65
Br	34～53	2	573	367	60	砂质壤土	1.68
2Cr	53～95	80	545	397	58	砂质壤土	—

何家庄系代表性单个土体化学性质

层次 /cm	pH	有机碳 /(g/kg)	全氮(N) /(g/kg)	全磷(P) /(g/kg)	全钾(K) /(g/kg)	CEC / [cmol(+)/kg]	碳酸钙 /(g/kg)
0～11	9.1	9.9	0.94	2.45	15.2	5.6	103.0
11～34	9.0	7.8	0.80	1.84	14.8	5.7	137.1
34～53	9.0	3.9	0.45	1.50	14.6	4.4	138.6
53～95	8.9	4.8	0.52	1.54	13.9	3.8	157.7

10.13.3　烂泉沟系（**Lanquangou Series**）

土　族：砂质盖粗骨质硅质混合型温性-石灰淡色潮湿雏形土
拟定者：李德成，赵　霞

分布与环境条件　分布于海南州贵德县河西镇一带，冲积平原低阶地，海拔介于2000～2400 m，母质为冲积物，旱地，高原大陆性气候，年均日照时数约 2928 h，年均气温约 5.6℃，年均降水量约 269 mm，无霜期约 258 d。

烂泉沟系典型景观

土系特征与变幅　诊断层包括淡薄表层和雏形层；诊断特性包括温性土壤温度状况、潮湿土壤水分状况、氧化还原特征和石灰性。土体厚度 1 m 左右，淡薄表层厚度介于 10～25 cm，之下为雏形层，可见铁锰斑纹。通体有石灰反应，碳酸钙含量介于 70～120 g/kg，pH 介于 9.2～9.3，层次质地构型为砂质壤土-壤质砂土-砂质壤土，砂粒含量介于 700～810 g/kg。

对比土系　野马滩系和何家庄系，同一亚类不同土族，为冷性土壤温度状况，野马滩系通体为砂质壤土，何家庄系层次质地构型为砂质壤土-壤土-砂质壤土。

利用性能综述　旱地，地形平缓，土体厚，养分含量低，应增施有机肥和复合肥，实施秸秆还田，培肥土壤。

发生学亚类　栗钙土。

代表性单个土体　位于海南州贵德县河西镇烂泉沟西南，36.01116°N，101.36210°E，海拔 2272 m，冲积平原低阶地，母质为冲积物，旱地，50 cm 深度土温 9.3℃，野外调查采样日期为 2015 年 7 月 13 日，编号 63-68。

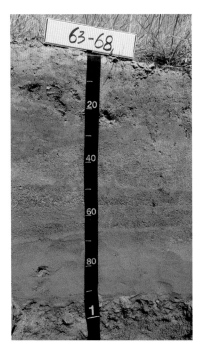

Ap：　0～20 cm，浊黄橙色（10YR 7/2，干），棕灰色（10YR 6/1，润），砂质壤土，发育中等的粒状-小块状结构，松散-稍坚硬，中量草被根系，强石灰反应，向下层平滑清晰过渡。

ABr： 20～35 cm，浊黄橙色（10YR 7/3，干），灰黄棕色（10YR 6/2，润），壤质砂土，发育中等的中块状结构，坚硬，少量草被根系，多量铁锰斑纹，强石灰反应，向下层平滑清晰过渡。

Br1： 35～68 cm，浊黄橙色（10YR 7/2，干），棕灰色（10YR 6/1，润），壤质砂土，发育弱的小块状结构，稍坚硬，多量铁锰斑纹，强石灰反应，向下层平滑清晰过渡。

Br2： 68～90 cm，浊黄橙色（10YR 7/3，干），灰黄棕色（10YR 6/2，润），2%岩石碎屑，砂质壤土，发育弱的小块状结构，稍坚硬，多量铁锰斑纹，强石灰反应，向下层平滑清晰过渡。

2Cr： 90～110 cm，浊黄橙色（10YR 7/3，干），灰黄棕色（10YR 6/2，润），80%岩石碎屑，砂质壤土，单粒，无结构，多量铁锰斑纹，强石灰反应。

烂泉沟系代表性单个土体剖面

烂泉沟系代表性单个土体物理性质

土层	深度 /cm	砾石 (>2 mm,体积分数)/ %	细土颗粒组成 (粒径：mm)/(g/kg)			质地	容重 /(g/cm³)
			砂粒 2～0.05	粉粒 0.05～0.002	黏粒 <0.002		
Ap	0～20	0	733	222	45	砂质壤土	1.53
ABr	20～35	0	769	190	41	壤质砂土	1.69
Br1	35～68	0	810	157	33	壤质砂土	1.68
Br2	68～90	2	702	247	51	砂质壤土	1.59

烂泉沟系代表性单个土体化学性质

层次 /cm	pH	有机碳 /(g/kg)	全氮(N) /(g/kg)	全磷(P) /(g/kg)	全钾(K) /(g/kg)	CEC / [cmol(+)/kg]	碳酸钙 /(g/kg)
0～20	9.3	2.8	0.35	1.63	18.4	3.6	70.6
20～35	9.2	1.9	0.19	1.25	17.7	3.1	91.1
35～68	9.3	1.5	0.24	1.10	18.8	2.4	83.1
68～90	9.3	0.8	0.16	1.15	16.7	2.9	114.1

10.13.4 大干沟系（Dagangou Series）

土　　族：砂质硅质混合型冷性-石灰淡色潮湿雏形土
拟定者：李德成，赵　霞

分布与环境条件　分布于格
尔木市农垦有限公司河东农
场一带，冲积平原低阶地，
海拔介于 2600～3000 m，母
质为冲积物，旱地，干旱大
陆性气候，年均日照时数约
3358 h，年均气温约 3.7℃，
年均降水量约 42 mm，无霜
期约 125 d。

大干沟系典型景观

土系特征与变幅　诊断层包括淡薄表层和雏形层；诊断特性包括冷性土壤温度状况、潮
湿土壤水分状况、氧化还原特征和石灰性。土体厚度 1 m 以上，淡薄表层厚度介于 10～
20 cm，之下为雏形层，厚度介于 15～30 cm，可见铁锰斑纹，之下土体可见冲积层理。
通体有石灰反应，碳酸钙含量介于 90～140 g/kg，pH 介于 8.8～9.3，层次质地构型为
壤土-粉壤土-壤质砂土-砂质壤土，砂粒含量介于 370～820 g/kg，粉粒含量介于 150～
530 g/kg。

对比土系　本亚类中其他土系，不同土族，颗粒大小级别分别为砂质盖粗骨质、壤质盖
粗骨质和壤质。

利用性能综述　旱地，地形平缓，土体厚，养分含量低，应增施有机肥和复合肥，实施
秸秆还田，培肥土壤。

发生学亚类　灰棕漠土。

代表性单个土体　位于格尔木市农垦有限公司河东农场八队西南，大干沟西北，
36.40716°N，95.07038°E，海拔 2816 m，冲积平原低阶地，母质为冲积物，旱地，种植
油菜、枸杞子，50 cm 深度土温 7.4℃，野外调查采样日期为 2015 年 7 月 20 日，编号 63-105。

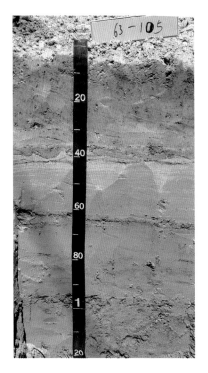

Ap: 0～20 cm，浊黄橙色（10YR 7/2，干），棕灰色（10YR 6/1，润），壤土，发育中等的粒状-小块状结构，松散-稍坚硬，强石灰反应，向下层波状渐变过渡。

ABr: 20～35 cm，浊黄橙色（10YR 7/2，干），棕灰色（10YR 6/1，润），壤土，发育弱的小块状结构，稍坚硬，少量铁锰斑纹，强石灰反应，向下层平滑清晰过渡。

Br: 35～68 cm，浊黄橙色（10YR 7/2，干），棕灰色（10YR 6/1，润），粉壤土，发育弱的小块状结构，稍坚硬，中量铁锰斑纹，强石灰反应，向下层平滑清晰过渡。

Cr1: 68～92 cm，浊黄橙色（10YR 7/2，干），棕灰色（10YR 6/1，润），壤质砂土，单粒，无结构，可见冲积层理，中量铁锰斑纹，强石灰反应，向下层平滑清晰过渡。

Cr2: 92～120 cm，浊黄橙色（10YR 7/2，干），棕灰色（10YR 6/1，润），砂质壤土，单粒，无结构，可见冲积层理，中量铁锰斑纹，强石灰反应。

大干沟系代表性单个土体剖面

大干沟系代表性单个土体物理性质

土层	深度/cm	砾石（>2 mm,体积分数)/ %	细土颗粒组成 (粒径：mm)/(g/kg)			质地	容重/(g/cm³)
			砂粒 2～0.05	粉粒 0.05～0.002	黏粒 <0.002		
Ap	0～20	0	447	468	85	壤土	1.38
ABr	20～35	0	436	485	79	壤土	1.24
Br	35～68	0	375	528	97	粉壤土	1.56
Cr1	68～92	0	814	152	34	壤质砂土	1.59
Cr2	92～120	0	638	302	60	砂质壤土	1.58

大干沟系代表性单个土体化学性质

层次/cm	pH	有机碳/(g/kg)	全氮(N)/(g/kg)	全磷(P)/(g/kg)	全钾(K)/(g/kg)	CEC/ [cmol(+)/kg]	碳酸钙/(g/kg)
0～20	9.0	8.6	0.80	2.49	16.2	4.6	125.9
20～35	8.9	7.2	0.64	2.14	16.6	4.1	131.3
35～68	9.3	2.9	0.31	1.31	17.2	3.2	127.9
68～92	8.8	0.9	0.09	0.90	15.4	1.3	90.3
92～120	8.9	1.3	0.14	1.07	16.3	1.9	118.5

10.13.5 都日特代系（Duritedai Series）

土 　族：壤质盖粗骨质混合型冷性-石灰淡色潮湿雏形土
拟定者：李德成，赵　霞

分布与环境条件　分布于海西州乌兰县茶卡镇一带，海拔介于 3000～3500 m，冲-洪积平原，母质为冲-洪积物，荒草地，高原干旱大陆性气候，年均日照时数约 2908 h，年均气温约 2.0℃，年均降水量约 305 mm，无霜期约 78～118 d。

都日特代系典型景观

土系特征与变幅　诊断层包括淡薄表层和雏形层；诊断特性包括冷性土壤温度状况、潮湿土壤水分状况、氧化还原特征和石灰性。地表粗碎块面积约 80%，土体厚度约 35 cm，淡薄表层厚度介于 10～15 cm，之下为雏形层，可见铁锰斑纹。通体无石灰反应，碳酸钙含量低于 10 g/kg，pH 介于 8.1～9.7，通体为粉壤土，粉粒含量介于 530～780 g/kg。

对比土系　赛什堂系，同一土族，为旱地，通体为砂质壤土。

利用性能综述　荒草地，地形平缓，草被盖度低，土体薄，地表砾石多，养分含量低，应封境育草，提高草被盖度。

发生学亚类　淡栗钙土。

代表性单个土体　位于海西州乌兰县茶卡镇都日特代东南，36.68609°N，99.45139°E，海拔 3339 m，冲-洪积平原，母质为冲-洪积物，荒草地，覆盖度约 30%，50 cm 深度土温 5.0℃，野外调查采样日期为 2015 年 7 月 17 日，编号 63-054′。

Ah： 0～12 cm，淡棕灰色（7.5YR 7/2，干），棕灰色（7.5YR 6/1，润），粉壤土，发育中等的粒状-小块状结构，松散-稍坚硬，多量草被根系，向下层波状清晰过渡。

Br： 12～35 cm，浊棕色（7.5YR 6/3，干），灰棕色（7.5YR 5/2，润），粉壤土，发育弱的小块状结构，稍坚硬，少量草被根系，中量铁锰斑纹，向下层不规则清晰过渡。

Cr： 35～90 cm，淡棕灰色（7.5YR 7/2，干），棕灰色（7.5YR 6/1，润），80%岩石碎屑，粉壤土，单粒，无结构，中量铁锰斑纹。

都日特代系代表性单个土体剖面

都日特代系代表性单个土体物理性质

土层	深度 /cm	砾石 (>2 mm,体积分数)/ %	细土颗粒组成 (粒径：mm)/(g/kg)			质地	容重 /(g/cm³)
			砂粒 2～0.05	粉粒 0.05～0.002	黏粒 <0.002		
Ah	0～12	0	364	534	102	粉壤土	1.25
Br	12～35	0	50	779	171	粉壤土	1.28
Cr	35～90	80	151	707	142	粉壤土	—

都日特代系代表性单个土体化学性质

层次 /cm	pH	有机碳 /(g/kg)	全氮(N) /(g/kg)	全磷(P) /(g/kg)	全钾(K) /(g/kg)	CEC / [cmol(+)/kg]	碳酸钙 /(g/kg)
0～12	9.7	14.8	1.40	1.44	17.0	8.0	117.1
12～35	8.2	15.4	1.38	1.40	16.5	15.0	119.4
35～90	8.1	7.5	0.75	1.13	17.7	15.8	92.9

10.13.6　赛什堂系（Saishitang Series）

土　族：壤质盖粗骨质混合型冷性-石灰淡色潮湿雏形土
拟定者：李德成，赵　霞

分布与环境条件　分布于海西州都兰县热水乡一带，河谷冲-洪积平原，海拔介于3000～3400 m，母质为冲-洪积物，旱地，高原干旱大陆性气候，年均日照时数约2903～3253 h，年均气温约2.7 ℃，年均降水量约191 mm，无霜期约90～127 d。

赛什堂系典型景观

土系特征与变幅　诊断层包括淡薄表层和雏形层；诊断特性包括冷性土壤温度状况、潮湿土壤水分状况、氧化还原特征和石灰性。土体厚度约 50 cm，淡薄表层厚度介于 10～20 cm，之下为雏形层，可见铁锰斑纹。通体有石灰反应，碳酸钙含量介于 100～120 g/kg，pH 介于 8.6～8.7，通体为砂质壤土，砂粒含量介于 510～530 g/kg，粉粒含量介于 420～430 g/kg。

对比土系　本亚类中其他土系，不同土族，颗粒大小级别分别为砂质盖粗骨质、砂质和壤质。

利用性能综述　旱地，地形平缓，土体较薄，养分含量低，应增施有机肥和复合肥，实施秸秆还田，培肥土壤。

发生学亚类　棕钙土。

代表性单个土体　位于海西州都兰县热水乡赛什堂村西，36.21209°N，98.16910°E，海拔 3292 m，河谷冲-洪积平原，母质为冲-洪积物，旱地，种植油菜、小麦，50 cm 深度土温 6.2℃，野外调查采样日期为 2015 年 7 月 20 日，编号 63-086。

赛什堂系代表性单个土体剖面

Ap: 0～18 cm，浊黄橙色（10YR 7/3，干），灰黄棕色（10YR 6/2，润），2%岩石碎屑，砂质壤土，发育中等的粒状-小块状结构，松散-稍坚硬，强石灰反应，向下层平滑清晰过渡。

ABr: 18～28 cm，浊黄橙色（10YR 7/3，干），灰黄棕色（10YR 6/2，润），2%岩石碎屑，砂质壤土，发育中等的小块状结构，稍坚硬，少量铁锰斑纹，强石灰反应，向下层波状渐变过渡。

Br: 28～50 cm，浊黄橙色（10YR 7/3，干），灰黄棕色（10YR 6/2，润），2%岩石碎屑，砂质壤土，发育弱的小块状结构，稍坚硬，少量铁锰斑纹，强石灰反应，向下层波状渐变过渡。

2Cr: 50～85 cm，浊黄橙色（10YR 7/3，干），灰黄棕色（10YR 6/2，润），80%岩石碎屑，砂质壤土，单粒，无结构，中量铁锰斑纹，强石灰反应。

赛什堂系代表性单个土体物理性质

| 土层 | 深度 /cm | 砾石 (>2 mm,体积分数)/ % | 细土颗粒组成 (粒径：mm)/(g/kg) | | | 质地 | 容重 /(g/cm³) |
			砂粒 2～0.05	粉粒 0.05～0.002	黏粒 <0.002		
Ap	0～18	2	514	428	58	砂质壤土	1.50
ABr	18～28	2	524	420	56	砂质壤土	1.39
Br	28～50	2	511	422	67	砂质壤土	1.51

赛什堂系代表性单个土体化学性质

层次 /cm	pH	有机碳 /(g/kg)	全氮(N) /(g/kg)	全磷(P) /(g/kg)	全钾(K) /(g/kg)	CEC / [cmol(+)/kg]	碳酸钙 /(g/kg)
0～18	8.8	4.0	0.39	1.26	16.2	2.9	107.0
18～28	8.7	2.9	0.37	1.25	15.8	2.9	117.1
28～50	8.6	3.1	0.34	1.44	15.7	2.8	112.1

10.13.7 切日走曲系（Qierizouqu Series）

土　　族：壤质混合型冷性-石灰淡色潮湿雏形土
拟定者：李德成，赵玉国

分布与环境条件　分布于海
南州共和县石乃亥乡一带，
海拔介于 3000～3500 m，冲
积平原低阶地，母质为黄土
物质，草地，高原干旱大陆
性气候，年均日照时数约
2908 h，年均气温约 4.1℃，
年均降水量约 205 mm，无霜
期约 78～118 d。

切日走曲系典型景观

土系特征与变幅　诊断层包括淡薄表层和雏形层；诊断特性包括冷性土壤温度状况、潮
湿土壤水分状况、氧化还原特征、冲积物岩性特征和石灰性。土体厚度 1 m 以上，淡薄
表层厚度介于 10～20 cm，之下为雏形层，厚度介于 60～80 cm，可见铁锰斑纹。通体有
石灰反应，碳酸钙含量介于 140～180 g/kg，pH 介于 8.7～9.2，层次质地构型为壤土-粉
壤土，粉粒含量介于 480～650 g/kg，砂粒含量介于 230～440 g/kg。

对比土系　上柴开系，同一土族，层次质地构型为粉壤土-砂质壤土-粉壤土，土体中有
岩石碎屑，旱地。

利用性能综述　草地，地形平缓，草被盖度高，土体深厚，养分含量低，应培肥土壤，
防止过度放牧。

发生学亚类　潮土。

代表性单个土体　位于海南州共和县石乃亥乡切日走曲东，37.00521°N，99.46357°E，
海拔 3319 m，冲积平原低阶地，母质为黄土物质，草地，盖度>80%，50 cm 深度土温
7.6℃，野外调查采样日期为 2015 年 7 月 17 日，编号 63-140。

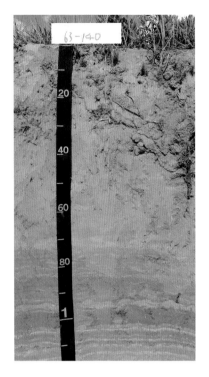

Ah： 0～12 cm，浊黄橙色（10YR 7/2，干），棕灰色（10YR 6/1，润），壤土，发育中等的粒状-小块状结构，松散-稍坚硬，多量草被根系，中量碳酸钙白色粉末，强石灰反应，向下层波状渐变过渡。

AB： 12～37 cm，浊黄橙色（10YR 7/2，干），棕灰色（10YR 6/1，润），粉壤土，发育中等的小块状结构，稍坚硬，中量草被根系，中量碳酸钙白色粉末，强石灰反应，向下层波状渐变过渡。

Br： 37～75 cm，浊黄橙色（10YR 7/2，干），棕灰色（10YR 6/1，润），粉壤土，发育弱的中块状结构，坚硬，少量草被根系，少量铁锰斑纹，中量碳酸钙白色粉末，可见冲积层理，强石灰反应，向下层平滑清晰过渡。

Cr： 75～120 cm，浊黄橙色（10YR 7/2，干），棕灰色（10YR 6/1，润），粉壤土，单粒，无结构，可见冲积层理，中量铁锰斑纹，强石灰反应。

切日走曲系代表性单个土体剖面

切日走曲系代表性单个土体物理性质

土层	深度 /cm	砾石 (>2 mm,体积分数)/ %	细土颗粒组成 (粒径：mm)/(g/kg)			质地	容重 /(g/cm³)
			砂粒 2～0.05	粉粒 0.05～0.002	黏粒 <0.002		
Ah	0～12	0	431	489	80	壤土	1.41
AB	12～37	0	390	521	89	粉壤土	1.30
Br	37～75	0	283	620	97	粉壤土	1.40
Cr	75～120	0	235	643	122	粉壤土	1.29

切日走曲系代表性单个土体化学性质

层次 /cm	pH	有机碳 /(g/kg)	全氮(N) /(g/kg)	全磷(P) /(g/kg)	全钾(K) /(g/kg)	CEC / [cmol(+)/kg]	碳酸钙 /(g/kg)
0～12	9.0	3.6	0.88	1.24	13.3	5.9	148.9
12～37	9.1	5.5	0.68	1.25	13.9	4.3	164.8
37～75	9.2	7.6	0.56	1.26	14.1	5.0	170.3
75～120	8.7	6.5	0.47	1.27	15.8	8.9	160.3

10.13.8　上柴开系（Shangchaikai Series）

土　族：壤质混合型冷性-石灰淡色潮湿雏形土
拟定者：李德成，赵　霞

分布与环境条件　分布于海
西州都兰县香日德镇一带，
河流冲积平原低阶地，海拔
介于 2900～3200 m，母质为
冲积物，旱地，高原干旱大
陆性气候，年均日照时数约
2903～3253 h，年均气温约
2.7 ℃，年均降水量约
205 mm，无霜期约 90～
127 d。

上柴开系典型景观

土系特征与变幅　诊断层包括淡薄表层和雏形层；诊断特性包括冷性土壤温度状况、潮
湿土壤水分状况、氧化还原特征和石灰性。土体厚度 1 m 以上，淡薄表层厚度介于 10～
20 cm，之下为雏形层，可见铁锰斑纹，约 65 cm 之下土层颜色略黑。通体有石灰反应，
碳酸钙含量介于 120～150 g/kg，pH 介于 8.7～9.0，层次质地构型为粉壤土-砂质壤土-
粉壤土，砂粒含量介于 290～550 g/kg，粉粒含量介于 390～590 g/kg。

对比土系　切日走曲系，同一土族，层次质地构型为壤土-粉壤土，土体中无岩石碎屑，
草地。

利用性能综述　旱地，地形平缓，土体深厚，养分含量低，应增施有机肥和复合肥，实
施秸秆还田，培肥土壤。

发生学亚类　石灰性黑土。

代表性单个土体　位于海西州都兰县香日德镇上柴开村南，35.97815°N，97.85829°E，
海拔 3085 m，河流冲积平原低阶地，母质为冲积物，旱地，种植油菜、小麦，50 cm 深
度土温 6.2℃，野外调查采样日期为 2015 年 7 月 18 日，编号 63-106。

上柴开系代表性单个土体剖面

Ap: 0～18 cm，灰黄棕色（10YR 6/2，干），棕灰色（10YR 5/1，润），2%岩石碎屑，粉壤土，发育中等的粒状-小块状结构，松散-稍坚硬，强石灰反应，向下层平滑清晰过渡。

ABr: 18～37 cm，灰黄棕色（10YR 6/2，干），棕灰色（10YR 5/1，润），5%岩石碎屑，粉壤土，发育中等的小块状结构，坚硬，少量铁锰斑纹，强石灰反应，向下层波状渐变过渡。

Br1: 37～65 cm，灰黄棕色（10YR 6/2，干），棕灰色（10YR 5/1，润），20%岩石碎屑，粉壤土，发育弱的中块状结构，坚硬，少量铁锰斑纹，强石灰反应，向下层平滑清晰过渡。

Br2: 65～88 cm，棕灰色（10YR 5/1，干），棕灰色（10YR 4/1，润），砂质壤土，发育弱的中块状结构，稍坚硬，中量铁锰斑纹，强石灰反应，向下层波状渐变过渡。

Br3: 88～120 cm，棕灰色（10YR 5/1，干），棕灰色（10YR 4/1，润），粉壤土，发育弱的小块状结构，稍坚硬，中量铁锰斑纹，强石灰反应。

上柴开系代表性单个土体物理性质

土层	深度/cm	砾石（>2 mm,体积分数)/ %	细土颗粒组成（粒径：mm)/(g/kg)			质地	容重/(g/cm³)
			砂粒 2～0.05	粉粒 0.05～0.002	黏粒 <0.002		
Ap	0～18	2	312	572	116	粉壤土	—
ABr	18～37	5	322	568	110	粉壤土	1.49
Br1	37～65	20	295	586	119	粉壤土	1.46
Br2	65～88	0	546	390	64	砂质壤土	1.40
Br3	88～120	0	321	575	104	粉壤土	1.50

上柴开系代表性单个土体化学性质

层次/cm	pH	有机碳/(g/kg)	全氮(N)/(g/kg)	全磷(P)/(g/kg)	全钾(K)/(g/kg)	CEC/[cmol(+)/kg]	碳酸钙/(g/kg)
0～18	8.7	6.1	0.65	1.63	19.8	5.9	145.0
18～37	8.7	5.5	0.58	1.34	18.0	4.7	147.1
37～65	8.9	5.7	0.53	1.51	16.4	4.9	140.2
65～88	9.0	4.6	0.75	1.58	16.3	3.4	123.9
88～120	8.9	5.0	0.62	1.43	16.3	4.9	133.4

10.14 普通淡色潮湿雏形土

10.14.1 巴戈理系（Bageli Series）

土　　族：壤质混合型非酸性冷性-普通淡色潮湿雏形土
拟定者：李德成，赵　霞

分布与环境条件　分布于果洛州班玛县亚尔堂乡一带，冲积平原一级阶地，海拔介于 3200～3400 m，母质为冲积物，灌木林地，高原大陆性气候，年均日照时数约 2281～2332 h，年均气温约 1.8 ℃，年均降水量约 689 mm，无霜期约 30 d。

巴戈理系典型景观

土系特征与变幅　诊断层包括淡薄表层和雏形层；诊断特性包括冷性土壤温度状况、潮湿土壤水分状况和氧化还原特征。土体厚度 1 m 左右，淡薄表层厚度介于 12～15 cm，有机碳含量介于 10～12 g/kg，之下为雏形层，可见铁锰斑纹。通体无石灰反应，碳酸钙含量介于 0～9 g/kg，pH 介于 7.3～7.9，层次质地构型为壤土-粉壤土，粉粒含量介于 440～550 g/kg。

对比土系　沱海系，空间相近，同一土纲不同亚纲，为干润雏形土。

利用性能综述　灌木林地，地形平缓，土体厚，养分含量较低，植被盖度高，应防止过度放牧。

发生学亚类　淋溶灰褐土。

代表性单个土体　位于果洛州班玛县亚尔堂乡巴戈理村西北，32.818574°N，100.81656°E，海拔 3384 m，冲积平原一级阶地，母质为冲积物，灌木林地，覆盖度>80%，50 cm 深度土温 5.3℃，野外调查采样日期为 2015 年 7 月 21 日，编号 63-10。

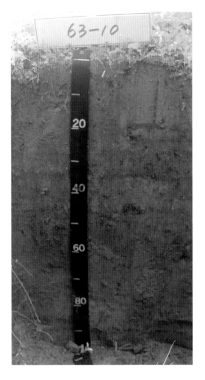

Ah： 0～12 cm，暗灰黄色（2.5Y 5/2，干），黑棕色（2.5Y 3/1，润），壤土，发育中等的粒状-小块状结构，松散-稍坚硬，多量草被根系，少量铁锰斑纹，向下层波状渐变过渡。

Br1：12～40 cm，暗灰黄色（2.5Y 5/2，干），黑棕色（2.5Y 3/1，润），壤土，发育中等的粒状-小块状结构，稍坚硬，中量草被根系，中量铁锰斑纹，向下层波状渐变过渡。

Br2：40～63 cm，暗灰黄色（2.5Y 4/2，干），黑棕色（2.5Y 3/1，润），5%岩石碎屑，壤土，发育中等的中块状结构，坚硬，少量草被根系，中量铁锰斑纹，向下层波状渐变过渡。

Br3：63～100 cm，暗灰黄色（2.5Y 4/2，干），黑棕色（2.5Y 3/1，润），5%岩石碎屑，粉壤土，发育弱的中块状结构，坚硬，中量铁锰斑纹，向下层平滑清晰过渡。

巴戈理系代表性单个土体剖面

巴戈理系代表性单个土体物理性质

| 土层 | 深度 /cm | 砾石 (>2 mm,体积分数)/ % | 细土颗粒组成（粒径：mm)/(g/kg) | | | 质地 | 容重 /(g/cm³) |
			砂粒 2～0.05	粉粒 0.05～0.002	黏粒 <0.002		
Ah	0～12	0	431	465	104	壤土	1.32
Br1	12～40	0	458	448	94	壤土	1.33
Br2	40～63	5	459	452	89	壤土	1.31
Br3	63～100	5	345	550	105	粉壤土	1.20

巴戈理系代表性单个土体化学性质

层次 /cm	pH	有机碳 /(g/kg)	全氮(N) /(g/kg)	全磷(P) /(g/kg)	全钾(K) /(g/kg)	CEC / [cmol(+)/kg]	碳酸钙 /(g/kg)
0～12	7.3	11.8	1.17	1.54	15.4	7.1	0
12～40	7.8	9.7	1.10	1.48	15.3	7.0	8.1
40～63	7.8	9.6	0.98	1.13	14.8	7.6	5.8
63～100	7.9	9.8	0.96	1.47	14.7	7.7	6.4

10.15　石灰底锈干润雏形土

10.15.1　沱海系（Tuohai Series）

土　　族：砂质硅质混合型冷性-石灰底锈干润雏形土

拟定者：李德成，赵　霞

分布与环境条件　分布于海西州都兰县香日德镇一带，冲积平原低阶地，海拔介于 2900～3200 m，母质为冲积物，旱地，高原干旱大陆性气候，年均日照时数约 2903～3253 h，年均气温约 2.1 ℃，年均降水量约 206 mm，无霜期约 90～127 d。

沱海系典型景观

土系特征与变幅　诊断层包括淡薄表层和雏形层；诊断特性包括冷性土壤温度状况、半干润土壤水分状况、氧化还原特征和石灰性。土体厚度 1 m 以上，淡薄表层厚度介于 10～20 cm，之下为雏形层，70 cm 以下土体可见铁锰斑纹。通体有石灰反应，碳酸钙含量介于 90～120 g/kg，pH 介于 8.6～9.0，层次质地构型为砂质壤土-壤质砂土，砂粒含量介于 540～770 g/kg。

对比土系　本亚类中其他土系（沙窝尔系、伊克珠斯系和崖湾系），同一亚类不同土族，颗粒大小级别为壤质。巴戈理系，空间相近，同一土纲不同亚纲，为潮湿雏形土。

利用性能综述　旱地，地形平缓，土体深厚，养分含量低，应增施有机肥和复合肥，实施秸秆还田，培肥土壤。

发生学亚类　棕钙土。

代表性单个土体　位于海西州都兰县香日德镇沱海村东南，36.02749°N，97.79915°E，海拔 3024 m，冲积平原低阶地，母质为冲积物，旱地，种植枸杞子，50 cm 深度土温 5.6℃，野外调查采样日期为 2015 年 7 月 19 日，编号 63-079。

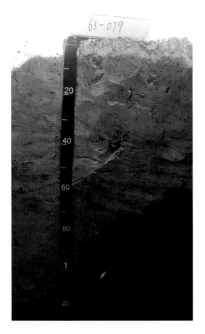

沱海系代表性单个土体剖面

Ap：0~13 cm，灰黄色（2.5Y 7/2，润），黄灰色（2.5Y 6/1，润），砂质壤土，发育中等的粒状-小块状结构，松散-稍坚硬，强石灰反应，向下层平滑清晰过渡。

AB：13~35 cm，灰黄色（2.5Y 7/2，润），黄灰色（2.5Y 6/1，润），砂质壤土，发育中等的粒状-小块状结构，松散-稍坚硬，强石灰反应，向下层波状渐变过渡。

Bw：35~70 cm，灰黄色（2.5Y 7/2，润），黄灰色（2.5Y 6/1，润），砂质壤土，发育弱的中块状结构，稍坚硬，强石灰反应，向下层波状渐变过渡。

Br1：70~100 cm，灰黄色（2.5Y 7/2，润），黄灰色（2.5Y 6/1，润），砂质壤土，发育弱的中块状结构，稍坚硬，中量铁锰斑纹，强石灰反应，向下层波状渐变过渡。

Br2：100~130 cm，灰黄色（2.5Y 7/2，润），黄灰色（2.5Y 6/1，润），壤质砂土，发育弱的中块状结构，稍坚硬，中量铁锰斑纹，强石灰反应。

沱海系代表性单个土体物理性质

土层	深度/cm	砾石(>2 mm,体积分数)/ %	细土颗粒组成 (粒径：mm)/(g/kg)			质地	容重/(g/cm³)
			砂粒 2~0.05	粉粒 0.05~0.002	黏粒 <0.002		
Ap	0~13	0	607	335	58	砂质壤土	1.25
AB	13~35	0	631	318	51	砂质壤土	1.52
Bw	35~70	0	664	281	55	砂质壤土	1.59
Br1	70~100	0	542	387	71	砂质壤土	1.63
Br2	100~130	0	763	187	50	壤质砂土	1.61

沱海系代表性单个土体化学性质

层次/cm	pH	有机碳/(g/kg)	全氮(N)/(g/kg)	全磷(P)/(g/kg)	全钾(K)/(g/kg)	CEC/ [cmol(+)/kg]	碳酸钙/(g/kg)
0~13	8.6	5.2	0.45	1.41	15.3	2.8	103.0
13~35	8.8	3.8	0.38	1.39	16.6	2.9	118.3
35~70	8.8	2.5	0.19	1.18	15.5	2.0	105.4
70~100	8.7	1.7	0.23	1.04	16.5	2.4	104.6
100~130	9.0	1.3	0.19	0.89	15.1	1.8	94.9

10.15.2 沙窝尔系（**Shawo'er Series**）

土　族：壤质混合型冷性-石灰底锈干润雏形土
拟定者：李德成，赵　霞

分布与环境条件　分布于西
宁市湟中县多巴镇一带，冲
积平原，海拔介于 2100～
2500 m，母质为黄土物质，
旱地，高原大陆性气候，年
均日照时数约 2453 h，年均
气温约 4.6℃，年均降水量约
405 mm，无霜期约 170 d。

沙窝尔系典型景观

土系特征与变幅　诊断层包括淡薄表层和钙积层；诊断特性包括冷性土壤温度状况、半
干润土壤水分状况、氧化还原特征和石灰性。土体厚度 1 m 以上，淡薄表层厚度介于 10～
25 cm，钙积层出现上界约在 60 cm，可见碳酸钙假菌丝体，碳酸钙含量在 250 g/kg 以上，
其他层次碳酸钙含量介于 110～140 g/kg。65 cm 以下土体可见铁锰斑纹。通体有强石灰
反应，pH 介于 8.7～8.9，通体为粉壤土，粉粒含量介于 570～660 g/kg。

对比土系　伊克珠斯系，同一土族，碳酸钙含量通体高于 210 g/kg。

利用性能综述　旱地，地形平缓，土体深厚，养分含量中等，应增施有机肥和复合肥，
实施秸秆还田，培肥土壤。

发生学亚类　石灰性栗钙土。

代表性单个土体　位于西宁市湟中县多巴镇沙窝尔村西南，36.67027°N，101.52162°E，
海拔 2367 m，冲积平原，母质为黄土物质，旱地，种植小麦和油菜，50 cm 深度土温 8.6℃，
野外调查采样日期为 2014 年 8 月 7 日，编号 63-117。

沙窝尔系代表性单个土体剖面

Ap：　0～18 cm，淡灰色（2.5Y 7/1，润），黄灰色（2.5Y 6/1，润），粉壤土，发育中等的粒状-小块状结构，松散-稍坚硬，强石灰反应，向下层波状清晰过渡。

ABk：18～37 cm，淡灰色（2.5Y 7/1，润），黄灰色（2.5Y 6/1，润），粉壤土，发育中等的中块状结构，坚硬，中量碳酸钙白色粉末，强石灰反应，向下层波状渐变过渡。

Bk：　37～65 cm，淡灰色（2.5Y 7/1，润），黄灰色（2.5Y 6/1，润），粉壤土，发育弱的中块状结构，坚硬，中量碳酸钙白色粉末，强石灰反应，向下层波状渐变过渡。

Bkr1：65～82 cm，淡灰色（2.5Y 7/1，润），黄灰色（2.5Y 6/1，润），粉壤土，发育弱的中块状结构，坚硬，少量铁锰斑纹和少量碳酸钙假菌丝体，强石灰反应，向下层波状渐变过渡。

Bkr2：82～120 cm，淡黄色（2.5Y 7/4，润），浊黄色（2.5Y 6/3，润），粉壤土，发育弱的中块状结构，坚硬，中量铁锰斑纹和中量碳酸钙假菌丝体，强石灰反应。

沙窝尔系代表性单个土体物理性质

| 土层 | 深度 /cm | 砾石 (>2 mm,体积分数)/ % | 细土颗粒组成 (粒径：mm)/(g/kg) | | | 质地 | 容重 /(g/cm³) |
			砂粒 2～0.05	粉粒 0.05～0.002	黏粒 <0.002		
Ap	0～18	0	311	578	111	粉壤土	1.27
ABk	18～37	0	283	600	117	粉壤土	1.35
Bk	37～65	0	235	636	129	粉壤土	1.37
Bkr1	65～82	0	245	618	137	粉壤土	1.29
Bkr2	82～120	0	212	652	136	粉壤土	1.32

沙窝尔系代表性单个土体化学性质

层次 /cm	pH	有机碳 /(g/kg)	全氮(N) /(g/kg)	全磷(P) /(g/kg)	全钾(K) /(g/kg)	CEC / [cmol(+)/kg]	碳酸钙 /(g/kg)
0～18	8.7	16.4	1.51	2.78	17.8	12.1	118.9
18～37	8.8	12.7	1.21	2.43	17.9	10.9	133.6
37～65	8.9	9.9	0.98	2.41	18.2	10.6	129.7
65～82	8.8	7.3	0.94	2.11	18.2	10.5	251.5
82～120	8.8	9.1	0.97	1.79	17.3	10.8	173.7

10.15.3　伊克珠斯系（**Yikezhusi Series**）

土　　族：壤质混合型冷性-石灰底锈干润雏形土
拟定者：李德成，赵　霞

分布与环境条件　分布于德
令哈市柯鲁柯镇一带，冲积-
洪积扇平原，海拔介于
2600～3000 m，母质为黄土
物质，旱地，高原大陆性气
候，年均日照时数约 3353 h，
年均气温约 3.2℃，年均降水
量约 158 mm，无霜期约
80 d。

伊克珠斯系典型景观

土系特征与变幅　诊断层包括淡薄表层和雏形层；诊断特性包括冷性土壤温度状况、半
干润土壤水分状况、氧化还原特征和石灰性。土体厚度 1 m 以上，淡薄表层厚度介于 10～
20 cm，之下为雏形层，50 cm 以上土体可见碳酸钙白色粉末，50 cm 以下土体可见铁锰
斑纹。通体有强石灰反应，碳酸钙含量介于 210～250 g/kg，pH 介于 8.9～9.1，通体为粉
壤土，粉粒含量介于 570～720 g/kg。

对比土系　沙窝尔系，同一土族，60 cm 以上土体碳酸钙含量低于 150 g/kg。

利用性能综述　旱地，地形平缓，土体深厚，养分含量中等，应增施有机肥和复合肥，
实施秸秆还田，培肥土壤。

发生学亚类　棕钙土。

代表性单个土体　位于德令哈市柯鲁柯镇伊克珠斯郎村北，37.22295°N，97.20383°E，
海拔 2842 m，冲积-洪积扇平原，母质为黄土物质，旱地，种植小麦和油菜，50 cm 深度
土温 6.7℃，野外调查采样日期为 2015 年 7 月 18 日，编号 63-087。

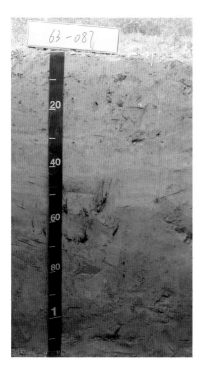

Ap:　0～12 cm，淡灰色（2.5Y 7/1，润），黄灰色（2.5Y 6/1，润），粉壤土，发育中等的粒状-小块状结构，松散-坚硬，强石灰反应，向下层平滑清晰过渡。

AB:　12～32 cm，淡灰色（2.5Y 7/1，润），黄灰色（2.5Y 6/1，润），粉壤土，发育中等的小块状结构，坚硬，强石灰反应，向下层波状渐变过渡。

Bw:　32～50 cm，淡灰色（2.5Y 7/1，润），黄灰色（2.5Y 6/1，润），粉壤土，发育弱的中块状结构，坚硬，强石灰反应，向下层平滑清晰过渡。

Br:　50～120 cm，淡黄色（2.5Y 7/4，润），浊黄色（2.5Y 6/3，润），粉壤土，发育弱的中块状结构，稍坚硬，中量铁锰斑纹，强石灰反应。

伊克珠斯系代表性单个土体剖面

伊克珠斯系代表性单个土体物理性质

| 土层 | 深度/cm | 砾石(>2 mm,体积分数)/ % | 细土颗粒组成 (粒径: mm)/(g/kg) | | | 质地 | 容重/(g/cm³) |
			砂粒 2～0.05	粉粒 0.05～0.002	黏粒 <0.002		
Ap	0～12	0	194	697	109	粉壤土	1.27
AB	12～32	0	168	713	119	粉壤土	1.35
Bw	32～50	0	210	700	90	粉壤土	1.35
Br	50～120	0	342	575	83	粉壤土	1.32

伊克珠斯系代表性单个土体化学性质

层次/cm	pH	有机碳/(g/kg)	全氮(N)/(g/kg)	全磷(P)/(g/kg)	全钾(K)/(g/kg)	CEC/ [cmol(+)/kg]	碳酸钙/(g/kg)
0～12	8.9	10.9	1.14	1.86	15.9	10.1	234.8
12～32	9.0	10.8	1.00	1.80	16.0	7.4	247.5
32～50	9.1	4.8	0.58	1.49	15.6	4.4	228.3
50～120	9.1	4.5	0.44	1.27	15.1	4.2	236.7

10.15.4 崖湾系（**Yawan Series**）

土　族：壤质混合型温性-石灰底锈干润雏形土
拟定者：李德成，赵　霞

分布与环境条件　分布于黄
南州尖扎县康杨镇一带，冲
积平原二级阶地，海拔介于
1800～2200 m，母质为黄土
物质，旱地，高原大陆性气
候，年均日照时数约 4432 h，
年均气温约 6.5℃，年均降水
量约 350～400 mm，无霜期
约 186 d。

崖湾系典型景观

土系特征与变幅　诊断层包括淡薄表层和雏形层；诊断特性包括温性土壤温度状况、半
干润土壤水分状况、氧化还原特征和石灰性。土体厚度 1 m 以上，淡薄表层厚度介于 10～
20 cm，之下为雏形层，可见少量碳酸钙假菌丝体和铁锰斑纹。通体碳酸钙含量介于 70～
100 g/kg，有石灰反应，pH 介于 8.7～8.9，通体为粉壤土，粉粒含量介于 570～630 g/kg。

对比土系　伊克珠斯系和沙窝尔系，同一亚类不同土族，为冷性土壤温度状况。

利用性能综述　旱地，地形平缓，土体深厚，养分含量低，应增施有机肥和复合肥，实
施秸秆还田，培肥土壤。

发生学亚类　栗钙土。

代表性单个土体　位于黄南州尖扎县康杨镇崖湾村东北，36.06901°N，101.91281°E，海
拔 2052 m，冲积平原二级阶地，母质为黄土物质，旱地，种植玉米，50 cm 深度土温 9.9℃，
野外调查采样日期为 2014 年 8 月 14 日，编号 63-123。

Ap: 0～18 cm，浊黄橙色（10YR 6/4，润），浊黄棕色（10YR 5/3，润），粉壤土，发育中等的粒状-小块状结构，松散-稍坚硬，强石灰反应，向下层平滑清晰过渡。

AB: 18～33 cm，浊黄橙色（10YR 6/4，润），浊黄棕色（10YR 5/3，润），粉壤土，发育中等的小块状结构，坚硬，强石灰反应，向下层平滑清晰过渡。

Bk: 33～55 cm，浊黄橙色（10YR 7/4，润），浊黄橙色（10YR 6/3，润），粉壤土，发育弱的中块状结构，坚硬，少量碳酸钙假菌丝体，强石灰反应，向下层波状渐变过渡。

Br: 55～100 cm，浊黄橙色（10YR 7/4，润），浊黄橙色（10YR 6/3，润），粉壤土，发育弱的中块状结构，坚硬，少量铁锰斑纹，强石灰反应，向下层波状渐变过渡。

Bw: 100～120 cm，浊黄橙色（10YR 7/4，润），浊黄橙色（10YR 6/3，润），粉壤土，发育弱的中块状结构，坚硬，强石灰反应。

崖湾系代表性单个土体剖面

崖湾系代表性单个土体物理性质

| 土层 | 深度 /cm | 砾石 (>2 mm,体积分数)/ % | 细土颗粒组成 (粒径：mm)/(g/kg) | | | 质地 | 容重 /(g/cm³) |
			砂粒 2～0.05	粉粒 0.05～0.002	黏粒 <0.002		
Ap	0～18	0	265	591	144	粉壤土	1.44
AB	18～33	0	299	573	128	粉壤土	1.51
Bk	33～55	0	250	596	154	粉壤土	1.54
Br	55～100	0	220	620	160	粉壤土	1.48
Bw	100～120	0	231	602	167	粉壤土	1.51

崖湾系代表性单个土体化学性质

层次 /cm	pH	有机碳 /(g/kg)	全氮(N) /(g/kg)	全磷(P) /(g/kg)	全钾(K) /(g/kg)	CEC / [cmol(+)/kg]	碳酸钙 /(g/kg)
0～18	8.7	13.9	1.45	2.58	20.0	15.3	77.8
18～33	8.8	7.9	1.12	1.98	19.6	13.5	93.9
33～55	8.8	6.0	0.91	1.48	19.5	14.1	91.2
55～100	8.9	4.7	0.73	1.65	19.1	14.2	85.9
100～120	8.7	4.3	0.67	1.66	19.5	14.0	84.1

10.16 钙积暗沃干润雏形土

10.16.1 呼德生系（Hudesheng Series）

土　　族：壤质混合型冷性-钙积暗沃干润雏形土
拟定者：李德成，赵玉国

分布与环境条件　分布于海西州乌兰县柯柯镇一带，高山坡地，海拔介于 3900～4300 m，母质为黄土物质，草地，高原干旱大陆性气候，年均日照时数介于 2869～3113 h，年均气温约 2.5℃，年均降水量约 243 mm，无霜期介于 90～97 d。

呼德生系典型景观

土系特征与变幅　诊断层包括暗沃表层和钙积层；诊断特性包括冷性土壤温度状况、半干润土壤水分状况和石灰性。土体厚度 1 m 以上，暗沃表层厚度介于 40～60 cm，碳酸钙含量介于 140～180 g/kg，之下为钙积层，碳酸钙含量介于 180～210 g/kg，可见碳酸钙白色粉末。通体有石灰反应，pH 介于 8.3～9.9，通体为粉壤土，粉粒含量介于 670～750 g/kg。

对比土系　索力吉尔系，同一土族，层次质地构型为粉壤土-壤土-砂质壤土，1 m 以下有砂砾岩碎屑。

利用性能综述　草地，地形较陡，草被盖度较高，土体深厚，养分含量高，应防止过度放牧。

发生学亚类　暗冷钙土。

代表性单个土体　位于海西州乌兰县柯柯镇呼德生村西北，37.25412°N，98.21377°E，海拔 4151 m，高山陡坡上部，母质为黄土物质，草地，覆盖度>80%，50 cm 深度土温 6.0℃，野外调查采样日期为 2015 年 7 月 18 日，编号 63-006。

Ah1： 0～18 cm，浊棕色（7.5YR 5/4，润），暗棕色（7.5YR 3/3，润），粉壤土，发育中等的粒状-小块状结构，松散-稍坚硬，多量草被根系，强石灰反应，向下层平滑清晰过渡。

Ah2： 18～60 cm，浊棕色（7.5YR 5/4，润），暗棕色（7.5YR 3/3，润），粉壤土，发育中等的粒状-小块状结构，松散-稍坚硬，多量草被根系，强石灰反应，向下层波状渐变过渡。

Bk1： 60～90 cm，60%浊橙色（7.5YR 6/4，润），浊棕色（7.5YR 5/3，润），40%淡棕灰色（7.5YR 7/2，润），棕灰色（7.5YR 6/1，润），2%岩石碎屑，粉壤土，发育弱的中块状结构，坚硬，多量碳酸钙白色粉末，强石灰反应，向下层波状渐变过渡。

Bk2： 90～140 cm，淡棕灰色（7.5YR 7/2，润），棕灰色（7.5YR 6/1，润），5%岩石碎屑，粉壤土，发育弱的中块状结构，坚硬，多量碳酸钙白色粉末，强石灰反应。

呼德生系代表性单个土体剖面

呼德生系代表性单个土体物理性质

土层	深度 /cm	砾石 (>2 mm,体积分数)/ %	细土颗粒组成 (粒径：mm)/(g/kg)			质地	容重 /(g/cm³)
			砂粒 2～0.05	粉粒 0.05～0.002	黏粒 <0.002		
Ah1	0～18	0	148	718	134	粉壤土	1.13
Ah2	18～60	0	201	674	125	粉壤土	1.20
Bk1	60～90	2	128	720	152	粉壤土	1.34
Bk2	90～140	5	97	745	158	粉壤土	1.38

呼德生系代表性单个土体化学性质

层次 /cm	pH	有机碳 /(g/kg)	全氮(N) /(g/kg)	全磷(P) /(g/kg)	全钾(K) /(g/kg)	CEC / [cmol(+)/kg]	碳酸钙 /(g/kg)
0～18	8.3	35.1	3.12	1.05	17.1	11.8	148.5
18～60	9.1	24.3	2.73	1.20	16.2	11.8	177.6
60～90	9.9	12.3	1.67	1.32	17.6	10.5	178.5
90～140	9.1	8.8	1.50	1.35	16.9	12.3	208.6

10.16.2 索力吉尔系（**Suoliji'er Series**）

土　族：壤质混合型冷性-钙积暗沃干润雏形土
拟定者：李德成，张甘霖，赵玉国

分布与环境条件　分布于海北州海晏县甘子河乡一带，高山坡地，海拔介于 3000～3400 m，母质上为黄土物质，下为砂砾岩风化坡积物，草地，高原大陆性气候，年均日照时数约 2980 h，年均气温约 1.5℃，年均降水量约 429 mm，无霜期低于 30 d。

索力吉尔系典型景观

土系特征与变幅　诊断层包括暗沃表层和钙积层；诊断特性包括冷性土壤温度状况、半干润土壤水分状况和石灰性。土体厚度 1 m 以上，暗沃表层厚度介于 25～30 cm，碳酸钙含量介于 10～20 g/kg，之下为钙积层，碳酸钙含量介于 130～230 g/kg，可见碳酸钙白色粉末。通体有石灰反应，pH 介于 8.2～9.4，层次质地构型为粉壤土-壤土-砂质壤土，粉粒含量介于 270～630 g/kg，砂粒含量介于 250～670 g/kg。

对比土系　呼德生系，同一土族，通体为粉壤土。

利用性能综述　草地，地形较平缓，草被盖度较高，土体深厚，养分含量高，应防止过度放牧。

发生学亚类　薄黑毡土。

代表性单个土体　位于海北州海晏县甘子河乡包哈图索力吉尔山西，37.02121°N，100.79013°E，海拔 3221 m，高山缓坡中下部，母质上为黄土物质，下为砂砾岩风化坡积物，草地，覆盖度约 70%，50 cm 深度土温 5.0℃，野外调查采样日期为 2014 年 8 月 8 日，编号 63-43。

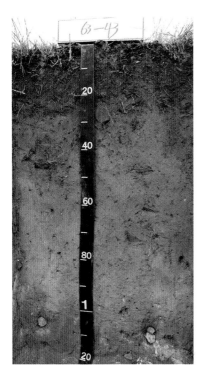

索力吉尔系代表性单个土体剖面

Ah1： 0～13 cm，浊棕色（7.5YR 5/4，润），暗棕色（7.5YR 3/3，润），2%岩石碎屑，粉壤土，发育中等的粒状-小块状结构，松散-稍坚硬，多量草被根系，轻度石灰反应，向下层波状渐变过渡。

Ah2： 13～28 cm，浊棕色（7.5YR 5/4，润），暗棕色（7.5YR 3/3，润），5%岩石碎屑，粉壤土，发育中等的粒状-中块状结构，松散-稍坚硬，多量草被根系，轻度石灰反应，向下层波状渐变过渡。

Bk1： 28～70 cm，灰棕色（7.5YR 6/2，润），棕灰色（7.5YR 5/1，润），粉壤土，发育弱的中块状结构，坚硬，少量草被根系，少量碳酸钙白色粉末，强石灰反应，向下层波状渐变过渡。

Bk2： 70～90 cm，灰棕色（7.5YR 6/2，润），棕灰色（7.5YR 5/1，润），壤土，发育弱的中块状结构，坚硬，中量碳酸钙白色粉末，强石灰反应，向下层波状渐变过渡。

Bk3： 90～120 cm，亮红棕色（5YR 5/8，润），红棕色（5YR 4/6，润），20%岩石碎屑，砂质壤土，发育弱的中块状结构，坚硬，少量碳酸钙白色粉末，强石灰反应。

索力吉尔系代表性单个土体物理性质

土层	深度 /cm	砾石 (>2 mm,体积分数)/ %	细土颗粒组成（粒径：mm)/(g/kg)			质地	容重 /(g/cm³)
			砂粒 2～0.05	粉粒 0.05～0.002	黏粒 <0.002		
Ah1	0～13	2	323	574	103	粉壤土	—
Ah2	13～28	5	256	622	122	粉壤土	—
Bk1	28～70	0	377	522	101	粉壤土	1.26
Bk2	70～90	0	447	463	90	壤土	1.31
Bk3	90～120	20	662	278	60	砂质壤土	—

索力吉尔系代表性单个土体化学性质

层次 /cm	pH	有机碳 /(g/kg)	全氮(N) /(g/kg)	全磷(P) /(g/kg)	全钾(K) /(g/kg)	CEC / [cmol(+)/kg]	碳酸钙 /(g/kg)
0～13	8.2	42.5	3.94	1.39	19.0	23.7	11.5
13～28	8.4	33.4	3.49	1.40	19.4	23.0	19.2
28～70	9.0	14.4	1.87	1.35	17.5	14.7	139.5
70～90	9.0	9.6	1.14	1.47	15.6	9.1	221.1
90～120	9.4	4.2	0.59	1.02	15.7	8.4	226.5

10.17　钙积简育干润雏形土

10.17.1　如巴塘系（Rubatang Series）

土　族：粗骨壤质混合型冷性-钙积简育干润雏形土

拟定者：李德成，杨　飞

分布与环境条件　分布于玉树州囊谦县香达镇一带，山谷二级阶地，海拔介于 3600~4000 m，母质为混有砾石的黄土物质，草地，高山高寒气候，年均日照时数介于 2468~2789 h，年均气温约 2.5℃，年均降水量约 5232 mm，无霜期约 30 d。

如巴塘系典型景观

土系特征与变幅　诊断层包括淡薄表层和钙积层；诊断特性包括冷性土壤温度状况、半干润土壤水分状况和石灰性。地表粗碎块面积约 30%，土体厚度 1 m 以上，淡薄表层厚度介于 10~20 cm，碳酸钙含量介于 120~130 g/kg，之下为钙积层，碳酸钙含量介于 160~210 g/kg，可见碳酸钙假菌丝体。通体有石灰反应，pH 介于 8.2~8.7，通体为粉壤土，粉粒含量介于 560~590 g/kg。

对比土系　本亚类中其他土系，颗粒大小级别分别为黏壤质、壤质盖粗骨质和壤质。

利用性能综述　草地，地形较平缓，草被盖度低，土体较厚，砾石较多，养分含量较高，应防止过度放牧。

发生学亚类　栗钙土。

代表性单个土体　位于玉树州囊谦县香达镇如巴塘村西北，32.23982°N，96.35691°E，海拔 3801 m，山谷二级阶地，母质为混有砾石的黄土物质，草地，盖度约 40%，50 cm 深度土温 6.0℃，野外调查采样日期为 2015 年 7 月 20 日，编号 63-026。

Ah:　0～14 cm，浊橙色（7.5YR 6/4，润），灰棕色（7.5YR 4/2，润），10%岩石碎屑，粉壤土，发育中等的粒状-小块状结构，松散-稍坚硬，多量草被根系，强石灰反应，向下层波状渐变过渡。

Bk1：14～30 cm，浊橙色（7.5YR 6/4，润），灰棕色（7.5YR 4/2，润），20%岩石碎屑，粉壤土，发育中等的中块状结构，坚硬，中量草被根系，多量假菌丝体，强石灰反应，向下层波状渐变过渡。

Bk2：30～55 cm，浊橙色（7.5YR 6/4，润），灰棕色（7.5YR 4/2，润），40%岩石碎屑，粉壤土，发育弱的中块状结构，坚硬，多量假菌丝体，强石灰反应，向下层波状渐变过渡。

Bk3：55～105 cm，浊橙色（7.5YR 6/4，润），灰棕色（7.5YR 4/2，润），60%岩石碎屑，粉壤土，发育弱的中块状结构，坚硬，中量假菌丝体，强石灰反应。

如巴塘系代表性单个土体剖面

如巴塘系代表性单个土体物理性质

土层	深度/cm	砾石(>2 mm,体积分数)/ %	细土颗粒组成 (粒径: mm)/(g/kg)			质地
			砂粒 2～0.05	粉粒 0.05～0.002	黏粒 <0.002	
Ah	0～14	10	264	565	171	粉壤土
Bk1	14～30	20	259	562	179	粉壤土
Bk2	30～55	40	231	578	191	粉壤土
Bk3	55～105	60	228	582	190	粉壤土

如巴塘系代表性单个土体化学性质

层次/cm	pH	有机碳/(g/kg)	全氮(N)/(g/kg)	全磷(P)/(g/kg)	全钾(K)/(g/kg)	CEC/ [cmol(+)/kg]	碳酸钙/(g/kg)
0～14	8.2	38.8	3.57	2.60	16.8	18.9	123.3
14～30	8.4	26.8	2.79	2.39	16.0	17.4	165.3
30～55	8.6	18.1	2.23	2.55	16.5	16.5	207.0
55～105	8.7	9.8	1.08	2.05	14.8	12.8	175.9

10.17.2 上店村系（Shangdiancun Series）

土 族：黏壤质混合型温性–钙积简育干润雏形土
拟定者：李德成，赵 霞

分布与环境条件 分布于海
东市平安区小峡镇一带，冲
积平原，海拔介于 1900～
2300 m，母质为黄土物质，
旱地或苗圃，温带大陆性气
候，年均日照时数约 2864 h，
年均气温约 5.6℃，年均降水
量约 383 mm，无霜期约
218 d。

上店村系典型景观

土系特征与变幅 诊断层包括淡薄表层、钙积层和雏形层；诊断特性包括温性土壤温度
状况、半干润土壤水分状况和石灰性。土体厚度 1 m 以上，淡薄表层厚度介于 10～20 cm，
碳酸钙含量介于 70～80 g/kg，之下为钙积层，碳酸钙含量介于 130～140 g/kg，可见碳
酸钙白色粉末。通体有石灰反应，pH 介于 7.7～8.5，通体为粉壤土，粉粒含量介于 500～
620 g/kg，砂粒含量介于 180～390 g/kg。

对比土系 本亚类中其他土系，颗粒大小级别分别为粗骨壤质、壤质盖粗骨质和壤质。

利用性能综述 旱地或苗圃，地形平缓，土体深厚，养分含量低，应增施有机肥和复合
肥，实施秸秆还田，培肥土壤。

发生学亚类 淡栗钙土。

代表性单个土体 位于海东市平安区小峡镇上店村西北，36.54197°N，101.95272°E，海
拔 2160 m，冲积平原，母质为黄土物质，旱地或苗圃，种植油菜或苗木，50 cm 深度土
温 9.3℃，野外调查采样日期为 2014 年 8 月 15 日，编号 63-99。

Ap：0～12 cm，浊橙色（7.5YR 7/3，润），灰棕色（7.5YR 6/2，润），粉壤土，发育中等的粒状-小块状结构，松散-坚硬，强石灰反应，向下层平滑清晰过渡。

AB：12～29 cm，浊橙色（7.5YR 7/3，润），灰棕色（7.5YR 6/2，润），粉壤土，发育中等的中块状结构，坚硬，强石灰反应，向下层平滑清晰过渡。

Bk：29～80 cm，浊橙色（7.5YR 6/4，润），浊棕色（7.5YR 5/3，润），粉壤土，发育弱的中块状结构，坚硬，中量碳酸钙粉末，强石灰反应，向下层波状清晰过渡。

Bw：80～125 cm，浊棕色（7.5YR 5/4，润），棕色（7.5YR 4/3，润），粉壤土，发育弱的中块状结构，稍坚硬，强石灰反应。

上店村系代表性单个土体剖面

上店村系代表性单个土体物理性质

| 土层 | 深度 /cm | 砾石 (>2 mm,体积分数)/ % | 细土颗粒组成 (粒径：mm)/(g/kg) | | | 质地 | 容重 /(g/cm³) |
			砂粒 2～0.05	粉粒 0.05～0.002	黏粒 <0.002		
Ap	0～12	0	383	508	109	粉壤土	1.37
AB	12～29	0	383	508	109	粉壤土	1.37
Bk	29～80	0	182	617	201	粉壤土	1.32
Bw	80～125	0	295	501	204	粉壤土	1.25

上店村系代表性单个土体化学性质

层次 /cm	pH	有机碳 /(g/kg)	全氮(N) /(g/kg)	全磷(P) /(g/kg)	全钾(K) /(g/kg)	CEC / [cmol(+)/kg]	碳酸钙 /(g/kg)
0～12	8.5	14.0	1.42	2.24	18.0	11.0	79.1
12～29	8.5	13.9	1.42	2.24	18.0	11.0	79.1
29～80	7.9	5.9	0.57	1.34	19.5	12.3	132.1
80～125	7.7	1.5	0.25	1.16	16.9	8.5	74.0

10.17.3 支高系（**Zhigao Series**）

土　族：壤质盖粗骨质混合型冷性-钙积简育干润雏形土
拟定者：李德成，赵　霞

分布与环境条件　分布于海东市互助县五峰镇一带，中山坡地，海拔介于 2500～2800 m，母质上为黄土物质，下为砂岩风化物，梯田旱地，大陆寒温带气候，年均日照时数约 2582 h，年均气温约 3.2 ℃，年均降水量约 447 mm，无霜期约 114 d。

支高系典型景观

土系特征与变幅　诊断层包括淡薄表层和钙积层；诊断特性包括冷性土壤温度状况、半干润土壤水分状况和石灰性。土体厚度 1 m 以上，淡薄表层厚度介于 10～20 cm，碳酸钙含量介于 120～130 g/kg，之下为钙积层，碳酸钙含量介于 150～190 g/kg，可见碳酸钙白色粉末和假菌丝体。通体有石灰反应，pH 介于 8.6～8.9，通体为粉壤土，粉粒含量介于 570～630 g/kg。

对比土系　本亚类中其他土系，颗粒大小级别分别为粗骨壤质、黏壤质和壤质。

利用性能综述　梯田旱地，土体深厚，养分含量中等，应增施有机肥和复合肥，实施秸秆还田，培肥土壤。

发生学亚类　栗钙土。

代表性单个土体　位于海东市互助县五峰镇支高村西南，36.87722°N，101.88554°E，海拔 2641 m，中山坡地，母质上为黄土物质，下为砂岩风化物，梯田旱地，种植油菜，50 cm 深度土温 6.7℃，野外调查采样日期为 2014 年 8 月 6 日，编号 63-124。

支高系代表性单个土体剖面

Ap:　0～10 cm，浊棕色（7.5YR 5/4，润），棕色（7.5YR 4/3，润），粉壤土，发育中等的粒状-小块状结构，松散-坚硬，强石灰反应，向下层平滑清晰过渡。

ABk:　10～20 cm，浊棕色（7.5YR 5/4，润），棕色（7.5YR 4/3，润），粉壤土，发育中等的中块状结构，坚硬，少量碳酸钙假菌丝体，强石灰反应，向下层波状渐变过渡。

Bk1:　20～35 cm，浊棕色（7.5YR 5/4，润），棕色（7.5YR 4/3，润），粉壤土，发育弱的中块状结构，坚硬，少量碳酸钙假菌丝体，强石灰反应，向下层波状渐变过渡。

Bk2:　35～60 cm，浊橙色（7.5YR 6/4，润），浊棕色（7.5YR 5/3，润），粉壤土，发育弱的中块状结构，坚硬，中量碳酸钙假菌丝体，强石灰反应，向下层波状渐变过渡。

Ck:　60～105 cm，浊橙色（7.5YR 6/4，润），浊棕色（7.5YR 5/3，润），80%的岩石碎屑，粉壤土，发育弱的小块状结构，稍坚硬，多量碳酸钙假菌丝体，强石灰反应。

支高系代表性单个土体物理性质

土层	深度 /cm	砾石 (>2 mm,体积分数)/ %	细土颗粒组成 (粒径：mm)/(g/kg)			质地	容重 /(g/cm³)
			砂粒 2～0.05	粉粒 0.05～0.002	黏粒 <0.002		
Ap	0～10	0	271	572	157	粉壤土	1.25
ABk	10～20	0	246	593	161	粉壤土	1.32
Bk1	20～35	0	179	622	199	粉壤土	1.32
Bk2	35～60	0	188	594	218	粉壤土	1.31
Ck	60～105	80	200	625	175	粉壤土	—

支高系代表性单个土体化学性质

层次 /cm	pH	有机碳 /(g/kg)	全氮(N) /(g/kg)	全磷(P) /(g/kg)	全钾(K) /(g/kg)	CEC / [cmol(+)/kg]	碳酸钙 /(g/kg)
0～10	8.6	22.5	2.18	1.29	17.7	17.7	129.0
10～20	8.6	15.7	1.78	1.19	16.9	17.8	155.5
20～35	8.6	11.8	1.48	1.30	18.2	17.8	164.7
35～60	8.8	9.5	1.15	1.25	18.2	16.6	179.4
60～105	8.9	4.9	0.76	1.10	18.4	15.6	183.0

10.17.4　仓家沟系（Cangjiagou Series）

土　　族：壤质混合型冷性-钙积简育干润雏形土

拟定者：李德成，赵　霞

分布与环境条件　分布于海东市互助县五峰镇一带，中山坡地，海拔介于 2400～2900 m，母质为黄土物质，缓坡旱地，大陆寒温带气候，年均日照时数约 2582 h，年均气温约 3.1℃，年均降水量约 437 mm，无霜期约 114 d。

仓家沟系典型景观

土系特征与变幅　诊断层包括淡薄表层和钙积层；诊断特性包括冷性土壤温度状况、半干润土壤水分状况和石灰性。土体厚度 1 m 以上，淡薄表层厚度介于 10～20 cm，碳酸钙含量介于 140～150 g/kg，之下为钙积层，碳酸钙含量介于 180～210 g/kg，可见碳酸钙白色粉末，通体有石灰反应，pH 介于 8.7～9.8，通体为粉壤土，粉粒含量介于 540～740 g/kg。

对比土系　三塔拉系，同一土族，位于平原，草地，层次质地构型为砂质壤土-粉壤土-壤土-砂质壤土。

利用性能综述　缓坡旱地，土体深厚，地形略陡，养分含量低，应修建梯田，防止水土流失。

发生学亚类　栗钙土。

代表性单个土体　位于海东市互助县五峰镇仓家沟村北，36.86760°N，101.88848°E，海拔 2682 m，中山坡地，母质为黄土物质，缓坡旱地，50 cm 深度土温 6.6℃，野外调查采样日期为 2014 年 8 月 6 日，编号 63-（1+）。

Ap: 0～10 cm，浊棕色（7.5YR 5/4，润），棕色（7.5YR 4/3，润），粉壤土，发育中等的粒状-小块状结构，松散-坚硬，强石灰反应，向下层平滑清晰过渡。

Bk1: 10～20 cm，浊棕色（7.5YR 5/4，润），棕色（7.5YR 4/3，润），粉壤土，发育中等的中块状结构，坚硬，中量碳酸钙粉末，强石灰反应，向下层波状渐变过渡。

Bk2: 20～43 cm，浊棕色（7.5YR 5/4，润），棕色（7.5YR 4/3，润），粉壤土，发育中等的中块状结构，坚硬，中量碳酸钙粉末，强石灰反应，向下层波状渐变过渡。

Bk3: 43～60 cm，浊棕色（7.5YR 5/4，润），棕色（7.5YR 4/3，润），粉壤土，发育弱的中块状结构，坚硬，中量碳酸钙粉末，强石灰反应，向下层波状渐变过渡。

Bk4: 60～135 cm，浊橙色（7.5YR 6/4，润），浊棕色（7.5YR 5/3，润），粉壤土，发育弱的中块状结构，坚硬，中量碳酸钙粉末，强石灰反应。

仓家沟系代表性单个土体剖面

仓家沟系代表性单个土体物理性质

土层	深度/cm	砾石(>2 mm,体积分数)/ %	细土颗粒组成 (粒径：mm)/(g/kg)			质地	容重/(g/cm³)
			砂粒 2～0.05	粉粒 0.05～0.002	黏粒 <0.002		
Ap	0～10	0	333	546	121	粉壤土	—
Bk1	10～20	0	282	583	135	粉壤土	—
Bk2	20～43	0	313	555	132	粉壤土	1.32
Bk3	43～60	0	195	629	176	粉壤土	1.32
Bk4	60～135	0	79	732	189	粉壤土	1.35

仓家沟系代表性单个土体化学性质

层次/cm	pH	有机碳/(g/kg)	全氮(N)/(g/kg)	全磷(P)/(g/kg)	全钾(K)/(g/kg)	CEC/ [cmol(+)/kg]	碳酸钙/(g/kg)
0～10	8.7	10.7	1.06	1.19	16.6	10.3	140.9
10～20	8.8	7.7	0.87	1.14	16.5	10.3	180.8
20～43	9.7	6.9	0.79	1.20	15.7	10.0	185.4
43～60	9.8	1.8	0.42	1.13	16.0	11.9	207.8
60～135	9.5	1.7	0.39	1.20	17.6	13.4	189.7

10.17.5　三塔拉系（**Santala Series**）

土　族：壤质混合型冷性-钙积简育干润雏形土
拟定者：李德成，赵　霞

分布与环境条件　分布于海
南州共和县铁盖乡一带，湖
积平原，海拔介于 2700～
3100 m，母质为黄土物质，
草地，高原干旱大陆性气候，
年均日照时数约 2908 h，年
均气温约 2.0℃，年均降水量
约 304 mm，无霜期约 78～
118 d。

三塔拉系典型景观

土系特征与变幅　诊断层包括淡薄表层和钙积层；诊断特性包括冷性土壤温度状况、半
干润土壤水分状况和石灰性。土体厚度 1 m 以上，淡薄表层厚度介于 10～20 cm，碳酸
钙含量介于 60～70 g/kg。钙积层出现上界在 20～30 cm，碳酸钙含量介于 130～160 g/kg。
通体有石灰反应，pH 介于 8.7～9.6，层次质地构型为砂质壤土-粉壤土-壤土-砂质壤土，
粉粒含量介于 270～580 g/kg，砂粒含量介于 300～640 g/kg。

对比土系　仓家沟系，同一土族，为缓坡旱地，通体为粉壤土。

利用性能综述　草地，地形平缓，草被盖度中等，养分含量低，应培肥土壤，维护梯田
设施，防止水土流失。

发生学亚类　淡栗钙土。

代表性单个土体　位于海南州共和县铁盖乡三塔拉村东北，36.09995°N，100.37363°E，
海拔 2956 m，湖积平原，母质为黄土物质，草地，盖度介于 60%～70%，50 cm 深度土
温 5.5℃，野外调查采样日期为 2015 年 7 月 12 日，编号 63-150-1。

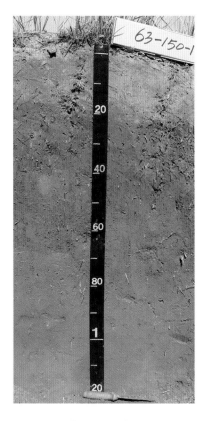

三塔拉系代表性单个土体剖面

Ah：　0～15 cm，浊棕色（7.5YR 5/4，干），棕色（7.5YR 4/3，润），砂质壤土，发育中等的粒状-小块状结构，松散-稍坚硬，少量草木灰，2 条蚯蚓，强石灰反应，向下层平滑清晰过渡。

AB：　15～25 cm，浊棕色（7.5YR 5/4，干），棕色（7.5YR 4/3，润），粉壤土，发育中等的小块状结构，稍坚硬，强石灰反应，向下层平滑清晰过渡。

Bk1：25～62 cm，浊橙色（7.5YR 6/4，干），浊棕色（7.5YR 5/3，润），粉壤土，发育弱的中块状结构，坚硬，少量碳酸钙白色粉末，强石灰反应，向下层不规则清晰过渡。

Bk2：62～78 cm，浊橙色（7.5YR 6/4，干），浊棕色（7.5YR 5/3，润），2%岩石碎屑，壤土，发育弱的中块状结构，坚硬，少量碳酸钙白色粉末，强石灰反应，向下层不规则清晰过渡。

Bk3：78～125 cm，浊棕色（7.5YR 5/4，干），棕色（7.5YR 4/3，润），砂质壤土，单粒，无结构，松散，强石灰反应。

三塔拉系代表性单个土体物理性质

| 土层 | 深度 /cm | 砾石 (>2 mm,体积分数)/ % | 细土颗粒组成（粒径：mm)/(g/kg) | | | 质地 | 容重 /(g/cm³) |
			砂粒 2～0.05	粉粒 0.05～0.002	黏粒 <0.002		
Ah	0～15	0	603	326	71	砂质壤土	1.23
AB	15～25	0	397	511	92	粉壤土	1.25
Bk1	25～62	0	302	579	119	粉壤土	1.37
Bk2	62～78	2	432	453	115	壤土	1.47
Bk3	78～125	0	632	276	92	砂质壤土	1.47

三塔拉系代表性单个土体化学性质

层次 /cm	pH	有机碳 /(g/kg)	全氮(N) /(g/kg)	全磷(P) /(g/kg)	全钾(K) /(g/kg)	CEC / [cmol(+)/kg]	碳酸钙 /(g/kg)
0～15	8.8	11.8	1.24	1.10	15.0	4.9	61.6
15～25	8.7	17.0	1.76	1.45	17.0	7.7	62.1
25～62	9.2	11.0	1.50	1.41	15.0	10.2	133.0
62～78	9.6	6.4	0.73	1.06	15.7	4.8	153.6
78～125	9.4	3.7	0.41	0.91	15.1	2.9	138.3

10.17.6 郭麻日古系（**Guomarigu Series**）

土　族：壤质混合型温性-钙积简育干润雏形土
拟定者：李德成，赵　霞

分布与环境条件　分布于黄
南州同仁县隆务镇一带，中
山坡地，海拔介于 2100～
2500 m，母质为黄土物质，
梯田旱地，高原大陆性气候，
年均日照时数约 2549 h，年
均气温约 5.0℃，年均降水量
约 341 mm，无霜期约 134 d。

郭麻日古系典型景观

土系特征与变幅　诊断层包括淡薄表层和钙积层；诊断特性包括温性土壤温度状况、半
干润土壤水分状况和石灰性。土体厚度 1 m 以上，淡薄表层厚度介于 10～20 cm，碳酸
钙含量介于 30～40 g/kg。之下为钙积层，碳酸钙含量介于 120～160 g/kg。通体有石灰
反应，pH 介于 8.2～9.0，层次质地构型为壤土-粉壤土，粉粒含量介于 490～540 g/kg，
砂粒含量介于 350～420 g/kg。

对比土系　清二系和占加系，同一土族，层次质地构型分别为粉壤土-壤土和粉壤土-壤
土-粉壤土-壤土，且占加系为园地。

利用性能综述　梯田旱地，土体深厚，养分含量低，应培肥土壤，维护梯田设施。

发生学亚类　灰钙土。

代表性单个土体　位于黄南州同仁县隆务镇郭麻日古堡东北，35.57184°N，102.04538°E，
海拔 2395 m，中山中坡中下部，母质为黄土物质，梯田旱地，种植小麦和油菜，50 cm
深度土温 9.2℃，野外调查采样日期为 2014 年 8 月 14 日，编号 63-116。

Ap:　0～19 cm，浊棕色（7.5YR 5/4，干），棕色（7.5YR 4/3，润），2%岩石碎屑，壤土，发育中等的粒状-小块状结构，松散-稍坚硬，强石灰反应，向下层平滑清晰过渡。

ABk：19～32 cm，浊棕色（7.5YR 5/4，干），棕色（7.5YR 4/3，润），2%岩石碎屑，粉壤土，发育中等的中块状结构，坚硬，强石灰反应，向下层平滑清晰过渡。

Bk1：32～75 cm，浊橙色（7.5YR 6/4，干），浊棕色（7.5YR 5/3，润），粉壤土，发育弱的中块状结构，坚硬，强石灰反应，向下层波状渐变过渡。

Bk2：75～120 cm，浊橙色（7.5YR 6/4，干），浊棕色（7.5YR 5/3，润），粉壤土，发育弱的中块状结构，坚硬，强石灰反应。

郭麻日古系代表性单个土体剖面

郭麻日古系代表性单个土体物理性质

| 土层 | 深度 /cm | 砾石 (>2 mm,体积分数)/ % | 细土颗粒组成 (粒径：mm)/(g/kg) | | | 质地 | 容重 /(g/cm³) |
			砂粒 2～0.05	粉粒 0.05～0.002	黏粒 <0.002		
Ap	0～19	2	414	497	89	壤土	1.31
ABk	19～32	2	384	519	97	粉壤土	1.44
Bk1	32～75	0	358	537	105	粉壤土	1.42
Bk2	75～120	0	353	539	108	粉壤土	1.46

郭麻日古系代表性单个土体化学性质

层次 /cm	pH	有机碳 /(g/kg)	全氮(N) /(g/kg)	全磷(P) /(g/kg)	全钾(K) /(g/kg)	CEC / [cmol(+)/kg]	碳酸钙 /(g/kg)
0～19	8.2	37.9	3.28	1.02	13.5	10.6	34.4
19～32	8.8	7.4	0.80	0.81	11.6	4.6	146.0
32～75	9.0	2.4	0.29	0.68	12.1	3.4	155.2
75～120	8.9	2.4	0.28	0.72	13.0	4.7	128.5

10.17.7 清二系（Qing'er Series）

土　　族：壤质混合型温性-钙积简育干润雏形土
拟定者：李德成，赵　霞

分布与环境条件　分布于海东市民和县中川乡一带，中山洪积台地，海拔介于1600～2000 m，母质为黄土物质，旱地，高原干旱大陆性气候，年均日照时数约2459 h，年均气温约 7.1℃，年均降水量约 418 mm，无霜期约 149 d。

清二系典型景观

土系特征与变幅　诊断层包括淡薄表层和钙积层；诊断特性包括温性土壤温度状况、半干润土壤水分状况和石灰性。土体厚度 1 m 以上，淡薄表层厚度介于 10～25 cm，碳酸钙含量介于 60～80 g/kg，之下为钙积层，碳酸钙含量介于 120～190 g/kg，可见碳酸钙假菌丝体，通体有石灰反应，pH 介于 8.4～9.0，层次质地构型为粉壤土-壤土，粉粒含量介于 490～590 g/kg，砂粒含量介于 260～370 g/kg。

对比土系　郭麻日古系和占加系，同一土族，层次质地构型分别为壤土-粉壤土和粉壤土-壤土-粉壤土-壤土，且占加系为园地。

利用性能综述　旱地，地形较平缓，土体深厚，养分含量低，应增施有机肥和复合肥，实施秸秆还田，防止水土流失。

发生学亚类　栗钙土。

代表性单个土体　位于海东市民和县中川乡清二村西，35.88814°N，102.83617°E，海拔1872 m，中山洪积台地，母质为黄土物质，旱地，种植小麦和玉米，50 cm 深度土温 10.6℃，野外调查采样日期为 2014 年 8 月 10 日，编号 63-91。

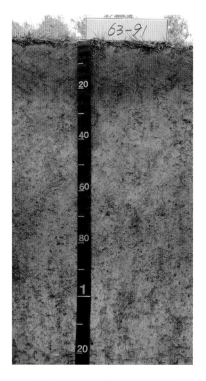

Ap:　0～23 cm，浊棕色（7.5YR 5/4，润），棕色（7.5YR 4/3，润），粉壤土，发育中等的粒状-小块状结构，松散-坚硬，强石灰反应，向下层平滑清晰过渡。

AB:　23～42 cm，浊橙色（7.5YR 7/3，润），灰棕色（7.5YR 6/2，润），粉壤土，发育中等的中块状结构，坚硬，强石灰反应，向下层波状清晰过渡。

Bk1:　42～60 cm，浊橙色（7.5YR 7/3，润），灰棕色（7.5YR 6/2，润），粉壤土，发育中等的中块状结构，坚硬，中量碳酸钙假菌丝体，强石灰反应，向下层平滑清晰过渡。

Bk2:　60～95 cm，浊棕色（7.5YR 5/3，润），灰棕色（7.5YR 4/2，润），粉壤土，发育弱的中块状结构，坚硬，中量碳酸钙假菌丝体，强石灰反应，向下层波状清晰过渡。

Bk3:　95～125 cm，浊橙色（7.5YR 6/4，润），浊棕色（7.5YR 5/3，润），壤土，发育弱的中块状结构，坚硬，中量碳酸钙假菌丝体，强石灰反应。

清二系代表性单个土体剖面

清二系代表性单个土体物理性质

土层	深度 /cm	砾石 (>2 mm,体积分数)/ %	细土颗粒组成 (粒径: mm)/(g/kg)			质地	容重 /(g/cm³)
			砂粒 2～0.05	粉粒 0.05～0.002	黏粒 <0.002		
Ap	0～23	0	369	541	90	粉壤土	1.26
AB	23～42	0	370	530	100	粉壤土	1.34
Bk1	42～60	0	269	584	147	粉壤土	1.35
Bk2	60～95	0	269	584	147	粉壤土	1.35
Bk3	95～125	0	369	498	133	壤土	1.43

清二系代表性单个土体化学性质

层次 /cm	pH	有机碳 /(g/kg)	全氮(N) /(g/kg)	全磷(P) /(g/kg)	全钾(K) /(g/kg)	CEC / [cmol(+)/kg]	碳酸钙 /(g/kg)
0～23	8.7	12.1	1.47	1.15	16.6	10.8	77.5
23～42	8.8	7.9	1.03	1.31	18.1	11.7	68.6
42～60	8.4	8.5	1.00	1.04	17.2	16.3	123.5
60～95	8.4	8.5	1.00	1.04	17.2	16.3	123.5
95～125	9.0	3.5	0.56	1.07	16.0	12.7	186.2

10.17.8 占加系（**Zhanjia Series**）

土　　族：壤质混合型温性-钙积简育干润雏形土
拟定者：李德成，赵　霞

分布与环境条件　分布于黄
南州尖扎县当顺乡一带，中
山河谷二级阶地，海拔介于
1800～2200 m，母质为黄土
物质，园地，高原干旱大陆
性气候，年均日照时数约
4432 h，年均气温约 6.5℃，
年均降水量约 411 mm，无霜
期约 186 d。

占加系典型景观

土系特征与变幅　诊断层包括淡薄表层和钙积层；诊断特性包括温性土壤温度状况、半
干润土壤水分状况和石灰性。土体厚度 1 m 以上，淡薄表层厚度介于 5～20 cm，碳酸钙
含量介于 70～80 g/kg，之下为钙积层，厚度约 100 cm，碳酸钙含量介于 130～150 g/kg，
可见碳酸钙白色粉末和假菌丝体，通体有石灰反应，pH 介于 8.2～8.9，层次质地构型为
粉壤土-壤土-粉壤土-壤土，粉粒含量介于 460～520 g/kg，砂粒含量介于 390～470 g/kg。

对比土系　郭麻日古系和清二系，同一土族，层次质地构型分别为壤土-粉壤土和粉壤
土-壤土，且均为旱地。

利用性能综述　园地，地形较平缓，土体深厚，养分含量低，应增施有机肥和复合肥，
实施秸秆还田。

发生学亚类　栗钙土。

代表性单个土体　位于黄南州尖扎县当顺乡占加村西，35.81109°N，102.07845°E，海拔
2023 m，中山河谷二级阶地，母质为黄土物质，园地，50 cm 深度土温 10.2℃，野外调
查采样日期为 2014 年 8 月 14 日，编号 63-92。

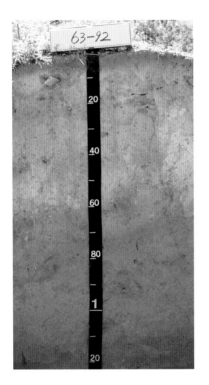

Ap: 0～23 cm，浊黄色（2.5Y 6/3，润），暗灰黄色（2.5Y 5/2，润），粉壤土，发育中等的粒状-小块状结构，松散-坚硬，强石灰反应，向下层平滑清晰过渡。

ABk: 23～42 cm，淡黄色（2.5Y 7/3，润），灰黄色（2.5Y 6/2，润），壤土，发育中等的中块状结构，坚硬，中量碳酸钙粉末，强石灰反应，向下层波状渐变过渡。

Bk1: 42～60 cm，淡黄色（2.5Y 7/3，润），灰黄色（2.5Y 6/2，润），壤土，发育弱的中块状结构，坚硬，中量碳酸钙粉末和假菌丝体，强石灰反应，向下层平滑清晰过渡。

Bk2: 60～95 cm，浊黄色（2.5Y 6/3，润），暗灰黄色（2.5Y 5/2，润），粉壤土，发育弱的中块状结构，坚硬，中量碳酸钙假菌丝体，强石灰反应，向下层波状渐变过渡。

Bk3: 95～125 cm，浊黄色（2.5Y 6/3，润），暗灰黄色（2.5Y 5/2，润），壤土，发育弱的中块状结构，坚硬，中量碳酸钙假菌丝体，强石灰反应。

占加系代表性单个土体剖面

占加系代表性单个土体物理性质

土层	深度 /cm	砾石 (>2 mm,体积分数)/ %	细土颗粒组成 (粒径：mm)/(g/kg)			质地	容重 /(g/cm³)
			砂粒 2～0.05	粉粒 0.05～0.002	黏粒 <0.002		
Ap	0～23	0	411	506	83	粉壤土	1.17
ABk	23～42	0	452	467	81	壤土	1.34
Bk1	42～60	0	452	467	81	壤土	1.34
Bk2	60～95	0	394	520	86	粉壤土	1.32
Bk3	95～125	0	462	467	71	壤土	1.28

占加系代表性单个土体化学性质

层次 /cm	pH	有机碳 /(g/kg)	全氮(N) /(g/kg)	全磷(P) /(g/kg)	全钾(K) /(g/kg)	CEC / [cmol(+)/kg]	碳酸钙 /(g/kg)
0～23	8.9	12.2	1.61	1.60	17.9	8.5	79.3
23～42	8.6	4.4	0.54	1.09	16.6	5.5	130.5
42～60	8.6	4.4	0.54	1.09	16.6	5.5	130.5
60～95	8.3	3.0	0.43	1.08	15.5	4.4	140.1
95～125	8.2	1.9	0.31	1.30	16.1	4.3	99.6

10.18 普通简育干润雏形土

10.18.1 路家堡系（Lujiabao Series）

土　　族：粗骨质混合型石灰性温性-普通简育干润雏形土
拟定者：李德成，赵　霞

分布与环境条件　分布于海东市民和县松树乡一带，中山坡地，海拔介于 1800～2200 m，母质为红砂岩风化坡积物，荒草地，高原干旱大陆性气候，年均日照时数约 2459 h，年均气温约 6.1 ℃，年均降水量约 336 mm，无霜期约 149 d。

路家堡系典型景观

土系特征与变幅　诊断层包括淡薄表层和雏形层；诊断特性包括温性土壤温度状况、半干润土壤水分状况和石灰性。地表粗碎块面积介于 2%～5%，土体厚度 1 m 以上，淡薄表层厚度介于 10～20 cm，之下为雏形层。通体砾石含量为 20%～90%，有石灰反应，碳酸钙含量介于 110～130 g/kg，pH 介于 7.8～7.9，通体为粉壤土，粉粒含量介于 590～660 g/kg。

对比土系　尕玛贡系和红崖子系，同一亚类不同土族，为非酸性和冷性。

利用性能综述　荒草地，地势较平缓，草被盖度低，土体较厚，砾石多，养分含量中等，应提高草被盖度，防止过度放牧。

发生学亚类　栗钙土。

代表性单个土体　位于海东市民和县松树乡路家堡村西南，36.29556°N，102.66668°E，海拔 2038 m，中山坡地坡麓，母质为红砂岩风化坡积物，荒草地，覆盖度约 60%，50 cm 深度土温 9.8℃，野外调查采样日期为 2014 年 8 月 11 日，编号 63-101。

Ah：0～10 cm，橙色（2.5YR 6/6，干），浊红棕色（2.5YR 5/4，润），30%岩石碎屑，粉壤土，发育中等的粒状-小块状结构，松散-坚硬，多量草被根系，强石灰反应，向下层波状渐变过渡。

Bw：10～23 cm，橙色（2.5YR 6/6，干），浊红棕色（2.5YR 5/4，润），20%岩石碎屑，粉壤土，发育中等的中块状结构，坚硬，少量草被根系，强石灰反应，向下层波状渐变过渡。

C1：23～56 cm，橙色（2.5YR 6/6，干），浊红棕色（2.5YR 5/4，润），80%岩石碎屑，粉壤土，单粒，无结构，强石灰反应，向下层波状渐变过渡。

C2：56～125 cm，橙色（2.5YR 6/6，干），浊红棕色（2.5YR 5/4，润），90%岩石碎屑，粉壤土，单粒，无结构，强石灰反应。

路家堡系代表性单个土体剖面

路家堡系代表性单个土体物理性质

土层	深度/cm	砾石(>2 mm,体积分数)/ %	细土颗粒组成 (粒径: mm)/(g/kg)			质地
			砂粒 2～0.05	粉粒 0.05～0.002	黏粒 <0.002	
Ah	0～10	30	204	590	206	粉壤土
Bw	10～23	20	103	640	257	粉壤土
C1	23～56	80	122	626	252	粉壤土
C2	56～125	90	140	654	206	粉壤土

路家堡系代表性单个土体化学性质

层次/cm	pH	有机碳/(g/kg)	全氮(N)/(g/kg)	全磷(P)/(g/kg)	全钾(K)/(g/kg)	CEC/ [cmol(+)/kg]	碳酸钙/(g/kg)
0～10	7.8	10.4	0.97	1.52	18.8	18.0	125.1
10～23	7.9	2.3	0.37	1.50	18.7	18.5	117.9
23～56	7.9	2.0	0.29	1.42	18.8	17.9	117.7
56～125	7.9	2.3	0.36	1.42	18.4	14.7	117.9

10.18.2 尕玛贡系（Gamagong Series）

土　　族：粗骨质混合型非酸性冷性-普通简育干润雏形土
拟定者：李德成，赵　霞

分布与环境条件　分布于果洛州班玛县灯塔乡一带，高山谷地，海拔介于 3200～3600 m，母质为洪积物，旱地，高原大陆性气候，年均日照时数介于 2281～2332 h，年均气温约 2.0℃，年均降水量约 688 mm，无霜期约 53 d。

尕玛贡系典型景观

土系特征与变幅　诊断层包括淡薄表层和雏形层；诊断特性包括冷性土壤温度状况和半干润土壤水分状况。土体厚度约 60 cm，淡薄表层厚度介于 10～20 cm，之下为雏形层。通体砾石含量 20%～80%，无石灰反应，pH 介于 7.6～8.3，通体为粉壤土，粉粒含量介于 510～560 g/kg。

对比土系　红崖子系，同一土族，为坡旱地。

利用性能综述　旱地，地势较平缓，土体较厚，砾石多，养分含量中等，应提高草被盖度，防止过度放牧。

发生学亚类　草甸土。

代表性单个土体　位于果洛州班玛县灯塔乡尕玛贡村东南，32.89054°N，100.80696°E，海拔 3498 m，高山谷地，母质为洪积物，旱地，种植青稞、油菜和燕麦，50 cm 深度土温 5.5℃，野外调查采样日期为 2015 年 7 月 22 日，编号 63-22。

Ah：0～20 cm，橙色（2.5YR 6/6，干），浊红棕色（2.5YR 5/4，润），20%岩石碎屑，粉壤土，发育中等的粒状-小块状结构，松散-稍坚硬，向下层平滑清晰过渡。

Bw：20～60 cm，橙色（2.5YR 6/6，干），浊红棕色（2.5YR 5/4，润），80%岩石碎屑，粉壤土，发育弱的小块状结构，稍坚硬。

尕玛贡系代表性单个土体剖面

尕玛贡系代表性单个土体物理性质

土层	深度/cm	砾石(>2 mm,体积分数)/ %	细土颗粒组成 (粒径：mm)/(g/kg)			质地
			砂粒 2～0.05	粉粒 0.05～0.002	黏粒 <0.002	
Ah	0～20	20	305	551	144	粉壤土
Bw	20～60	80	336	516	148	粉壤土

尕玛贡系代表性单个土体化学性质

层次/cm	pH	有机碳/(g/kg)	全氮(N)/(g/kg)	全磷(P)/(g/kg)	全钾(K)/(g/kg)	CEC/ [cmol(+)/kg]	碳酸钙/(g/kg)
0～20	7.6	23.4	2.31	3.39	19.3	11.2	0
20～60	8.3	16.1	1.63	1.86	20.0	10.3	0

10.18.3 红崖子系（Hongyazi Series）

土　族：粗骨质混合型非酸性冷性-普通简育干润雏形土
拟定者：李德成，赵　霞

分布与环境条件　分布于海东市民和县西沟乡一带，中山坡地，海拔介于 2100～2500 m，母质为安山玢岩风化坡积物，坡旱地，高原干旱大陆性气候，年均日照时数约 2459 h，年均气温约 4.8 ℃，年均降水量约 362 mm，无霜期约 149 d。

红崖子系典型景观

土系特征与变幅　诊断层包括淡薄表层和雏形层；诊断特性包括冷性土壤温度状况和半干润土壤水分状况。土体厚度约 30 cm，淡薄表层厚度介于 10～20 cm，之下为雏形层。通体有石灰反应，pH 介于 7.1～7.7，层次质地构型为通体粉壤土，粉粒含量介于 510～620 g/kg，砂粒含量介于 260～400 g/kg。

对比土系　尕玛贡系，同一土族，为沟谷旱地。

利用性能综述　坡旱地，地势较陡，土体薄，砾石多，养分含量高，应修建梯田。

发生学亚类　黑毡土。

代表性单个土体　位于海东市民和县西沟乡红崖子村，36.13626°N，102.69080°E，海拔 2352 m，中山中坡中下部，母质为安山玢岩风化坡积物，坡旱地，种植小麦和油菜等，50 cm 深度土温 8.2℃，野外调查采样日期为 2014 年 8 月 10 日，编号 63-30。

Ap：0～10 cm，浊棕色（7.5YR 5/4，干），棕色（7.5YR 4/3，润），30%岩石碎屑，粉壤土，发育中等的粒状-小块状结构，松散-稍坚硬，向下层平滑清晰过渡。

Bw：10～30 cm，浊橙色（7.5YR 6/4，干），浊棕色（7.5YR 5/3，润），50%岩石碎屑，粉壤土，发育弱的中块状结构，坚硬，向下层波状渐变过渡。

C：30～100 cm，浊棕色（7.5YR 5/4，干），棕色（7.5YR 4/3，润），90%岩石碎屑，粉壤土，单粒，无结构。

红崖子系代表性单个土体剖面

红崖子系代表性单个土体物理性质

土层	深度/cm	砾石(>2 mm,体积分数)/ %	细土颗粒组成 (粒径：mm)/(g/kg)			质地
			砂粒2～0.05	粉粒0.05～0.002	黏粒<0.002	
Ap	0～10	30	264	620	116	粉壤土
Bw	10～30	50	326	564	110	粉壤土
C	30～100	90	391	510	99	粉壤土

红崖子系代表性单个土体化学性质

层次/cm	pH	有机碳/(g/kg)	全氮(N)/(g/kg)	全磷(P)/(g/kg)	全钾(K)/(g/kg)	CEC/ [cmol(+)/kg]	碳酸钙/(g/kg)
0～10	7.1	42.0	4.66	1.40	17.0	28.6	0
10～30	7.3	17.6	1.77	1.38	13.1	18.5	0
30～100	7.7	8.0	0.80	1.67	13.5	11.3	0

10.18.4 总门系（Zongmen Series）

土　族：粗骨砂质硅质混合型石灰性冷性–普通简育干润雏形土
拟定者：李德成，赵　霞

分布与环境条件　分布于海东市平安区一带，冲积平原二级阶地，海拔介于2450～2650 m，母质为洪积–冲积物，荒草地，温带大陆性气候，年均日照时数约2864 h，年均气温约4.0℃，年均降水量约 367 mm，无霜期约218 d。

总门系典型景观

土系特征与变幅　诊断层包括淡薄表层和雏形层；诊断特性包括冷性土壤温度状况、半干润土壤水分状况和石灰性。地表粗碎块面积介于10%～15%，土体厚度1 m以上，淡薄表层厚度介于10～30 cm，之下为雏形层。通体砾石含量30%～50%，有石灰反应，碳酸钙含量介于100～150 g/kg，pH介于8.1～9.2，层次质地构型为壤土–砂质壤土，砂粒含量介于460～630 g/kg，粉粒含量介于300～450 g/kg。

对比土系　本亚类中其他土系，不同土族，颗粒大小级别分别为粗骨质、粗骨壤质、砂质和壤质。

利用性能综述　荒草地，地势较平缓，草被盖度低，土体较厚，砾石多，养分含量中等，应提高草被盖度，防止过度放牧。

发生学亚类　栗钙土。

代表性单个土体　位于海东市平安区总门村东北，36.38463°N，102.00068°E，海拔2550 m，冲积平原二级阶地，母质为洪积–冲积物，荒草地，覆盖度约60%，50 cm深度土温7.5℃，野外调查采样日期为2014年8月15日，编号63-66。

Ah： 0～15 cm，浊棕色（7.5YR 5/4，干），黑棕色（7.5YR 3/2，润），30%岩石碎屑，壤土，发育中等的粒状-小块状结构，松散-稍坚硬，多量草被根系，强石灰反应，向下层波状渐变过渡。

AB： 15～30 cm，浊棕色（7.5YR 5/4，干），黑棕色（7.5YR 3/2，润），40%岩石碎屑，砂质壤土，发育中等的中块状结构，坚硬，中量草被根系，强石灰反应，向下层波状渐变过渡。

Bw1：30～65 cm，浊橙色（7.5YR 6/4，干），浊棕色（7.5YR 5/3，润），50%岩石碎屑，砂质壤土，发育弱的中块状结构，坚硬，少量草被根系，强石灰反应，向下层平滑清晰过渡。

Bw2：65～120 cm，浊橙色（7.5YR 6/4，干），浊棕色（7.5YR 5/3，润），50%岩石碎屑，砂质壤土，发育弱的中块状结构，坚硬，强石灰反应。

总门系代表性单个土体剖面

总门系代表性单个土体物理性质

土层	深度/cm	砾石(>2 mm,体积分数)/ %	细土颗粒组成 (粒径：mm)/(g/kg)			质地
			砂粒 2～0.05	粉粒 0.05～0.002	黏粒 <0.002	
Ah	0～15	30	466	447	88	壤土
AB	15～30	40	630	308	63	砂质壤土
Bw1	30～65	50	630	308	63	砂质壤土
Bw2	65～120	50	589	323	88	砂质壤土

总门系代表性单个土体化学性质

层次/cm	pH	有机碳/(g/kg)	全氮(N)/(g/kg)	全磷(P)/(g/kg)	全钾(K)/(g/kg)	CEC/ [cmol(+)/kg]	碳酸钙/(g/kg)
0～15	8.7	22.4	2.17	1.89	15.6	10.0	105.7
15～30	9.2	13.6	1.64	1.69	14.8	9.1	148.8
30～65	9.2	13.6	1.64	1.69	14.8	9.1	148.8
65～120	8.1	18.9	2.26	2.02	15.2	10.9	116.6

10.18.5　上达日系（Shangdari Series）

土　族：粗骨壤质混合型石灰性冷性-普通简育干润雏形土
拟定者：李德成，赵　霞

分布与环境条件　分布于海
北州门源县珠固乡一带，中
山坡地，海拔介于 2300～
2700 m，母质为基性岩风化
坡积物，草地，高原大陆性
气候，年均日照时数约
2265～2740 h，年均气温约
3.2 ℃，年均降水量约
458 mm，无霜期低于 30 d。

上达日系典型景观

土系特征与变幅　诊断层包括淡薄表层和雏形层；诊断特性包括冷性土壤温度状况、半
干润土壤水分状况和石灰性。地表粗碎块面积介于 30%～50%，土体厚度 1 m 以上，淡
薄表层厚度介于 10～25 cm，之下为雏形层。通体砾石含量为 50%～80%，有石灰反应，
碳酸钙含量介于 40～80 g/kg，pH 介于 9.1～10.5，通体为壤土，砂粒含量介于 430～
500 g/kg，粉粒含量介于 390～450 g/kg。

对比土系　本亚类中其他土系，不同土族，颗粒大小级别分别为粗骨质、粗骨砂质、砂
质和壤质。

利用性能综述　草地，地势较平缓，草被盖度低，土体较厚，砾石多，养分含量中等，
应提高草被盖度，防止过度放牧。

发生学亚类　薄草毡土。

代表性单个土体　位于海北州门源县珠固乡上达日村西北，37.18688°N，102.16606°E，
海拔 2595 m，中山中坡下部，母质为基性岩风化坡积物，草地，覆盖度约 30%，50 cm
深度土温 6.7℃，野外调查采样日期为 2014 年 8 月 15 日，编号 63-41。

Ah：　0～23 cm，亮红棕色（5YR 5/6，干），浊红棕色（5YR 4/4，润），5%岩石碎屑，壤土，发育中等的粒状-小块状结构，松散-稍坚硬，多量草被根系，中度石灰反应，向下层波状渐变过渡。

AB：　23～36 cm，亮红棕色（5YR 5/6，干），浊红棕色（5YR 4/4，润），50%岩石碎屑，壤土，发育中等的中块状结构，坚硬，中量草被根系，中度石灰反应，向下层波状渐变过渡。

Bw：　36～68 cm，亮红棕色（5YR 5/6，干），浊红棕色（5YR 4/4，润），70%岩石碎屑，壤土，发育弱的中块状结构，坚硬，中量草被根系，中度石灰反应，向下层波状渐变过渡。

C：　68～125 cm，亮红棕色（5YR 5/6，干），浊红棕色（5YR 4/4，润），80%岩石碎屑，壤土，发育弱的小块状结构，坚硬，中度石灰反应。

上达日系代表性单个土体剖面

上达日系代表性单个土体物理性质

土层	深度/cm	砾石(>2 mm,体积分数)/ %	细土颗粒组成 (粒径：mm)/(g/kg)			质地
			砂粒2～0.05	粉粒0.05～0.002	黏粒<0.002	
Ah	0～23	5	440	443	117	壤土
AB	23～36	50	439	445	116	壤土
Bw	36～68	70	483	404	113	壤土
C	68～125	80	493	395	112	壤土

上达日系代表性单个土体化学性质

层次/cm	pH	有机碳/(g/kg)	全氮(N)/(g/kg)	全磷(P)/(g/kg)	全钾(K)/(g/kg)	CEC/ [cmol(+)/kg]	碳酸钙/(g/kg)
0～23	9.3	15.8	1.58	1.90	21.0	10.7	40.4
23～36	9.1	13.7	1.55	1.73	20.7	10.3	42.0
36～68	10.2	5.5	0.83	1.72	19.8	8.0	59.7
68～125	10.5	3.1	0.47	1.86	19.2	7.0	71.4

10.18.6 扎汉布拉系（Zhahanbula Series）

土　　族：砂质硅质型冷性-普通简育干润雏形土

拟定者：李德成，赵玉国

分布与环境条件　分布于海北州海晏县青海湖乡一带，湖积平原，海拔介于 3000～3400 m，成土母质为湖积物，草地，高原大陆性气候，年均日照时数介于 2980 h，年均气温约 2.5℃，年均降水量约 303 mm，无霜期低于 30 d。

扎汉布拉系典型景观

土系特征与变幅　诊断层包括淡薄表层和雏形层；诊断特性包括冷性土壤温度状况、半干润土壤水分状况、砂质沉积物岩性特征和石灰性。土体厚度 1 m 以上，淡薄表层厚度介于 10～20 m，通体有石灰反应，碳酸钙含量介于 100～140 g/kg，pH 介于 8.9～9.6，通体为壤质砂土，砂粒含量介于 770～790 g/kg。

对比土系　本亚类中其他土系，不同土族，颗粒大小级别分别为粗骨质、粗骨砂质、粗骨壤质和壤质。

利用性能综述　草地，地形平缓，土体深厚，砂性重，草被盖度低，养分含量低，应进一步提升草被盖度。

发生学亚类　荒漠风沙土。

代表性单个土体　位于海北州海晏县青海湖乡扎汉布拉格南，36.81556°N，100.79512°E，海拔 3251 m，湖积平原，成土母质为湖积物，草地，草被盖度>80%，50 cm 深度土温 6.0℃，野外调查采样日期为 2014 年 8 月 7 日，编号 63-152。

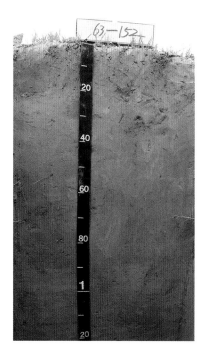

Ah:　0～10 cm，浊黄橙色（10YR 6/4，干），浊黄棕色（10YR 5/3，润），壤质砂土，发育弱的粒状-小块状结构，松散-稍坚硬，中度石灰反应，向下层波状渐变过渡。

Bw1：10～24 cm，浊黄橙色（10YR 7/2，干），棕灰色（10YR 6/1，润），壤质砂土，发育弱的小块状结构，稍坚硬，少量草被根系，强石灰反应，向下层波状渐变过渡。

Bw2：24～50 cm，浊黄橙色（10YR 6/3，干），灰黄棕色（10YR 5/2，润），壤质砂土，单粒，无结构，强石灰反应，向下层波状渐变过渡。

Bw3：50～120 cm，浊黄橙色（10YR 6/3，干），灰黄棕色（10YR 5/2，润），壤质砂土，单粒，无结构，强石灰反应。

扎汉布拉系代表性单个土体剖面

扎汉布拉系代表性单个土体物理性质

土层	深度 /cm	砾石 (>2 mm,体积分数)/ %	细土颗粒组成 (粒径：mm)/(g/kg)			质地	容重 /(g/cm³)
			砂粒 2～0.05	粉粒 0.05～0.002	黏粒 <0.002		
Ah	0～10	0	780	162	58	壤质砂土	1.39
Bw1	10～24	0	772	161	67	壤质砂土	1.39
Bw2	24～50	0	774	153	73	壤质砂土	1.42
Bw3	50～120	0	787	137	76	壤质砂土	1.40

扎汉布拉系代表性单个土体化学性质

层次 /cm	pH	有机碳 /(g/kg)	全氮(N) /(g/kg)	全磷(P) /(g/kg)	全钾(K) /(g/kg)	CEC / [cmol(+)/kg]	碳酸钙 /(g/kg)
0～10	8.9	6.5	0.81	0.83	13.9	3.7	114.9
10～24	9.0	3.4	0.52	1.03	13.9	4.8	106.5
24～50	9.4	1.4	0.04	0.95	14.5	4.4	137.4
50～120	9.6	0.7	0.03	0.87	14.4	3.4	134.8

10.18.7　丁家湾系（**Dingjiawan Series**）

土　族：壤质混合型石灰性冷性-普通简育干润雏形土
拟定者：李德成，赵　霞

分布与环境条件　分布于海东市化隆县谢家滩乡一带，中山坡地，海拔介于 2600～3000 m，母质为黄土物质，撂荒地，高原大陆性气候，年均日照时数约 2470～2664 h，年均气温约 2.6℃，年均降水量约 455 mm，无霜期约 89 d。

丁家湾系典型景观

土系特征与变幅　诊断层包括淡薄表层和雏形层；诊断特性包括冷性土壤温度状况、半干润土壤水分状况和石灰性。土体厚度 1 m 以上，淡薄表层厚度介于 10～20 cm，之下为雏形层。通体有石灰反应，碳酸钙含量介于 80～150 g/kg，pH 介于 8.8～9.3，质地为粉壤土，粉粒含量介于 510～640 g/kg。

对比土系　布嘎敖瓦系、尕麻甫系、毛家寨系和上加合系，同一土族，布嘎敖瓦系位于冲积平原，尕麻甫系碳酸钙含量通体高于 150 g/kg，毛家寨系层次质地构型为粉壤土-壤土-粉壤土，上加合系有红砂岩石质接触面，色调为 2.5YR。

利用性能综述　撂荒地，地势陡，土体深厚，养分含量低，应退耕还草。

发生学亚类　栗钙土。

代表性单个土体　位于海东市化隆县谢家滩乡丁家湾村西南，36.10053°N，102.28453°E，海拔 2855 m，中山陡坡下部，母质为黄土物质，撂荒地，盖度>80%，50 cm 深度土温 6.4℃，野外调查采样日期为 2014 年 8 月 12 日，编号 63-47。

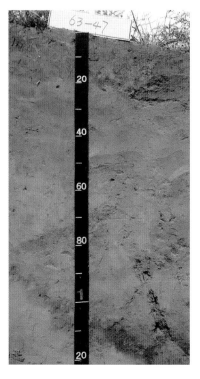

丁家湾系代表性单个土体剖面

<table>
<tr><td>Ah:</td><td>0～20 cm，浊橙色（7.5YR 6/4，干），浊棕色（7.5YR 5/3，润），2%岩石碎屑，粉壤土，发育中等的粒状-小块状结构，松散-稍坚硬，多量草被根系，强石灰反应，向下层平滑清晰过渡。</td></tr>
</table>

Ah: 0～20 cm，浊橙色（7.5YR 6/4，干），浊棕色（7.5YR 5/3，润），2%岩石碎屑，粉壤土，发育中等的粒状-小块状结构，松散-稍坚硬，多量草被根系，强石灰反应，向下层平滑清晰过渡。

Bw1：20～42 cm，浊橙色（7.5YR 6/4，干），浊棕色（7.5YR 5/3，润），粉壤土，发育弱的中块状结构，坚硬，少量草被根系，强石灰反应，向下层波状渐变过渡。

Bw2：42～87 cm，浊橙色（7.5YR 7/4，干），浊棕色（7.5YR 6/3，润），粉壤土，发育弱的中块状结构，坚硬，强石灰反应，向下层波状渐变过渡。

Bw3：87～120 cm，浊橙色（7.5YR 7/4，干），浊棕色（7.5YR 6/3，润），粉壤土，发育弱的中块状结构，坚硬，强石灰反应。

丁家湾系代表性单个土体物理性质

| 土层 | 深度 /cm | 砾石 (>2 mm,体积分数)/ % | 细土颗粒组成 (粒径：mm)/(g/kg) | | | 质地 | 容重 /(g/cm³) |
			砂粒 2～0.05	粉粒 0.05～0.002	黏粒 <0.002		
Ah	0～20	2	417	517	66	粉壤土	1.28
Bw1	20～42	0	390	533	77	粉壤土	1.33
Bw2	42～87	0	329	581	90	粉壤土	1.35
Bw3	87～120	0	275	634	91	粉壤土	1.38

丁家湾系代表性单个土体化学性质

层次 /cm	pH	有机碳 /(g/kg)	全氮(N) /(g/kg)	全磷(P) /(g/kg)	全钾(K) /(g/kg)	CEC / [cmol(+)/kg]	碳酸钙 /(g/kg)
0～20	8.8	5.8	0.75	1.76	15.5	6.2	110.4
20～42	8.9	5.5	0.80	1.36	14.6	6.5	146.7
42～87	9.2	3.6	0.52	0.79	16.4	5.7	144.2
87～120	9.3	2.2	0.43	0.61	16.9	4.6	120.1

10.18.8　布嘎敖瓦系（Buga'aowa Series）

土　族：壤质混合型石灰性冷性-普通简育干润雏形土
拟定者：李德成，赵玉国

分布与环境条件　分布于海
西州乌兰县柯柯镇一带，冲
积平原，海拔介于 3700～
4100 m，母质为黄土物质，
草地，高原干旱大陆性气候，
年均日照时数介于 2869～
3113 h，年均气温约 2.5℃，
年均降水量约 240 mm，无霜
期介于 90～97 d。

布嘎敖瓦系典型景观

土系特征与变幅　诊断层包括淡薄表层和雏形层；诊断特性包括冷性土壤温度状况、半
干润土壤水分状况和石灰性。土体厚度 1 m 以上，淡薄表层厚度介于 10～20 cm，之下
为雏形层。通体有石灰反应，碳酸钙含量介于 140～190 g/kg，pH 介于 8.1～9.2，质地为
粉壤土，粉粒含量介于 710～760 g/kg。

对比土系　丁家湾系、尕麻甫系、毛家寨系和上加合系，同一土族，丁家湾系和尕麻甫
系位于山坡，毛家寨系层次质地构型为粉壤土-壤土-粉壤土，上加合系有红砂岩石质接
触面，色调为 2.5YR。

利用性能综述　草地，地势平缓，草被盖度低，土体深厚，养分含量低，应培肥土壤，
封境保育，提高草被盖度。

发生学亚类　棕钙土。

代表性单个土体　位于海西州乌兰县柯柯镇布嘎敖瓦山东南，37.18276°N，98.20292°E，
海拔 3925 m，冲积平原，母质为黄土物质，草地，盖度约 50%，50 cm 深度土温 5.9℃，
野外调查采样日期为 2015 年 7 月 18 日，编号 63-085。

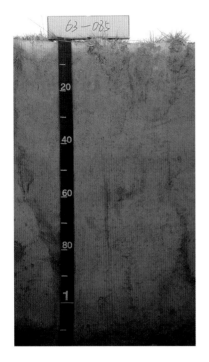

Ah： 0～10 cm，浊黄橙色（10YR 7/2，干），棕灰色（10YR 6/1，润），粉壤土，发育中等的粒状-中块状结构，松散-稍坚硬，少量草被根系，强石灰反应，向下层平滑清晰过渡。

Bw1：10～20 cm，浊黄橙色（10YR 7/2，干），棕灰色（10YR 6/1，润），粉壤土，发育中等的中块状结构，坚硬，少量草被根系，强石灰反应，向下层波状渐变过渡。

Bw2：20～50 cm，浊黄橙色（10YR 6/4，干），浊黄棕色（10YR 5/3，润），粉壤土，发育弱的中块状结构，坚硬，强石灰反应，向下层波状渐变过渡。

Bw3：50～120 cm，浊黄橙色（10YR 6/4，干），浊黄棕色（10YR 5/3，润），粉壤土，发育弱的大块状结构，坚硬，强石灰反应。

布嘎敖瓦系代表性单个土体剖面

布嘎敖瓦系代表性单个土体物理性质

| 土层 | 深度 /cm | 砾石 (>2 mm,体积分数)/ % | 细土颗粒组成 (粒径: mm)/(g/kg) | | | 质地 | 容重 /(g/cm³) |
			砂粒 2～0.05	粉粒 0.05～0.002	黏粒 <0.002		
Ah	0～10	0	136	719	145	粉壤土	1.18
Bw1	10～20	0	114	742	144	粉壤土	1.26
Bw2	20～50	0	98	750	152	粉壤土	1.32
Bw3	50～120	0	104	741	155	粉壤土	1.34

布嘎敖瓦系代表性单个土体化学性质

层次 /cm	pH	有机碳 /(g/kg)	全氮(N) /(g/kg)	全磷(P) /(g/kg)	全钾(K) /(g/kg)	CEC / [cmol(+)/kg]	碳酸钙 /(g/kg)
0～10	9.2	7.6	1.17	1.65	19.1	12.6	144.2
10～20	8.1	9.1	1.07	1.76	19.5	14.1	153.0
20～50	8.4	9.1	1.13	1.48	19.7	14.6	159.2
50～120	8.5	7.6	0.95	1.34	18.1	15.6	187.8

10.18.9 尕麻甫系（Gamafu Series）

土　族：壤质混合型石灰性冷性-普通简育干润雏形土
拟定者：李德成，赵　霞

分布与环境条件　分布于海
东市化隆县昂思多镇一带，
中山坡地，海拔介于 2500～
2900 m，母质为黄土物质，
坡旱地，高原大陆性气候，
年均日照时数约 2470～
2664 h，年均气温约 3.1℃，
年均降水量约 410 mm，无霜
期约 89 d。

尕麻甫系典型景观

土系特征与变幅　诊断层包括淡薄表层和雏形层；诊断特性包括冷性土壤温度状况、半
干润土壤水分状况和石灰性。土体厚度 1 m 以上，淡薄表层厚度介于 10～20 cm，之下
为雏形层。通体有石灰反应，碳酸钙含量介于 150～180 g/kg，pH 介于 8.7～9.1，质地为
粉壤土，粉粒含量介于 570～650 g/kg。

对比土系　丁家湾系、布嘎敖瓦系、毛家寨系和上加合系，同一土族，丁家湾系碳酸钙
含量通体低于 150 g/kg，布嘎敖瓦系地形位于冲积平原，毛家寨系层次质地构型为粉壤
土-壤土-粉壤土，上加合系有红砂岩石质接触面，色调为 2.5YR。

利用性能综述　坡旱地，地势陡，土体深厚，养分含量低，应退耕还草。

发生学亚类　栗钙土。

代表性单个土体　位于海东市化隆县昂思多镇尕麻甫村西，36.18714°N，102.06991°E，
海拔 2769 m，中山陡坡下部，母质为黄土物质，坡旱地，种植青稞和小麦，50 cm 深度
土温 6.7℃，野外调查采样日期为 2014 年 8 月 15 日，编号 63-38。

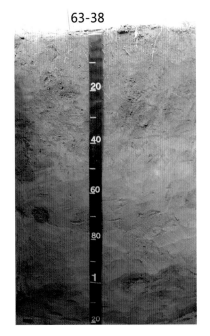

Ap：0～13 cm，浊橙色（7.5YR 6/4，干），浊棕色（7.5YR 5/3，润），粉壤土，发育中等的粒状-小块状结构，松散-稍坚硬，强石灰反应，向下层平滑清晰过渡。

AB：13～42 cm，浊橙色（7.5YR 6/4，干），浊棕色（7.5YR 5/3，润），粉壤土，发育中等的中块状结构，坚硬，强石灰反应，向下层平滑清晰过渡。

Bw1：42～65 cm，浊橙色（7.5YR 7/4，干），浊棕色（7.5YR 6/3，润），粉壤土，发育弱的中块状结构，坚硬，强石灰反应，少量碳酸钙粉末，向下层波状渐变过渡。

Bw2：65～120 cm，浊橙色（7.5YR 7/4，干），浊棕色（7.5YR 6/3，润），粉壤土，发育弱的中块状结构，坚硬，强石灰反应。

尕麻甫系代表性单个土体剖面

尕麻甫系代表性单个土体物理性质

| 土层 | 深度 /cm | 砾石 (>2 mm,体积分数)/ % | 细土颗粒组成 (粒径：mm)/(g/kg) | | | 质地 | 容重 /(g/cm³) |
			砂粒 2～0.05	粉粒 0.05～0.002	黏粒 <0.002		
Ap	0～13	0	337	574	89	粉壤土	1.21
AB	13～42	0	337	576	87	粉壤土	1.35
Bw1	42～65	0	260	642	98	粉壤土	1.41
Bw2	65～120	0	292	618	90	粉壤土	1.37

尕麻甫系代表性单个土体化学性质

层次 /cm	pH	有机碳 /(g/kg)	全氮(N) /(g/kg)	全磷(P) /(g/kg)	全钾(K) /(g/kg)	CEC / [cmol(+)/kg]	碳酸钙 /(g/kg)
0～13	8.7	8.2	0.97	1.56	17.4	7.9	152.2
13～42	8.9	6.3	0.87	1.47	17.9	7.1	178.7
42～65	9.0	3.4	0.56	1.40	17.2	6.3	173.6
65～120	9.1	2.5	0.45	1.32	17.6	5.6	159.6

10.18.10　毛家寨系（Maojiazhai Series）

土　族：壤质混合型石灰性冷性-普通简育干润雏形土
拟定者：李德成，赵　霞

分布与环境条件　分布于西宁市大通县桥头镇一带，中山坡地，海拔介于 2200～2600 m，母质为黄土物质，梯田旱地，高原干旱大陆性气候，年均日照时数约 2553 h，年均气温约 3.8℃，年均降水量约 475 mm，无霜期约 61～133 d。

毛家寨系典型景观

土系特征与变幅　诊断层包括淡薄表层和雏形层；诊断特性包括冷性土壤温度状况、半干润土壤水分状况和石灰性。土体厚度 1 m 以上，淡薄表层厚度介于 10～20 cm，之下为雏形层。通体有石灰反应，碳酸钙含量介于 130～160 g/kg，pH 介于 8.6～8.8，层次质地构型为粉壤土-壤土-粉壤土，粉粒含量介于 500～540 g/kg，砂粒含量介于 380～430 g/kg。

对比土系　丁家湾系、布嘎敖瓦系、尕麻甫系和上加合系，同一土族，丁家湾系、布嘎敖瓦系和尕麻甫系通体为粉壤土，上加合系有红砂岩石质接触面，色调为 2.5YR。

利用性能综述　梯田旱地，地势较陡，土体深厚，养分含量低，应培肥土壤，维护梯田设施，防止水土流失。

发生学亚类　栗钙土。

代表性单个土体　位于西宁市大通县桥头镇毛家寨村东，36.90581°N，101.75348°E，海拔 2478 m，中山陡坡下部，母质为黄土物质，梯田旱地，种植小麦，50 cm 深度土温 7.3℃，野外调查采样日期为 2014 年 8 月 4 日，编号 63-69。

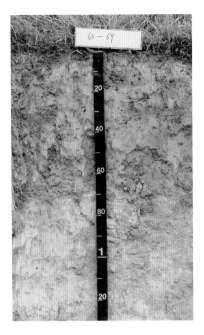

Ap: 0～12 cm，浊黄橙色（10YR 6/4，干），浊黄棕色（10YR 5/3，润），粉壤土，发育中等的粒状-中块状结构，松散-稍坚硬，多量草被根系，强石灰反应，向下层波状渐变过渡。

Bw1：12～40 cm，浊黄橙色（10YR 6/3，干），灰黄棕色（10YR 5/2，润），壤土，发育中等的中块状结构，坚硬，少量草被根系，强石灰反应，向下层波状渐变过渡。

Bw2：40～70 cm，浊黄橙色（10YR 6/3，干），灰黄棕色（10YR 5/2，润），壤土，发育弱的中块状结构，坚硬，强石灰反应，向下层平滑清晰过渡。

Bw3：70～120 cm，浊黄橙色（10YR 7/2，干），棕灰色（10YR 6/1，润），粉壤土，发育弱的中块状结构，极坚硬，强石灰反应。

毛家寨系代表性单个土体剖面

毛家寨系代表性单个土体物理性质

| 土层 | 深度/cm | 砾石(>2 mm,体积分数)/ % | 细土颗粒组成 (粒径：mm)/(g/kg) | | | 质地 | 容重/(g/cm³) |
			砂粒2～0.05	粉粒0.05～0.002	黏粒<0.002		
Ap	0～12	0	409	519	72	粉壤土	1.15
Bw1	12～40	0	427	500	73	壤土	1.31
Bw2	40～70	0	427	500	73	壤土	1.38
Bw3	70～120	0	383	536	81	粉壤土	1.40

毛家寨系代表性单个土体化学性质

层次/cm	pH	有机碳/(g/kg)	全氮(N)/(g/kg)	全磷(P)/(g/kg)	全钾(K)/(g/kg)	CEC/ [cmol(+)/kg]	碳酸钙/(g/kg)
0～12	8.6	18.1	1.46	1.69	15.5	8.5	159.2
12～40	8.8	6.0	0.63	1.50	15.6	5.5	132.7
40～70	8.8	6.0	0.63	1.50	15.6	5.5	132.7
70～120	8.8	4.5	0.50	1.47	15.6	4.9	141.0

10.18.11　上加合系（Shangjiahe Series）

土　族：壤质混合型石灰性冷性-普通简育干润雏形土
拟定者：李德成，赵　霞

分布与环境条件　分布于海
东市化隆县巴燕镇一带，中
山坡地，海拔介于 2700～
3100 m，母质为红砂岩风化
坡积物，草地，高原大陆性
气候，年均日照时数约
2470～2664 h，年均气温约
2.5 ℃，年均降水量约
451 mm，无霜期约 89 d。

上加合系典型景观

土系特征与变幅　诊断层包括淡薄表层和雏形层；诊断特性包括冷性土壤温度状况、半
干润土壤水分状况、石灰性和石质接触面。土体厚度 1 m 左右，淡薄表层厚度介于 10～
20 cm，之下为雏形层。通体有石灰反应，碳酸钙含量介于 150～170 g/kg，pH 介于 8.4～
8.9，质地为粉壤土，粉粒含量介于 630～660 g/kg。

对比土系　丁家湾系、布嘎敖瓦系、尕麻甫系和毛家寨系，同一土族，无石质接触面，
且色调偏黄，为 7.5YR 和 10YR。

利用性能综述　草地，地势陡，土体深厚，养分含量低，应防止过度放牧。

发生学亚类　栗钙土。

代表性单个土体　位于海东市化隆县巴燕镇上加合村西北，36.12772°N，102.22397°E，
海拔 2925 m，中山陡坡中部，母质为红砂岩风化坡积物，草地，盖度>80%，50 cm 深度
土温 6.0 ℃，野外调查采样日期为 2014 年 8 月 12 日，编号 63-42。

Ah：0～17 cm，浊红棕色（2.5YR 5/4，干），浊红棕色（2.5YR 4/3，润），5%岩石碎屑，粉壤土，发育中等的粒状-小块状结构，松散-稍坚硬，多量草被根系，强石灰反应，向下层波状渐变过渡。

AB：17～45 cm，浊红棕色（2.5YR 5/4，干），浊红棕色（2.5YR 4/3，润），5%岩石碎屑，粉壤土，发育中等的中块状结构，坚硬，中量草被根系，强石灰反应，向下层波状渐变过渡。

Bw：45～100 cm，浊红棕色（2.5YR 5/4，干），浊红棕色（2.5YR 4/3，润），20%岩石碎屑，粉壤土，发育弱的中块状结构，坚硬，少量草被根系，强石灰反应，向下层波状清晰过渡。

R：　100～125 cm，基岩。

上加合系代表性单个土体剖面

上加合系代表性单个土体物理性质

| 土层 | 深度 /cm | 砾石 (>2 mm,体积分数)/ % | 细土颗粒组成 (粒径：mm)/(g/kg) | | | 质地 |
			砂粒 2～0.05	粉粒 0.05～0.002	黏粒 <0.002	
Ah	0～17	5	125	638	237	粉壤土
AB	17～45	5	90	656	255	粉壤土
Bw	45～100	20	103	659	238	粉壤土

上加合系代表性单个土体化学性质

层次 /cm	pH	有机碳 /(g/kg)	全氮(N) /(g/kg)	全磷(P) /(g/kg)	全钾(K) /(g/kg)	CEC / [cmol(+)/kg]	碳酸钙 /(g/kg)
0～17	8.4	10.9	1.24	1.29	19.8	16.3	157.5
17～45	8.6	4.5	0.75	1.31	20.2	14.9	161.0
45～100	8.9	3.3	0.58	1.69	19.9	14.2	158.6

10.18.12 侯白家系（**Houbaijia Series**）

土　族：壤质混合型石灰性温性-普通简育干润雏形土
拟定者：李德成，赵　霞

分布与环境条件　分布于海
东市乐都区蒲台乡一带，中
山坡地，海拔介于 2000～
2200 m，母质为黄土物质，
荒草地，高原干旱大陆性气
候，年均日照时数约 2265 h，
年均气温约 5.8℃，年均降水
量约 341 mm，无霜期约
114 d。

侯白家系典型景观

土系特征与变幅　诊断层包括淡薄表层和雏形层；诊断特性包括温性土壤温度状况、半
干润土壤水分状况和石灰性。土体厚度 1 m 以上，淡薄表层厚度介于 10～20 cm，之下
为雏形层。通体有石灰反应，碳酸钙含量介于 120～140 g/kg，pH 介于 7.9～8.7，质地为
粉壤土，粉粒含量介于 560～690 g/kg。

对比土系　丁家湾系、布嘎敖瓦系、尕麻甫系、毛家寨系和上加合系，同一亚类不同土
族，为冷性土壤温度状况。

利用性能综述　荒草地，地势较陡，草被盖度低，土体深厚，养分含量低，应培肥土壤，
防止过度放牧。

发生学亚类　栗钙土。

代表性单个土体　位于海东市乐都区蒲台乡侯白家村，36.39912°N，102.49296°E，海拔
2108 m，中山陡坡下部，母质为黄土物质，荒草地，植被盖度约 20%，50 cm 深度土温
9.6℃，野外调查采样日期为 2014 年 8 月 11 日，编号 63-90。

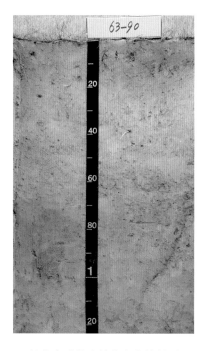

Ah: 0～18 cm，浊黄橙色（10YR 6/3，干），灰黄棕色（10YR 4/2，润），粉壤土，发育中等的粒状-小块状结构，松散-稍坚硬，中量草被根系，强石灰反应，向下层平滑清晰过渡。

Bw1：18～62 cm，浊黄橙色（10YR 7/3，干），灰黄棕色（10YR 5/2，润），粉壤土，发育弱的中块状结构，坚硬，强石灰反应，向下层波状渐变过渡。

Bw2：62～100 cm，浊黄橙色（10YR 6/3，干），灰黄棕色（10YR 4/2，润），粉壤土，发育弱的中块状结构，坚硬，强石灰反应，向下层波状渐变过渡。

Bw3：100～125 cm，浊黄橙色（10YR 7/3，干），灰黄棕色（10YR 5/2，润），粉壤土，发育弱的中块状结构，坚硬，中量碳酸钙假菌丝体，强石灰反应。

侯白家系代表性单个土体剖面

侯白家系代表性单个土体物理性质

| 土层 | 深度/cm | 砾石(>2 mm,体积分数)/% | 细土颗粒组成 (粒径：mm)/(g/kg) | | | 质地 | 容重/(g/cm³) |
			砂粒 2～0.05	粉粒 0.05～0.002	黏粒 <0.002		
Ah	0～18	0	352	567	81	粉壤土	1.28
Bw1	18～62	0	279	627	94	粉壤土	1.32
Bw2	62～100	0	214	682	104	粉壤土	1.35
Bw3	100～125	0	253	650	97	粉壤土	1.41

侯白家系代表性单个土体化学性质

层次/cm	pH	有机碳/(g/kg)	全氮(N)/(g/kg)	全磷(P)/(g/kg)	全钾(K)/(g/kg)	CEC/[cmol(+)/kg]	碳酸钙/(g/kg)
0～18	8.7	4.3	0.52	1.59	16.7	5.1	134.7
18～62	7.9	3.7	0.55	1.45	16.2	5.3	132.0
62～100	8.1	2.6	0.39	1.36	17.2	5.7	136.7
100～125	8.4	2.6	0.42	36.82	17.3	5.3	120.9

第11章 新 成 土

11.1 石灰干旱砂质新成土

11.1.1 大灶火系（**Dazaohuo Series**）

土 族：硅质型冷性-石灰干旱砂质新成土
拟定者：李德成，赵 霞

分布与环境条件 分布于格尔木市乌图美仁乡一带，固定沙丘，海拔介于 2700～2900 m，成土母质为风积物，干旱大陆性气候，年均日照时数约 3358 h，年均气温约 3.4℃，年均降水量约 42 mm，无霜期约 125 d。

大灶火系典型景观

土系特征与变幅 诊断层包括淡薄表层；诊断特性包括冷性土壤温度状况、干旱土壤水分状况、砂质沉积物岩性特征和石灰性。土体厚度约 10 cm，淡薄表层厚度介于 5～10 m，通体有石灰反应，碳酸钙含量介于 90～120 g/kg，pH 介于 8.0～8.4，通体质地为壤质砂土，砂粒含量介于 770～800 g/kg。

对比土系 拉干系，同一土族，植被盖度极低，为流动沙丘。

利用性能综述 沙漠，地形平缓，土体厚，砂性较重，草被盖度低，养分含量低，应进一步提升草被盖度。

发生学亚类 荒漠风沙土。

代表性单个土体 位于格尔木市乌图美仁乡大灶火村东南，36.53540°N，94.23751°E，海拔 2782 m，固定沙丘，成土母质为风积物，草被盖度约 10%，50 cm 深度土温 6.9℃，野外调查采样日期为 2015 年 7 月 21 日，编号 63-155。

Ah：0～10 cm，灰黄色（2.5Y 7/2，干），黄灰色（2.5Y 6/1，润），壤质砂土，发育弱的粒状-小块状结构，松散，少量草灌根系，强石灰反应，向下层波状渐变过渡。

C1：10～45 cm，灰黄色（2.5Y 7/2，干），黄灰色（2.5Y 6/1，润），壤质砂土，单粒，无结构，少量草灌根系，强石灰反应，向下层波状渐变过渡。

C2：45～90 cm，灰黄色（2.5Y 7/2，干），黄灰色（2.5Y 6/1，润），壤质砂土，单粒，无结构，少量草灌根系，强石灰反应。

大灶火系代表性单个土体剖面

大灶火系代表性单个土体物理性质

| 土层 | 深度 /cm | 砾石 (>2 mm,体积分数)/ % | 细土颗粒组成（粒径：mm)/(g/kg) | | | 质地 | 容重 /(g/cm³) |
			砂粒 2～0.05	粉粒 0.05～0.002	黏粒 <0.002		
Ah	0～10	0	794	156	50	壤质砂土	1.28
C1	10～45	0	798	142	60	壤质砂土	1.28
C2	45～90	0	775	152	73	壤质砂土	1.30

大灶火系代表性单个土体化学性质

层次 /cm	pH	有机碳 /(g/kg)	全氮(N) /(g/kg)	全磷(P) /(g/kg)	全钾(K) /(g/kg)	CEC / [cmol(+)/kg]	碳酸钙 /(g/kg)
0～10	8.3	2.7	0.22	1.26	14.1	2.8	111.2
10～45	8.4	1.1	0.18	1.08	13.5	1.4	97.2
45～90	8.0	0.6	0.05	1.27	14.1	1.9	114.0

11.1.2 拉干系（Lagan Series）

土　族：硅质型冷性-石灰干旱砂质新成土
拟定者：李德成，赵玉国

分布与环境条件　分布于海
南州共和县铁盖乡一带，海
拔介于 2700～3200 m，流动
沙丘，母质为风积砂，高原
干旱大陆性气候，年均日照
时数约 2908 h，年均气温约
1.9 ℃，年均降水量约
304 mm，无霜期约 78～
118 d。

拉干系典型景观

土系特征与变幅　诊断层包括淡薄表层；诊断特性包括冷性土壤温度状况、干旱土壤水
分状况、砂质沉积物岩性特征和石灰性。土体厚度约 10 cm，淡薄表层厚度介于 5～10 m，
通体有石灰反应，碳酸钙含量介于 40～60 g/kg，pH 介于 9.2～9.3，通体为壤质砂土，砂
粒含量介于 830～860 g/kg。

对比土系　大灶火系，同一土族，植被盖度略高，为固定沙丘。

利用性能综述　沙漠，地形略起伏，有效土体薄，砂性重，草被盖度低，养分含量低，
应进一步提升草被盖度。

发生学亚类　荒漠风沙土。

代表性单个土体　位于海南州共和县铁盖乡拉干村北，36.11417°N，100.37303°E，海拔
2976 m，流动沙丘，成土母质为风积砂，草被盖度<2%，50 cm 深度土温 5.4℃，野外调
查采样日期为 2015 年 7 月 8 日，编号 63-150。

AC：0～10 cm，淡黄色（2.5Y 7/3，干），黄灰色（2.5Y 6/1，润），壤质砂土，发育弱的粒状结构，松散，中度石灰反应，向下层波状渐变过渡。

C：10～55 cm，淡黄色（2.5Y 7/3，干），黄灰色（2.5Y 6/1，润），壤质砂土，单粒，无结构，中度石灰反应。

拉干系代表性单个土体剖面

拉干系代表性单个土体物理性质

| 土层 | 深度 /cm | 砾石 (>2 mm,体积分数)/ % | 细土颗粒组成 (粒径：mm)/(g/kg) | | | 质地 | 容重 /(g/cm³) |
			砂粒 2～0.05	粉粒 0.05～0.002	黏粒 <0.002		
AC	0～10	0	851	99	50	壤质砂土	1.30
C	10～55	0	836	114	50	壤质砂土	1.31

拉干系代表性单个土体化学性质

层次 /cm	pH	有机碳 /(g/kg)	全氮(N) /(g/kg)	全磷(P) /(g/kg)	全钾(K) /(g/kg)	CEC / [cmol(+)/kg]	碳酸钙 /(g/kg)
0～10	9.3	0.7	0.05	0.67	12.6	1.8	49.8
10～55	9.2	0.1	0.01	0.74	12.5	1.7	57.4

11.2　斑纹寒冻冲积新成土

11.2.1　曲库系（**Quku Series**）

土　族：粗骨质混合型石灰性-斑纹寒冻冲积新成土
拟定者：李德成，张甘霖，赵玉国

分布与环境条件　分布于青海省海北州祁连县央隆乡一带,河漫滩,海拔介于3100～3500 m，母质为冲-洪积物，高覆盖度草地，高山寒冷湿润气候，地表具有冻胀丘冻融特征，年均日照时数约3900 h，年均气温约-1.6℃，年均降水量约440 mm,无霜期约30 d。

曲库系典型景观

土系特征与变幅　诊断层包括淡薄表层；诊断特性包括寒性土壤温度状况、潮湿土壤水分状况、冻融特征、冲积物岩性特征、氧化还原特征和石灰性。地表可见冻胀丘，淡薄表层厚度介于5～15 cm，通体有石灰反应，碳酸钙含量介于70～110 g/kg，pH介于7.7～7.9，通体质地为壤土，砂粒含量500 g/kg左右，粉粒含量介于360～380 g/kg，砾石含量介于10%～90%。

对比土系　加吉博洛系，同一亚类不同土族，颗粒大小级别为砂质盖粗骨质。

利用性能综述　草地，地形平缓，土体薄，砾石多，草被盖度高，养分含量中等，应防止过度放牧。

发生学亚类　腐泥沼泽土。

代表性单个土体　位于青海省海北州祁连县央隆乡曲库村西，38.81126°N，98.39970°E，海拔3314 m，河漫滩，母质为洪积-冲积物，草地，覆盖度>80%，50 cm深度土温2.0℃，野外调查采样日期为2012年8月5日，编号LF-009。

Ah1：0～5 cm，浊黄棕色（10YR 5/3，干），灰黄棕色（10YR 4/2，润），10%岩石碎屑，壤土，发育弱的粒状结构，松软，多量草被根系，少量铁锰斑纹，中度石灰反应，向下层波状渐变过渡。

Ah2：5～12 cm，浊黄棕色（10YR 5/3，干），灰黄棕色（10YR 4/2，润），15%岩石碎屑，壤土，发育弱的粒状结构，松软，多量草被根系，少量铁锰斑纹，中度石灰反应，向下层波状渐变过渡。

2Cr：12～50 cm，浊黄橙色（10YR 7/3，干），灰黄棕色（10YR 6/2，润），90%岩石碎屑，砂土，单粒，无结构，中量草被根系，少量铁锰斑纹。

曲库系代表性单个土体剖面

曲库系代表性单个土体物理性质

土层	深度 /cm	砾石 (>2 mm,体积分数)/ %	细土颗粒组成 (粒径：mm)/(g/kg)			质地
			砂粒 2～0.05	粉粒 0.05～0.002	黏粒 <0.002	
Ah1	0～5	10	504	370	126	壤土
Ah2	5～12	15	508	364	128	壤土

曲库系代表性单个土体化学性质

层次 /cm	pH	有机碳 /(g/kg)	全氮(N) /(g/kg)	全磷(P) /(g/kg)	全钾(K) /(g/kg)	CEC / [cmol(+)/kg]	碳酸钙 /(g/kg)
0～5	7.7	25.0	2.04	1.50	23.8	9.3	76.4
5～12	7.9	38.0	3.44	1.40	25.4	15.1	100.8

11.2.2　加吉博洛系（Jiajiboluo Series）

土　族：砂质盖粗骨质硅质混合型石灰性-斑纹寒冻冲积新成土
拟定者：李德成，赵　霞

分布与环境条件　分布于玉树州治多县加吉博洛格镇一带，河漫滩，海拔介于 4000～4300 m，母质为洪积-冲积物，草地，高原大陆性气候，年均日照时数约 2468～2908 h，年均气温约 −1.5℃，年均降水量约 394 mm，无霜期低于 30 d。

加吉博洛系典型景观

土系特征与变幅　诊断层包括淡薄表层；诊断特性包括寒性土壤温度状况、潮湿土壤水分状况、冻融特征、冲积物岩性特征、氧化还原特征和石灰性。地表粗碎块面积 2%～5%，淡薄表层厚约 40 cm，可见铁锰斑纹，有石灰反应，碳酸钙含量介于 170～200 g/kg，pH 介于 8.8～8.9，层次质地构型为砂质壤土-壤质砂土，砂粒含量介于 650～790 g/kg。

对比土系　曲库系，同一亚类不同土族，颗粒大小级别为粗骨质。

利用性能综述　草地，地势平缓，土体薄，砾石多，植被盖度高，养分含量低，应防止过度放牧。

发生学亚类　潮土。

代表性单个土体　位于玉树州治多县加吉博洛格镇下社区东南，33.85195°N，95.63200°E，海拔 4178 m，河漫滩，母质为洪积-冲积物，草地，覆盖度>80%，50 cm 深度土温 2.0℃，野外调查采样日期为 2015 年 7 月 19 日，编号 63-139。

Ah1：0～14 cm，棕灰色（10YR 6/1，干），棕灰色（10YR 4/1，润），2%岩石碎屑，砂质壤土，发育中等的粒状-小块状结构，松散-稍坚硬，多量草被根系，强石灰反应，向下层波状渐变过渡。

Ah2：14～36 cm，棕灰色（10YR 6/1，干），棕灰色（10YR 4/1，润），5%岩石碎屑，砂质壤土，发育弱的小块状结构，坚硬，少量草被根系，少量铁锰斑纹，强石灰反应，向下层平滑清晰过渡。

2Cr：36～90 cm，棕灰色（10YR 6/1，干），棕灰色（10YR 4/1，润），90%岩石碎屑，壤质砂土，单粒，无结构，少量铁锰斑纹，强石灰反应。

加吉博洛系代表性单个土体剖面

加吉博洛系代表性单个土体物理性质

| 土层 | 深度 /cm | 砾石 (>2 mm,体积分数)/ % | 细土颗粒组成 (粒径：mm)/(g/kg) | | | 质地 |
			砂粒 2～0.05	粉粒 0.05～0.002	黏粒 <0.002	
Ah1	0～14	2	734	205	61	砂质壤土
Ah2	14～36	5	653	284	63	砂质壤土
2Cr	36～90	90	784	167	49	壤质砂土

加吉博洛系代表性单个土体化学性质

层次 /cm	pH	有机碳 /(g/kg)	全氮(N) /(g/kg)	全磷(P) /(g/kg)	全钾(K) /(g/kg)	CEC / [cmol(+)/kg]	碳酸钙 /(g/kg)
0～14	8.8	12.3	1.32	0.96	11.5	1.9	195.6
14～36	8.8	5.0	0.60	0.77	11.8	5.0	170.0
36～90	8.9	4.2	0.75	0.89	11.0	1.5	192.5

11.3　石灰潮湿冲积新成土

11.3.1　上索孔系（Shangsuokong Series）

土　族：粗骨质混合型冷性-石灰潮湿冲积新成土
拟定者：李德成，赵　霞

分布与环境条件　分布于西宁市大通县新庄镇一带，冲-洪积平原河滩，海拔介于2300～2700 m，母质为冲-洪积物，草地，旱地，高原大陆性气候，年均日照时数约 2553 h，年均气温约2.6 ℃，年均降水量约527 mm，无霜期约 61～133 d。

上索孔系典型景观

土系特征与变幅　诊断层包括淡薄表层；诊断特性包括冷性土壤温度状况、潮湿土壤水分状况、冲积物岩性特征、氧化还原特征和石灰性。土体厚度 1 m 以上，淡薄表层厚度介于 10～20 cm，通体有石灰反应，碳酸钙含量介于 50～70 g/kg，pH 介于 8.3～8.4，层次质地构型为壤土-砂质壤土，砂粒含量介于 450～640 g/kg 左右，粉粒含量介于 310～480 g/kg，砾石含量介于 10%～90%。

对比土系　石咀儿系，同一亚类不同土族，为温性土壤温度状况。

利用性能综述　草地，地形较平缓，土体薄，砾石多，草被盖度高，养分含量中等，应防止过度放牧。

发生学亚类　潮土。

代表性单个土体　位于西宁市大通县新庄镇上索孔村东北，37.07960°N，101.56637°E，海拔 2584 m，冲-洪积平原河滩，母质为冲-洪积物，草地，50 cm 深度土温 6.1℃，野外调查采样日期为 2014 年 8 月 24 日，编号 BC-10。

Ah1：0～5 cm，浊黄橙色（10YR 6/3，干），灰黄棕色（10YR 5/2，润），10%岩石碎屑，壤土，发育弱的粒状-小块状结构，松散-稍坚硬，多量草被根系，少量铁锰斑纹，中度石灰反应，向下层波状渐变过渡。

Ah2：5～12 cm，浊黄橙色（10YR 6/3，干），灰黄棕色（10YR 5/2，润），15%岩石碎屑，砂质壤土，发育弱的小块状结构，稍坚硬，多量草被根系，少量铁锰斑纹，中度石灰反应，向下层波状清晰过渡。

2Cr：12～70 cm，浊黄橙色（10YR 7/2，干），棕灰色（10YR 6/1，润），90%岩石碎屑，砂质壤土，单粒，无结构，中度石灰反应，中量铁锰斑纹。

上索孔系代表性单个土体剖面

上索孔系代表性单个土体物理性质

土层	深度 /cm	砾石 (>2 mm,体积分数)/ %	细土颗粒组成（粒径：mm)/(g/kg)			质地
			砂粒 2～0.05	粉粒 0.05～0.002	黏粒 <0.002	
Ah1	0～5	10	452	477	71	壤土
Ah2	5～12	15	639	313	48	砂质壤土

上索孔系代表性单个土体化学性质

层次 /cm	pH	有机碳 /(g/kg)	全氮(N) /(g/kg)	全磷(P) /(g/kg)	全钾(K) /(g/kg)	CEC / [cmol(+)/kg]	碳酸钙 /(g/kg)
0～5	8.3	25.2	1.90	2.08	17.3	9.03	65.6
5～12	8.4	16.8	1.31	1.74	15.7	4.72	55.4

11.3.2 石咀儿系（Shizui'er Series）

土　　族：粗骨质混合型温性-石灰潮湿冲积新成土
拟定者：李德成，赵　霞

分布与环境条件　分布于海
东市民和县李二堡镇一带，
河漫滩，海拔介于 1800～
2200 m，母质为冲-洪积物，
草地，高原干旱大陆性气候，
年均日照时数约 2459 h，年
均气温约 5.9℃，年均降水量
约 418 mm，无霜期约 149 d。

石咀儿系典型景观

土系特征与变幅　诊断层包括淡薄表层；诊断特性包括温性土壤温度状况、潮湿土壤水
分状况、冲积物岩性特征、氧化还原特征和石灰性。土体厚度 1 m 以上，淡薄表层厚度
介于 5～10 cm，通体有石灰反应，碳酸钙含量介于 90～130 g/kg，pH 介于 8.6～9.0，层
次质地构型为壤土-砂质壤土-粉壤土-砂质壤土，砂粒含量介于 310～630 g/kg 左右，粉
粒含量介于 300～580 g/kg，砾石含量介于 20%～90%。

对比土系　上索孔系，同一亚类不同土族，为冷性土壤温度状况。

利用性能综述　草地，地形平缓，土体薄，砾石多，草被盖度高，养分含量中等，应防
止过度放牧。

发生学亚类　潮土。

代表性单个土体　位于海东市民和县李二堡镇石咀儿村西北，36.24939°N，102.70204°E，
海拔 2076 m，河漫滩，母质为冲-洪积物，草地，盖度约 70%，50 cm 深度土温 9.8℃，
野外调查采样日期为 2014 年 8 月 11 日，编号 63-145。

Ah: 0～6 cm，浊黄橙色（10YR 6/3，干），灰黄棕色（10YR 5/2，润），20%岩石碎屑，壤土，发育弱的粒状-小块状结构，松散-稍坚硬，多量草被根系，少量铁锰斑纹，强石灰反应，向下层波状渐变过渡。

Cr1: 6～32 cm，浊黄橙色（10YR 6/3，干），灰黄棕色（10YR 5/2，润），80%岩石碎屑，砂质壤土，发育弱的小块状结构，稍坚硬，中量草被根系，少量铁锰斑纹，强石灰反应，向下层波状清晰过渡。

Cr2: 32～60 cm，浊黄橙色（10YR 7/2，干），棕灰色（10YR 6/1，润），90%岩石碎屑，粉壤土，单粒，无结构，强石灰反应，中量铁锰斑纹，向下层波状清晰过渡。

Cr3: 60～105 cm，浊黄橙色（10YR 7/2，干），棕灰色（10YR 6/1，润），90%岩石碎屑，砂质壤土，单粒，无结构，强石灰反应，中量铁锰斑纹。

石咀儿系代表性单个土体剖面

石咀儿系代表性单个土体物理性质

土层	深度/cm	砾石(>2 mm,体积分数)/ %	细土颗粒组成 (粒径：mm)/(g/kg)			质地
			砂粒 2～0.05	粉粒 0.05～0.002	黏粒 <0.002	
Ah	0～6	20	480	434	86	壤土
Cr1	6～32	80	626	307	67	砂质壤土
Cr2	32～60	90	319	578	103	粉壤土
Cr3	60～105	90	576	338	86	砂质壤土

石咀儿系代表性单个土体化学性质

层次/cm	pH	有机碳/(g/kg)	全氮(N)/(g/kg)	全磷(P)/(g/kg)	全钾(K)/(g/kg)	CEC/ [cmol(+)/kg]	碳酸钙/(g/kg)
0～6	8.6	9.3	0.83	1.78	14.0	8.1	93.4
6～32	9.0	8.7	0.38	1.54	14.9	6.9	99.8
32～60	8.8	3.3	0.43	1.48	15.7	7.6	120.2
60～105	8.9	2.3	0.30	1.09	18.8	5.6	106.9

11.4 石灰红色正常新成土

11.4.1 布卜塘系（**Bubutang Series**）

土　族：粗骨质混合型寒性-石灰红色正常新成土
拟定者：李德成，赵　霞

分布与环境条件　分布于玉树州曲麻莱县约改镇一带，高山坡地，海拔介于 4600～5000 m，母质为红砂岩风化残积物，裸地，高原高寒气候，年均日照时数约 2700 h，年均气温约–2.8℃，年均降水量约 435 mm，无霜期低于 30 d。

布卜塘系典型景观

土系特征与变幅　诊断层包括淡薄表层；诊断特性包括寒性土壤温度状况、干旱土壤水分状况、红色砂岩岩性特征、石质接触面和石灰性。地表岩石露头面积介于 10%～20%，遍布粗碎块，淡薄表层厚度介于 10～20 cm，通体碳酸钙含量介于 30～80 g/kg，pH 介于 8.8～9.0，层次质地构型为壤土-粉壤土，粉粒含量介于 420～630 g/kg，砂粒含量介于 220～440 g/kg，砾石含量介于 70%～95%。

对比土系　下筏系，母质为砂砾岩风化残积物，色调为 7.5YR，同一亚纲不同土类，为寒冻正常新成土。

利用性能综述　裸地，地形较陡，土体薄，砾石多，养分含量低，应封境育草，提高植被盖度。

发生学亚类　石质寒漠土。

代表性单个土体　位于玉树州曲麻莱县约改镇布卜塘村西北，34.15587°N，95.94971°E，海拔 4820 m，高山陡坡上部，母质为红砂岩风化残积物，裸地，草被盖度<5%，50 cm 深度土温 0.7℃，野外调查采样日期为 2015 年 7 月 24 日，编号 63-001。

Ah： 0～10 cm，浊红色（2.5R 5/6，干），灰红色（5R 5/4，润），70%岩石碎屑，壤土，发育弱的粒状-小块状结构，松散-稍坚硬，少量草被根系，中度石灰反应，向下层波状渐变过渡。

AC： 10～30 cm，浊红色（2.5R 5/6，干），灰红色（5R 5/4，润），95%岩石碎屑，粉壤土，发育弱的小块状结构，坚硬，强石灰反应，向下层波状清晰过渡。

R： 30～40 cm，基岩。

布卜塘系代表性单个土体剖面

布卜塘系代表性单个土体物理性质

| 土层 | 深度 /cm | 砾石 (>2 mm,体积分数)/ % | 细土颗粒组成 (粒径：mm)/(g/kg) | | | 质地 |
			砂粒 2～0.05	粉粒 0.05～0.002	黏粒 <0.002	
Ah	0～10	70	440	427	133	壤土
AC	10～30	95	221	621	158	粉壤土

布卜塘系代表性单个土体化学性质

层次 /cm	pH	有机碳 /(g/kg)	全氮(N) /(g/kg)	全磷(P) /(g/kg)	全钾(K) /(g/kg)	CEC / [cmol(+)/kg]	碳酸钙 /(g/kg)
0～10	8.8	12.3	1.86	1.16	19.7	6.7	33.4
10～30	9.0	3.4	0.94	1.01	23.4	5.5	71.6

11.5　石质寒冻正常新成土

11.5.1　热水垭口系（Reshuiyakou Series）

土　族：粗骨质混合型石灰性-石质寒冻正常新成土
拟定者：李德成，张甘霖，赵玉国

分布与环境条件　分布于青海省海北州祁连县央隆乡一带，高山坡地，海拔介于3900～4300 m，母质为冰碛物，裸地，高山寒冷湿润气候，地表具有冻胀丘冻融特征，年均日照时数约 3900 h，年均气温约–6.0℃，年均降水量约 440 mm，无霜期约30 d。

热水垭口系典型景观

土系特征与变幅　诊断层包括淡薄表层；诊断特性包括寒性土壤温度状况、半干润土壤水分状况、冻融特征、石质接触面和石灰性。地表可见冻胀丘，岩石露头面积介于 2%～5%，遍布粗碎块，淡薄表层厚度介于 15～30 cm，碳酸钙含量介于 240～260 g/kg，pH介于 7.9～8.0，质地为壤土，粉粒含量介于 400～460 g/kg，砂粒含量介于 320～430 g/kg，砾石含量介于 40%～90%，石质接触面上界出现在 80～90 cm。

对比土系　热水垭东系和沃惹沃玛系，同一土族，层次质地构型分别为通体为粉壤土和砂质壤土-壤土-粉壤土。

利用性能综述　裸地，地形较陡，土体薄，砾石多，养分含量低，应封境育草。

发生学亚类　钙质石质土。

代表性单个土体　位于青海省海北州祁连县央隆乡热水垭口南，38.76493°N，98.74163°E，海拔 4141 m，高山中坡上部，母质为冰碛物，裸地，50 cm 深度土温–2.5℃，野外调查采样日期为 2012 年 8 月 4 日，编号 GL-008。

Ah：0～20 cm，黄灰色（2.5Y 5/1，干），黑棕色（2.5Y 3/1），40%岩石碎屑，壤土，发育弱的粒状结构，松散，中量苔藓与草被根系，强石灰反应，向下层波状清晰过渡。

C1：20～40 cm，黄灰色（2.5Y 5/1，干），黄灰色（2.5Y 4/1，润），90%岩石碎屑，壤土，单粒，无结构，少量草被根系，强石灰反应，向下层波状清晰过渡。

C2：40～85 cm，黄灰色（2.5Y 6/1，干），黄灰色（2.5Y 5/1，润），90%岩石碎屑，壤土，单粒，无结构，强石灰反应。

R：　85～100 cm，基岩。

热水垭口系代表性单个土体剖面

热水垭口系代表性单个土体物理性质

土层	深度 /cm	砾石 (>2 mm,体积分数)/ %	细土颗粒组成 (粒径：mm)/(g/kg)			质地
			砂粒 2～0.05	粉粒 0.05～0.002	黏粒 <0.002	
Ah	0～20	40	424	410	166	壤土
C1	20～40	90	382	404	214	壤土
C2	40～85	90	327	451	222	壤土

热水垭口系代表性单个土体化学性质

层次 /cm	pH	有机碳 /(g/kg)	全氮(N) /(g/kg)	全磷(P) /(g/kg)	全钾(K) /(g/kg)	CEC / [cmol(+)/kg]	碳酸钙 /(g/kg)
0～20	7.9	10.2	0.76	2.50	18.6	6.3	241.5
20～40	8.0	7.3	0.52	2.10	16.5	3.0	247.9
40～85	7.9	7.2	0.51	2.30	17.1	4.7	250.3

11.5.2　热水垭东系（**Reshuiyadong Series**）

土　族：粗骨质混合型石灰性-石质寒冻正常新成土
拟定者：李德成，张甘霖，赵玉国

分布与环境条件　分布于青
海省海北州祁连县央隆乡一
带，高山坡地，海拔介于
3800～4200 m，母质为冰碛
物，稀疏草地，高山寒冷湿
润气候，地表具有冻胀丘冻
融特征，年均日照时数约
3900 h，年均气温约−5.2℃，
年均降水量约 297 mm，无霜
期约 30 d。

热水垭东系典型景观

土系特征与变幅　诊断层包括淡薄表层；诊断特性包括寒性土壤温度状况、半干润土壤
水分状况、冻融特征、石质接触面和石灰性。地表可见石环和冻胀丘，岩石露头面积介
于 5%～15%，粗碎块面积介于 50%～70%，淡薄表层厚度介于 10～30 cm，碳酸钙含量
介于 170～260 g/kg，pH 7.8 左右，质地为粉壤土，粉粒含量介于 590～620 g/kg，砾石
含量介于 30%～80%。

对比土系　热水垭口系和沃惹沃玛系，同一土族，层次质地构型分别为通体为壤土和砂
质壤土-壤土-粉壤土。

利用性能综述　稀疏草地，地形较陡，土体薄，砾石多，草被盖度较低，养分含量低，
应防止过度放牧，封境育草。

发生学亚类　钙质石质土。

代表性单个土体　位于青海省海北州祁连县央隆乡热水垭口东南，38.78157°N，
98.74942°E，海拔 4081 m，高山陡坡上部，母质为冰碛物，稀疏草地，覆盖度约 15%，
50 cm 深度土温−1.7℃，野外调查采样日期为 2012 年 8 月 6 日，编号 YG-011。

Ah：0～12 cm，浊黄橙色（10YR 7/2，干），浊黄棕色（10YR 5/3，润），30%岩石碎屑，粉壤土，发育弱的粒状结构，松散，少量细草被根系，强石灰反应，向下层波状渐变过渡。

AC：12～28 cm，浊黄橙色（10YR 7/2，干），浊黄棕色（10YR 5/3，润），80%岩石碎屑，粉壤土，单粒，无结构，很少量细根系，强石灰反应，向下层不规则突变过渡。

R：　28～70 cm，基岩。

热水垭东系代表性单个土体剖面

热水垭东系代表性单个土体物理性质

土层	深度 /cm	砾石 (>2 mm,体积分数)/ %	细土颗粒组成 (粒径：mm)/(g/kg)			质地
			砂粒 2～0.05	粉粒 0.05～0.002	黏粒 <0.002	
Ah	0～12	30	179	592	229	粉壤土
AC	12～28	80	169	613	218	粉壤土

热水垭东系代表性单个土体化学性质

层次 /cm	pH	有机碳 /(g/kg)	全氮(N) /(g/kg)	全磷(P) /(g/kg)	全钾(K) /(g/kg)	CEC / [cmol(+)/kg]	碳酸钙 /(g/kg)
0～12	7.8	15.7	1.82	1.91	27.4	11.4	254.3
12～28	7.8	11.1	1.48	1.72	25.2	15.2	175.8

11.5.3 沃惹沃玛系（Worewoma Series）

土 族： 粗骨质混合型石灰性-石质寒冻正常新成土
拟定者： 李德成，张甘霖，赵玉国

分布与环境条件 分布于玉树州曲麻莱县巴干乡一带，高山坡地，海拔介于3800～4300 m，母质为冰碛物，草地，高原高寒气候，年均日照时数约2700 h，年均气温约–2.0℃，年均降水量约435 mm，无霜期低于30 d。

沃惹沃玛系典型景观

土系特征与变幅 诊断层包括淡薄表层；诊断特性包括寒性土壤温度状况、半干润土壤水分状况和石灰性。地表岩石露头面积介于10%～20%，遍布粗碎块，土体厚度1 m左右，淡薄表层厚度介于10～20 cm，通体碳酸钙含量介于160～190 g/kg，pH介于8.8～9.3，层次质地构型为砂质壤土-壤土-粉壤土，粉粒含量介于330～530 g/kg，砂粒含量介于310～560 g/kg，砾石含量介于70%～90%。

对比土系 热水垭口系和热水垭东系，同一土族，但层次质地构型分别为通体壤土和粉壤土。

利用性能综述 草地，地形较陡，土体薄，砾石多，草被盖度较低，养分含量低，应防止过度放牧。

发生学亚类 石灰性草甸土。

代表性单个土体 位于玉树州曲麻莱县巴干乡沃惹沃玛村东南，33.91868°N，96.42167°E，海拔4098 m，高山中坡上部，母质为冰碛物，草地，盖度约40%，50 cm深度土温1.5℃，野外调查采样日期为2015年7月18日，编号63-168。

Ah: 0～18 cm, 黄灰色 (2.5Y 5/1, 干), 黑棕色 (2.5Y 3/1), 70%岩石碎屑, 砂质壤土, 发育弱的粒状-小块状结构, 松散-稍坚硬, 中量草被根系, 强石灰反应, 向下层波状渐变过渡。

C1: 18～65 cm, 黄灰色 (2.5Y 5/1, 干), 黄灰色 (2.5Y 4/1, 润), 80%岩石碎屑, 壤土, 单粒, 无结构, 少量草被根系, 强石灰反应, 向下层波状清晰过渡。

C2: 65～100 cm, 黄灰色 (2.5Y 6/1, 干), 黄灰色 (2.5Y 5/1, 润), 90%岩石碎屑, 粉壤土, 单粒, 无结构, 强石灰反应。

沃惹沃玛系代表性单个土体剖面

沃惹沃玛系代表性单个土体物理性质

土层	深度/cm	砾石 (>2 mm,体积分数)/ %	细土颗粒组成 (粒径: mm)/(g/kg)			质地
			砂粒 2～0.05	粉粒 0.05～0.002	黏粒 <0.002	
Ah	0～18	70	558	333	109	砂质壤土
C1	18～65	80	471	427	102	壤土
C2	65～100	90	314	523	163	粉壤土

沃惹沃玛系代表性单个土体化学性质

层次/cm	pH	有机碳/(g/kg)	全氮(N)/(g/kg)	全磷(P)/(g/kg)	全钾(K)/(g/kg)	CEC /[cmol(+)/kg]	碳酸钙/(g/kg)
0～18	8.8	6.3	0.78	0.84	14.8	6.8	163.9
18～65	9.3	1.5	0.18	0.91	14.2	3.9	177.3
65～100	9.3	2.2	0.37	0.78	18.9	7.0	188.9

11.5.4　高大板山系（**Gaodabanshan Series**）

土　族：粗骨质混合型非酸性-石质寒冻正常新成土
拟定者：李德成，张甘霖，赵玉国

分布与环境条件　分布于青海省海北州祁连县扎麻什乡一带，高山坡地，海拔介于3600～4100 m，母质为冰碛物，草地，高山寒冷湿润气候，地表具有冻胀丘冻融特征，年均日照时数约3900 h，年均气温约–5.2℃，年均降水量约 297 mm，无霜期约30 d。

高大板山系典型景观

土系特征与变幅　诊断层包括暗沃表层；诊断特性包括寒性土壤温度状况、半干润土壤水分状况和冻融特征。地表可见石环、冻胀丘，岩石露头面积介于 30%～60%，粗碎块面积介于 4%～40%，土体厚度 1 m 以上，暗沃表层厚度介于 10～30 cm，碳酸钙含量低于 5 g/kg，pH 介于 6.8～7.8，层次质地构型为粉壤土-砂质壤土，粉粒含量介于 290～530 g/kg，砂粒含量介于 240～550 g/kg，砾石含量介于 10%～85%。

对比土系　热水垭口系、热水垭东系和沃惹沃玛系，同一亚类不同土族，为石灰性。

利用性能综述　草地，地形较陡，土体薄，砾石多，草被盖度高，养分含量高，应防止过度放牧。

发生学亚类　棕草毡土。

代表性单个土体　位于青海省海北州祁连县扎麻什乡夏塘村张大窑组东南，高大板山西南，38.22838°N，99.89638°E，海拔 3890 m，高山陡坡上部，母质为冰碛物，草地，覆盖度>80%，50 cm 深度土温–1.7℃，野外调查采样日期为 2012 年 7 月 31 日，编号 DC-002。

Ah1：0～12 cm，棕色（10YR 4/4，干），黑棕色（10YR 3/2，润），10%岩石碎屑，粉壤土，发育弱的粒状结构，松散，多量草被根系，向下层波状渐变过渡。

Ah2：12～27 cm，棕色（10YR 4/4，干），黑棕色（10YR 3/2，润），50%岩石碎屑，粉壤土，发育弱的粒状结构，松散，多量草被根系，1个旱獭洞穴，向下层波状渐变过渡。

C：　27～110 cm，浊黄橙色（10YR 6/3，干），灰黄棕色（10YR 4/2，润），85%岩石碎屑，砂质壤土，单粒，无结构。

高大板山系代表性单个土体剖面

高大板山系代表性单个土体物理性质

土层	深度/cm	砾石(>2 mm,体积分数)/ %	细土颗粒组成 (粒径：mm)/(g/kg)			质地
			砂粒 2～0.05	粉粒 0.05～0.002	黏粒 <0.002	
Ah1	0～12	10	266	520	214	粉壤土
Ah2	12～27	50	242	526	231	粉壤土
C	27～110	85	544	294	161	砂质壤土

高大板山系代表性单个土体化学性质

层次/cm	pH	有机碳/(g/kg)	全氮(N)/(g/kg)	全磷(P)/(g/kg)	全钾(K)/(g/kg)	CEC/ [cmol(+)/kg]	碳酸钙/(g/kg)
0～12	6.8	48.1	3.60	1.92	24.6	28.5	1.2
12～27	7.0	38.9	2.89	1.81	25.9	25.1	1.1
27～110	7.8	5.4	0.35	1.60	23.7	6.0	3.2

11.5.5　下筏系（**Xiafa Series**）

土　　族：粗骨砂质硅质混合型石灰性-石质寒冻正常新成土
拟定者：李德成，张甘霖，赵玉国

分布与环境条件　分布于青
海省海北州祁连县八宝镇一
带，中山坡地，海拔介于
2500～2900 m，母质为砂砾
岩风化残积物，稀疏草地，
高山寒冷湿润气候，年均日
照时数约 3900 h，年均气温
约 1.1℃，年均降水量约
416 mm，无霜期约 30 d。

下筏系典型景观

土系特征与变幅　诊断层包括淡薄表层；诊断特性包括寒性土壤温度状况、半干润土壤
水分状况、冻融特征、石质接触面和石灰性。地表岩石露头面积介于 10%～20%，遍布
粗碎块，淡薄表层厚度介于 10～30 cm，碳酸钙含量介于 80～90 g/kg，pH 介于 8.5～8.6，
质地为砂质壤土，砂粒含量介于 590～600 g/kg，砾石含量介于 50%～60%。

对比土系　热水垭口系、热水垭东系、沃惹沃玛系和高大板山系，同一亚类不同土族，
颗粒大小级别为粗骨质。

利用性能综述　稀疏草地，地形较陡，土体薄，砾石多，草被盖度较低，养分含量低，
应封境育草。

发生学亚类　冷钙土。

代表性单个土体　位于青海省海北州祁连县八宝镇胡尔带村东北，下筏村东南，柳沟村
西南，38.25257°N，100.19805°E，海拔 2757 m，中山陡坡中部，母质为砂砾岩风化残积
物，稀疏草地，覆盖度约 20%，50 cm 深度土温 4.6℃，野外调查采样日期为 2012 年
8 月 3 日，编号 QL-007。

Ah： 0～10 cm，浊橙色（7.5YR 6/4，干），浊棕色（5YR 5/3，润），50%岩石碎屑，砂质壤土，发育弱的粒状-小块状结构，松散，少量草被根系，强石灰反应，向下层波状渐变过渡。

AC： 10～15 cm，浊橙色（7.5YR 6/4，干），浊棕色（5YR 5/3，润），60%岩石碎屑，砂质壤土，发育弱的粒状-小块状结构，稍坚硬，少量草被根系，强石灰反应，向下层波状突变过渡。

R： 15～65 cm，基岩。

下筏系代表性单个土体剖面

下筏系代表性单个土体物理性质

土层	深度/cm	砾石(>2 mm,体积分数)/ %	细土颗粒组成 (粒径：mm)/(g/kg)			质地
			砂粒2～0.05	粉粒0.05～0.002	黏粒<0.002	
Ah	0～10	50	593	248	159	砂质壤土
AC	10～15	60	590	260	150	砂质壤土

下筏系代表性单个土体化学性质

层次/cm	pH	有机碳/(g/kg)	全氮(N)/(g/kg)	全磷(P)/(g/kg)	全钾(K)/(g/kg)	CEC/ [cmol(+)/kg]	碳酸钙/(g/kg)
0～10	8.5	5.7	0.58	0.60	24.9	5.2	81.4
10～15	8.6	5.2	0.52	0.58	21.7	5.1	83.3

11.5.6 热水垭北系（Reshuiyabei Series）

土　族：粗骨壤质混合型石灰性-石质寒冻正常新成土
拟定者：李德成，张甘霖，赵玉国

分布与环境条件　分布于青海省海北州祁连县央隆乡一带，高山坡地，海拔介于3800～4200 m，母质为冰碛物，草地，高山寒冷湿润气候，地表具有冻胀丘冻融特征，年均日照时数约 3900 h，年均气温约–5.1℃，年均降水量约 297 mm，无霜期约30 d。

热水垭北系典型景观

土系特征与变幅　诊断层包括淡薄表层；诊断特性包括寒性土壤温度状况、半干润土壤水分状况、冻融特征、石质接触面和石灰性。地表可见石环、冻胀丘，岩石露头面积介于 2%～5%，粗碎块面积介于 40%～60%，淡薄表层厚度介于 30～50 cm，碳酸钙含量介于 140～180 g/kg，pH 介于 7.7～7.8，层次质地构型为壤土-粉壤土，粉粒含量介于 490～510 g/kg，砾石含量介于 20%～60%。

对比土系　热水垭南系，同一土族，通体粉壤土。

利用性能综述　草地，地形较陡，土体薄，砾石多，草被盖度高，养分含量高，应防止过度放牧。

发生学亚类　钙质石质土。

代表性单个土体　位于青海省海北州祁连县央隆乡热水垭口西北，38.78949°N，98.74171°E，海拔 4051 m，高山缓坡中下部，母质为冰碛物，草地，覆盖度约 70%，50 cm 深度土温–1.6℃，野外调查采样日期为 2012 年 8 月 4 日，编号 LF-008。

Ah：0～20 cm，浊橙色（2.5YR 6/3，干），灰红色（2.5YR 4/2，润），20%岩石碎屑，壤土，发育弱的粒状结构，松散，多量草被根系，强石灰反应，向下层波状渐变过渡。

AC：20～50 cm，浊橙色（2.5YR 6/3，干），灰红色（2.5YR 4/2，润），60%岩石碎屑，粉壤土，发育弱的粒状-鳞片状结构，稍坚硬，中量草被根系，强石灰反应，向下层波状渐变过渡。

R：　50～70 cm，基岩。

热水垭北系代表性单个土体剖面

热水垭北系代表性单个土体物理性质

土层	深度 /cm	砾石 (>2 mm,体积分数)/ %	细土颗粒组成 (粒径：mm)/(g/kg)			质地
			砂粒 2～0.05	粉粒 0.05～0.002	黏粒 <0.002	
Ah	0～20	20	299	490	211	壤土
AC	20～50	60	227	503	269	粉壤土

热水垭北系代表性单个土体化学性质

层次 /cm	pH	有机碳 /(g/kg)	全氮(N) /(g/kg)	全磷(P) /(g/kg)	全钾(K) /(g/kg)	CEC / [cmol(+)/kg]	碳酸钙 /(g/kg)
0～20	7.7	34.1	3.34	2.92	23.0	13.6	146.4
20～50	7.8	19.5	2.23	2.81	22.0	12.4	176.5

11.5.7　热水垭南系（**Reshuiyanan Series**）

土　族：粗骨壤质混合型石灰性-石质寒冻正常新成土
拟定者：李德成，张甘霖，赵玉国

分布与环境条件　分布于青
海省海北州祁连县央隆乡一
带，高山坡地，海拔介于
4000～4500 m，母质为冰碛
物，草地，高山寒冷湿润气
候，地表具有冻胀丘冻融特
征，年均日照时数约 3900 h，
年均气温约–5.4℃，年均降
水量约 298 mm，无霜期约
30 d。

热水垭南系典型景观

土系特征与变幅　诊断层包括淡薄表层；诊断特性包括寒性土壤温度状况、半干润土壤
水分状况、冻融特征、石质接触面和石灰性。地表可见石环、冻胀丘，岩石露头面积介
于 2%～5%，粗碎块面积介于 30%～60%，淡薄表层厚度介于 10～25 cm，碳酸钙含量
介于 110～140 g/kg，pH 介于 7.8～8.0，质地为粉壤土，粉粒含量介于 520～570 g/kg，
砾石含量约 20%～60%。

对比土系　热水垭北系，同一土族，层次质地构型为壤土-粉壤土。

利用性能综述　草地，地势陡，砾石多，土体薄，草被盖度较高，养分含量高，应防止
过度放牧。

发生学亚类　钙质石质土。

代表性单个土体　位于青海省海北州祁连县央隆乡热水垭口西南，38.78146°N，
98.73932°E，海拔 4250 m，高山陡坡中上部，母质为冰碛物，草地，覆盖度约 70%，50 cm
深度土温–1.9℃，野外调查采样日期为 2012 年 8 月 4 日，编号 JL-001。

Ah：　0～20 cm，浊黄色（2.5Y 6/4，干），暗灰黄色（2.5Y 4/2，润），20%岩石碎屑，粉壤土，发育弱的粒状结构，松散，多量草被根系，强石灰反应，向下层波状渐变过渡。

AC：　20～30 cm，浊黄色（2.5Y 6/4，干），暗灰黄色（2.5Y 4/2，润），60%岩石碎屑，粉壤土，发育弱的粒状结构，松散，多量草被根系，强石灰反应，向下层波状渐变过渡。

R：　　30～60 cm，基岩。

热水垭南系代表性单个土体剖面

热水垭南系代表性单个土体物理性质

| 土层 | 深度 /cm | 砾石 (>2 mm,体积分数)/ % | 细土颗粒组成 (粒径：mm)/(g/kg) | | | 质地 |
			砂粒 2～0.05	粉粒 0.05～0.002	黏粒 <0.002	
Ah	0～20	20	239	528	233	粉壤土
AC	20～30	60	220	562	218	粉壤土

热水垭南系代表性单个土体化学性质

层次 /cm	pH	有机碳 /(g/kg)	全氮(N) /(g/kg)	全磷(P) /(g/kg)	全钾(K) /(g/kg)	CEC / [cmol(+)/kg]	碳酸钙 /(g/kg)
0～20	7.8	55.2	4.45	1.60	17.3	15.8	119.6
20～30	8.0	30.4	2.61	1.60	18.7	16.3	138.5

11.5.8 万佛崖系（**Wanfoya Series**）

土　族：壤质盖粗骨质混合型非酸性-石质寒冻正常新成土
拟定者：李德成，张甘霖，赵玉国

分布与环境条件　分布于青
海省海北州祁连县八宝镇一
带，高山坡地，海拔介于
3400～3800 m，母质上为黄
土物质，下为灰岩风化坡积
物，草地，高山寒冷湿润气
候，地表具有冻胀丘冻融特
征，年均日照时数约 3900 h，
年均气温约-2.5℃，年均降
水量约 416 mm，无霜期约
30 d。

万佛崖系典型景观

土系特征与变幅　诊断层包括暗沃表层；诊断特性包括寒性土壤温度状况、半干润土壤
水分状况、冻融特征和石质接触面。地表可见冻胀丘，粗碎块面积介于 2%～5%，暗沃
表层厚度介于 30～50 cm，碳酸钙含量介于 0～12 g/kg，pH 介于 6.8～7.0，质地为粉壤
土，粉粒含量介于 520～550 g/kg，砾石含量介于 5%～80%。

对比土系　热水垭南系，同一亚类不同土族，颗粒大小级别为粗骨壤质，石灰性。

利用性能综述　草地，地形较陡，土体薄，砾石多，草被盖度高，养分含量高，应防止
过度放牧。

发生学亚类　草毡土。

代表性单个土体　位于青海省海北州祁连县八宝镇十八盘北，万佛崖西北，38.07327°N，
100.23307°E，海拔 3634 m，高山中坡上部，母质上为黄土物质，下为灰岩风化坡积物，
草地，覆盖度约 80%，50 cm 深度土温 1.0℃，野外调查采样日期为 2013 年 7 月 23 日，
编号 HH004。

Ah1：0～11 cm，浊黄棕色（10YR 5/3，干），黑棕色（10YR 3/2，润），5%岩石碎屑，粉壤土，发育弱的粒状结构，松软，多量草被根系，向下层波状渐变过渡。

Ah2：11～29 cm，浊黄棕色（10YR 5/3，干），黑棕色（10YR 3/2，润），40%岩石碎屑，粉壤土，发育弱的粒状结构，松软，中量草被根系，向下层波状渐变过渡。

C：　29～41 cm，淡黄橙色（10YR 8/3，干），灰黄棕色（10YR 6/2，润），80%岩石碎屑，粉壤土，单粒，无结构，少量草被根系，向下层波状渐变过渡。

R：　41～75 cm，基岩。

万佛崖系代表性单个土体剖面

万佛崖系代表性单个土体物理性质

土层	深度 /cm	砾石 (>2 mm,体积分数)/ %	细土颗粒组成 (粒径：mm)/(g/kg)			质地
			砂粒 2～0.05	粉粒 0.05～0.002	黏粒 <0.002	
Ah1	0～11	5	209	526	265	粉壤土
Ah2	11～29	40	189	536	275	粉壤土
C	29～41	80	167	548	285	粉壤土

万佛崖系代表性单个土体化学性质

层次 /cm	pH	有机碳 /(g/kg)	全氮(N) /(g/kg)	全磷(P) /(g/kg)	全钾(K) /(g/kg)	CEC / [cmol(+)/kg]	碳酸钙 /(g/kg)
0～11	6.8	45.5	3.48	0.51	16.0	18.8	2.3
11～29	6.7	21.0	1.66	0.31	13.3	6.1	7.9
29～41	7.0	2.3	0.27	0.28	13.1	6.2	12.0

11.6　石灰寒冻正常新成土

11.6.1　大野马岭系（Dayemaling Series）

土　　族：砂质硅质型-石灰寒冻正常新成土
拟定者：李德成，张甘霖，赵玉国

分布与环境条件　　分布于果
洛州玛多县玛查理镇一带，
海拔介于 4000～4500 m，高
台地，成土母质为沉积物，
草地，高寒草原气候，年均
日照时数介于 2300～
2900 h，年均气温约–3.4℃，
年均降水量约 303 mm，无霜
期低于 30 d。

大野马岭系典型景观

土系特征与变幅　　诊断层包括淡薄表层；诊断特性包括寒性土壤温度状况、干旱土壤水
分状况、砂质沉积物岩性特征和石灰性。土体厚度 1 m 以上，淡薄表层厚度介于 10～
25 m，通体有石灰反应，碳酸钙含量介于 30～50 g/kg，pH 介于 9.0～9.3，通体为砂土，
砂粒含量介于 880～900 g/kg。

对比土系　　拉干系和大灶火系，沙丘地貌，同一土纲不同亚纲，为砂质新成土。

利用性能综述　　草地，地形略起伏，土体深厚，砂性重，草被盖度较低，养分含量低，
应进一步提升草被盖度。

发生学亚类　　风沙土。

代表性单个土体　　位于果洛州玛多县玛查理镇大野马岭南，34.66703°N，98.11269°E，
海拔 4234 m，高台地，成土母质为沉积物，草地，草被盖度约 40%，50 cm 深度土温 0.1℃，
野外调查采样日期为 2015 年 7 月 8 日，编号 63-151。

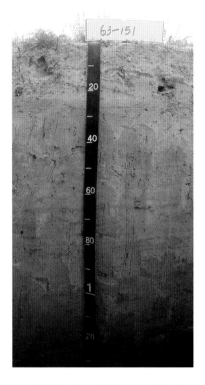

Ah: 0～10 cm，灰黄色（2.5Y 7/2，干），黄灰色（2.5Y 6/1，润），砂土，发育弱的粒状-小块状结构，松散，中量草灌根系，中度石灰反应，向下层波状渐变过渡。

AC: 10～24 cm，灰黄色（2.5Y 7/2，干），黄灰色（2.5Y 6/1，润），砂土，发育弱的粒状-小块状结构，松散-稍坚硬，少量草灌根系，中度石灰反应，向下层波状渐变过渡。

C1: 24～110 cm，淡黄色（2.5Y 7/3，干），黄灰色（2.5Y 6/1，润），砂土，单粒，无结构，少量草灌根系，中度石灰反应，向下层波状渐变过渡。

C2: 110～130 cm，淡黄色（2.5Y 7/3，干），黄灰色（2.5Y 6/1，润），砂土，单粒，无结构，中度石灰反应。

大野马岭系代表性单个土体剖面

大野马岭系代表性单个土体物理性质

土层	深度 /cm	砾石 (>2 mm,体积分数)/ %	细土颗粒组成 (粒径：mm)/(g/kg)			质地	容重 /(g/cm³)
			砂粒 2～0.05	粉粒 0.05～0.002	黏粒 <0.002		
Ah	0～10	0	899	71	30	砂土	1.57
AC	10～24	0	897	72	32	砂土	1.54
C1	24～110	0	885	77	38	砂土	1.62
C2	110～130	0	893	72	35	砂土	1.58

大野马岭系代表性单个土体化学性质

层次 /cm	pH	有机碳 /(g/kg)	全氮(N) /(g/kg)	全磷(P) /(g/kg)	全钾(K) /(g/kg)	CEC / [cmol(+)/kg]	碳酸钙 /(g/kg)
0～10	9.3	2.9	0.22	0.64	9.8	1.2	31.3
10～24	9.0	1.3	0.10	0.55	10.2	1.3	39.3
24～110	9.2	0.4	0.03	0.49	9.3	1.2	42.8
110～130	9.3	0.3	0.02	0.57	9.0	1.2	43.5

11.7　石灰干旱正常新成土

11.7.1　宗马海系（Zongmahai Series）

土　　族：粗骨砂质硅质混合型冷性-石灰干旱正常新成土
拟定者：李德成，赵玉国，吴华勇

分布与环境条件　分布于海西州大柴旦行委柴旦镇一带，剥蚀残丘，海拔介于2800～3000 m，母质为坡积物，高原干旱大陆性气候，年均日照时数约 2300～2600 h，年均气温约 2.9℃，年均降水量约 38 mm，无霜期约 120～130 d。

宗马海系典型景观

土系特征与变幅　诊断层包括干旱表层；诊断特性包括冷性土壤温度状况、干旱土壤水分状况和石灰性。地表遍布粗碎块，土体厚度 1 m 以上，干旱结皮厚度介于 1～3 cm，干旱表层厚度介于 10～15 cm。通体砾石含量约 80%，碳酸钙含量介于 5～140 g/kg，上部土体具有石灰反应，pH 介于 7.3～8.1。砂粒含量介于 770～890 g/kg，层次质地构型为壤质砂土-砂土。

对比土系　大野马岭系，同一亚纲不同土类，为寒冻正常新成土。乌兰川金系，空间相近，不同土纲，为干旱土。

利用性能综述　地形较起伏，无植被，土体薄，砾石多，养分低，应封境育草。

发生学亚类　灰棕漠土。

代表性单个土体　位于海西州大柴旦行委柴旦镇宗马海湖东南，38.20516°N，94.33151°E，海拔 2841 m，剥蚀残丘，母质为坡积物，无植被，50 cm 深度土温 6.4℃，野外调查采样日期为 2015 年 7 月 21 日，编号 63-159。

宗马海系代表性单个土体剖面

K: +2～0 cm，干旱结皮。

A: 0～15 cm，亮黄棕色（10YR 6/6，干），棕色（10YR 4/4，润），50%岩石碎屑，壤质砂土，发育弱的粒状-小块状结构，松散-稍坚硬，强石灰反应，向下层波状清晰过渡。

C1: 15～60 cm，浊黄棕色（10YR 5/3，干），黑棕色（10YR 3/2，润），60%岩石碎屑，砂土，发育弱的小块状结构，坚硬，轻度石灰反应，向下层波状渐变过渡。

C2: 60～80 cm，60%亮黄棕色（10YR 6/6，干）、棕色（10YR 4/4，润），80%浊黄棕色（10YR 5/3，干）、黑棕色（10YR 3/2，润），80%岩石碎屑，砂土，发育弱的小块状结构，坚硬，向下层波状渐变过渡。

C3: 80～120 cm，亮黄棕色（10YR 6/6，干），棕色（10YR 4/4，润），80%岩石碎屑，砂土，单粒，无结构。

宗马海系代表性单个土体物理性质

土层	深度 /cm	砾石 (>2 mm,体积分数)/ %	细土颗粒组成 (粒径: mm)/(g/kg)			质地
			砂粒 2～0.05	粉粒 0.05～0.002	黏粒 <0.002	
A	0～15	50	773	192	35	壤质砂土
C1	15～60	60	890	93	17	砂土
C2	60～80	80	884	99	18	砂土
C3	80～120	80	888	98	14	砂土

宗马海系代表性单个土体化学性质

层次 /cm	pH	有机碳 /(g/kg)	全氮(N) /(g/kg)	全磷(P) /(g/kg)	全钾(K) /(g/kg)	CEC / [cmol(+)/kg]	碳酸钙 /(g/kg)
0～15	8.1	2.4	0.30	1.50	16.7	8.0	133.5
15～60	7.8	2.7	0.20	0.48	12.2	3.8	16.7
60～80	7.7	3.2	0.14	0.54	9.6	4.5	8.4
80～120	7.3	2.7	0.15	0.55	5.5	7.3	5.6

参 考 文 献

巴措. 2018. "黑土滩"退化草地的治理. 农业开发与装备, (8): 76.

才仁旦周. 2018. 黑土滩治理过程中存在的问题及解决对策. 中国畜牧兽医文摘, 34(4): 43.

冯学民, 蔡德利. 2004. 土壤温度与气温及纬度和海拔关系的研究. 土壤学报, 41(3): 489-491.

龚子同. 1999. 中国土壤系统分类——理论·方法·实践. 北京: 科学出版社.

李俊仁, 秦建权. 2018. 对优化青海省农作物品种区域种植布局的思考. 青海农技推广, (3): 44-48.

李旭谦. 2018. 青海省退化草地治理与恢复的技术措施. 青海科技, 25(6): 34-39.

罗红丽. 2017. 民国时期青海河湟农业经济状况研究. 西宁: 青海师范大学.

吕昌河. 1998. 柴达木盆地土地资源可持续利用问题与对策. 干旱区资源与环境, 12(4): 37-43.

农业部种植业管理司. 2015. 农业部关于印发《到 2020 年化肥使用量零增长行动方案》和《到 2020 年农药使用量零增长行动方案》的通知. http://www.zzys.moa.gov.cn/gzdt/201503/t20150318_6309945.htm[2018-03-30].

青海省发展和改革委员会. 2016. 青海省"十三五"水利发展规划. http://fgw.qinghai.gov.cn/ztzl/n2018/sswgh/sswzxgh/201602/t20160219_51006.html[2018-03-30].

青海省农业资源区划办公室. 1995. 青海土种志. 北京: 中国农业出版社.

青海省农业资源区划办公室. 1997. 青海土壤. 北京: 中国农业出版社.

青海省统计局, 国家统计局青海调查总队. 2019. 青海统计年鉴 2019. http://tjj.qinghai.gov.cn/nj/2019/indexch.htm[2019-12-30].

任杰. 1996. 柴达木地区的自然地理特征. 青海环境, 6(3): 149-150.

司慧娟, 袁春, 周伟. 2016. 青海省土地利用变化对生态系统服务价值的影响研究. 干旱区农业研究, 34(3): 254-260.

田丰. 2017. 浅析青海地区的秸秆还田. 青海农林科技, 108(4): 50-52.

王现洁, 孔凡晶, 孔维刚, 等. 2017. 发展柴达木盆地盐湖农业的资源基础. 科技导报, 35(10): 93-98.

王小梅. 2015. 中国自然资源通典·青海卷. 呼和浩特: 内蒙古教育出版社.

杨萍, 马海州, 沙占江. 2005. 柴达木盆地土地资源的利用现状及可持续利用. 青海师范大学学报(自然科学版), (3): 92-95.

张得芳, 樊光辉, 马玉林. 2016. 柴达木盆地盐碱土壤类型及其盐离子相关性研究. 青海农林技, (3): 1-6.

张甘霖, 龚子同. 2012. 土壤调查实验室分析方法. 北京: 科学出版社.

张甘霖, 李德成. 2017. 野外土壤描述与采样手册. 北京: 科学出版社.

张甘霖, 王秋兵, 张凤荣, 等. 2013. 中国土壤系统分类土族和土系划分标准. 土壤学报, 50(4): 826-834.

张慧智. 2008. 中国土壤温度空间预测与表征研究. 南京: 中国科学院南京土壤研究所.

张慧智, 史学正, 于东升, 等. 2009. 中国土壤温度的季节性变化及其区域分异研究. 土壤学报, 46(2): 227-234.

张增艺, 白惠义. 2002. 青海省化肥百年历程回顾//全国农业技术推广服务中心. 中国化肥 100 年回晔——化肥在中国应用 100 年纪念. 北京: 中国农业科学技术出版社: 220-226.

中国科学院南京土壤研究所, 中国科学院西安光学精密机械研究所.1989. 中国土壤标准色卡. 南京: 南京出版社.

中国科学院南京土壤研究所土壤系统分类课题组, 中国土壤系统分类课题研究协作组. 2001. 中国土壤系统分类检索.3 版. 合肥: 中国科学技术大学出版社.

中国土壤系统分类研究丛书编委会. 1993. 中国土壤系统分类进展. 北京: 科学出版社.

索　引

A

阿涌系　137

安折龙系　109

暗沃表层　24

暗沃简育永冻潜育土　69

昂巴达琼系　133

B

巴地陇仁系　183

巴戈理系　267

巴热系　207

斑纹灌淤旱耕人为土　37

斑纹寒冻冲积新成土　325

斑纹简育寒冻雏形土　239

斑纹土垫旱耕人为土　39

布卜日叉系　117

布卜塘系　333

布嘎敖瓦系　311

布考系　119

C

才开系　61

仓家沟系　287

草达坂系　171

草日更系　165

草毡表层　23

抄青卡系　177

超量石膏正常干旱土　49

超石膏层　26

朝龙弄系　201

雏形层　26

雏形土　103

D

达里加垭系　89

达隆系　95

大东沟系　127

大干沟系　257

大红沟系　143

大陇同系　161

大三岔系　91

大野马岭系　351

大灶火系　321

淡薄表层　24

珰益陇系　155

丁家湾系　309

东沟口系　145

冬龙贡玛系　173

冻融特征　29

都龙系　67

都日特代系　259

堆垫表层　25

多秀系　217

E

俄好巴玛系　69

俄好贡玛系　115

鄂阿毛盖系　187

F

方方沟系　221

G

孕巴松多系　125

尕麻甫系 313

尕玛贡系 299

钙积暗厚干润均腐土 95

钙积暗沃干润雏形土 277

钙积暗沃寒冻雏形土 167

钙积草毡寒冻雏形土 133

钙积层 26

钙积寒性干润均腐土 73

钙积简育干润雏形土 281

钙积简育寒冻雏形土 173

钙积土垫旱耕人为土 41

钙积现象 26

干旱表层 25

干旱土 43

高大板山系 341

高大板系 149

高根勒日系 223

贡扎纳焦系 123

灌淤表层 25

郭麻日古系 291

郭米系 197

H

哈尔松系 105

哈石扎系 77

何家庄系 253

红沟村系 209

红山咀沟系 225

红山咀南系 179

红崖子系 301

侯白家系 319

呼德生系 277

葫芦沟系 141

J

加吉博洛系 327

加莫隆巴系 147

加西根龙系 243

江日堂系 39

将得日载系 135

角什科秀系 203

结壳潮湿正常盐成土 61

韭菜沟系 99

均腐土 73

均腐殖质特性 30

K

喀贡玛系 103

卡子沟系 35

康也巴玛系 111

柯柯里系 193

口子庄系 101

矿底半腐永冻有机土 35

矿底纤维永冻有机土 33

L

拉干系 323

拉木多都系 189

拉智系 107

来格加薄系 227

烂泉沟系 255

磷火沟西系 235

龙羊峡系 45

隆仁玛系 249

路家堡系 297

M

麻拉庄系 83

马粪沟北系 211

马粪沟南系 81

马粪沟系　85

玛罗龙注系　229

玛森曲系　139

毛家寨系　315

毛能南果系　185

毛玉系　41

美其桑涨系　113

磨石沟系　199

木角塔护系　237

N

南八仙系　71

尼陇贡玛系　33

诺木洪系　37

P

普通暗厚干润均腐土　101

普通暗沃寒冻雏形土　169

普通草毡寒冻雏形土　153

普通潮湿寒冻雏形土　125

普通淡色潮湿雏形土　267

普通钙积正常干旱土　45

普通寒性干润均腐土　79

普通简育干润雏形土　297

普通简育寒冻雏形土　241

普通简育正常干旱土　51

普通简育滞水潜育土　71

普通石膏寒性干旱土　43

普通永冻寒冻雏形土　103

Q

恰浪玛琼系　157

潜育潮湿寒冻雏形土　121

潜育潮湿正常盐成土　67

潜育特征　28

潜育土　69

切日走曲系　263

清二系　293

曲库系　325

曲什昂系　57

R

热水垭北系　345

热水垭东系　337

热水垭口系　335

热水垭南系　347

人为土　37

人为淤积物质　28

日阿通俄系　219

如巴塘系　281

若学尔系　131

S

赛洛系　87

赛什堂系　261

三塔拉系　289

色尔雄贡系　213

沙窝尔系　271

沙紫包系　59

上柴开系　265

上达日系　305

上店村系　283

上机尔托系　51

上加合系　317

上索孔系　329

上滩系　97

上香子沟系　195

深水槽系　169

十八盘系　163

石膏层　26

石膏现象　26

石膏-盐磐干旱正常盐成土　59

石灰草毡寒冻雏形土　149

石灰潮湿冲积新成土　329

石灰淡色潮湿雏形土　251

石灰底锈干润雏形土　269

石灰干旱砂质新成土　321

石灰干旱正常新成土　353

石灰寒冻正常新成土　351

石灰红色正常新成土　333

石灰简育寒冻雏形土　217

石灰性　30

石咀儿系　331

石头沟系　245

石质寒冻正常新成土　335

石质接触面　28

索力吉尔系　279

T

塔护木角系　121

土纲　20

土壤水分状况　28

土壤温度状况　29

土系　20

土族　20

沱海系　269

W

瓦乎寺赫系　247

瓦乎寺系　181

万佛崖系　349

沃惹沃玛　339

卧里曲和系　215

乌兰川金系　43

X

锡铁山系　49

下褡裢系　79

下达隆系　93

下吊沟系　167

下筏系　343

下热水沟系　233

肖容多盖系　239

小黑刺沟系　53

小驹里沟系　175

小灶火系　55

新成土　321

新乐村系　63

Y

崖湾系　275

岩性特征　27

盐成土　59

盐积层　27

盐积现象　27

盐基饱和度　30

盐结壳　25

盐磐　27

阳日尕超系　241

氧化还原特征　29

野马泉系　205

野马滩系　251

伊克珠斯系　273

益克木鲁系　47

永冻层次　30

有机表层　23

有机土　33

有机土壤物质　27

有机现象　23

Z

扎尕该系　151

扎汉布拉系　307

扎拉依尕系　129

扎隆贡玛系　231

占加系　295

张大窑南系　159

诊断层　23

支高系　285

知扎系　153

直达峡木系　191

中国土壤系统分类检索　20

转风窑系　73

准石质接触面　28

桌子台系　75

宗加房系　65

宗马海系　353

总门系　303

(S-0011.01)

ISBN 978-7-5088-5702-2

9 787508 857022 >

定价: 298.00 元